第二版

# 室内装修资料精选

谭荣伟◎等编著

U0288516

化学工业出版社

·北京·

《室内装修资料精选》（第 2 版）基于室内装修施工与设计工程实践，为满足室内装修设计及施工管理需要，精选室内装饰设计师和施工管理技术人员在进行室内装修方案和施工图设计、装修施工管理等各个实践环节中，经常使用到的现行相关国家规范和规章、装修构造做法、常见家具和电器设施的型号及规格尺度、常用数据及常见装修知识等各个方面技术资料，汇集成书。

本书内容专业实用、全面翔实、图文并茂，易懂易查、快捷方便，十分适合从事室内装修工程、环境装潢装饰工程、房地产开发、建筑工程、装修施工及监理等专业的设计师、工程师与施工管理技术人员使用，也可作为高等院校室内装修、房地产开发、建筑设计、建筑技术、室内装潢和装修施工管理等相关专业师生的参考资料。

**图书在版编目（CIP）数据**

室内装修资料精选/谭荣伟等编著 . —2 版 .—北京：
化学工业出版社，2016.12（2018.1重印）
ISBN 978-7-122-28356-6

Ⅰ.①室…　Ⅱ.①谭…　Ⅲ.①室内装修-建筑设计-图集　Ⅳ.①TU767-64

中国版本图书馆 CIP 数据核字（2016）第 254742 号

责任编辑：袁海燕　　　　　　　　装帧设计：史利平
责任校对：边　涛

出版发行：化学工业出版社（北京市东城区青年湖南街 13 号　邮政编码 100011）
印　　装：大厂聚鑫印刷有限责任公司
710mm×1000mm　1/16　印张 17　字数 348 千字　　2018年1月北京第2版第2次印刷

购书咨询：010-64518888（传真：010-64519686）　售后服务：010-64518899
网　　址：http://www.cip.com.cn
凡购买本书，如有缺损质量问题，本社销售中心负责调换。

定　　价：58.00 元　　　　　　　　　　　　　　版权所有　违者必究

# 第2版前言

《室内装修资料精选》自2008年出版以来，由于其十分切合室内装修设计与施工工程实践情况，专业知识范围广泛、内容全面、资料丰富，深受广大读者欢迎和喜爱。

基于我国工程建设领域相关法规政策的完善和调整，以及建筑装修工程的不断发展。原书中的部分内容也需要及时更新调整，以适应目前装修工程操作的实际情况和真实需要。为此本书作者根据最新的相关国家法规政策，对该书进行全面和较大范围的更新与调整，使得本书从内容上保持与时俱进，使用上更加实用。主要修改及调整内容包括以下几部分。

第1章：调整和增加了部分装修专业相关术语及适量对应图片示意，更便于理解；取消了不常用的复杂的数学计算公式；增加"常见气象灾害预警信号含义"；"室外环境空气质量国家标准"内容。

第2章至第10章：按目前装修工程的最新发展，对各章家具电器和绿植等设备设施相关内容进行适当更新和完善，并补充更新、增加了部分图片内容，更便于理解。

第11章：按现行最新国家相关标准规范及法规规定，对室内装修相关要求进行了调整及更新；补充了"室内装修相关的国家标准及规范法规"的标准及规范名称；增加了"住宅室内装饰装修工程质量验收主要规定"；对部分装修工程施工工艺进行调整更新；增加了部分图片讲解，更便于理解。

第12章：按现行最新国家相关标准规范及法规规定，对室内空气质量和环境污染相关规定进行了调整及更新；增加了室内装修环境相关要求的国家标准具体编号，更为详细。将"全国室内空气质量检测机构名录"内容调整为附录C，并增加了"室内空气质量检测机构资格要求"相关内容；增加了部分图片讲解，更便于理解。

附录：调整为附录A、B、C。增加了"附录B 公装工程量清单工程参考案例"。

《室内装修资料精选》（第2版）基于室内装修施工与设计工程实践，为满足室内装修设计及施工管理需要，精选室内装饰设计师和施工管理技术人员在进行室内装修方案和施工图设计、装修施工管理等各个实践环节中，经常使用到的现行相关国家规范和规章、装修构造做法、常见家具和电器设施的型号及规格尺度、常用数据及常见装修知识等各个方面技术资料，汇集成书。本书内容专业实用、全面翔实、图文并茂，易懂易查、快捷方便，十分适合从事室内装修工程、环境装潢装饰工程、房地产开发、建筑工程、装修施工及监理等专业的设计师、工程师与施工管理技术人员使用，也可作为高等院校室内装修、房地产开发、建筑设计、建筑技术、室内装潢和装修施工管理等相关专业师生的参考资料。

本书主要由谭荣伟组织修订及编写，谭荣伟、卢晓华、黄冬梅、李淼、雷隽卿、黄仕伟、王军辉、许琢玉、苏月风、许鉴开、谭小金、李应霞、赖永桥、潘朝远、孙达信、黄艳丽、杨勇、余云飞、卢芸芸、黄贺林、许景婷、吴本升、黎育信、黄月月、韦燕姬、罗尚连等参加了相关章节编写。由于编者水平有限，虽然经再三勘误，但仍难免有纰漏之处，欢迎广大读者予以指正。

编著者
2016 年夏

# 第1版前言

　　室内空间一般是指建筑物的内部空间，而室内装修则是对建筑物的内部空间进行的环境和艺术设计与施工。室内装修在房地产开发和建设中，属于后期工作之一，主要是对建设项目的各个建筑内部空间进行装饰和美化，与人的工作和生活关系最为密切，室内装修水平高低直接关系到居住与工作环境质量的好与坏。室内装修对建筑起到完善和美化的作用，也是房地产开发项目建设过程中十分重要的环节。室内装修作为独立的综合性项目工程，强调室内空间装饰的功能性、追求造型单纯化，并考虑经济、实用和耐久。室内装修的根本目的，在于创造满足物质与精神两方面需要的空间环境。因此，室内装修具有物质功能和精神功能的两重性，装修在满足物质功能合理的基础上，更重要的是要满足精神功能的要求，要创造风格、意境和情趣来满足人的审美要求。现在，随着经济的发展和生活的提高，室内装修需更多地考虑其舒适性、实用性和装饰性。室内装修的水平高低，一般看是否能够根据不同类型建筑空间的使用性质和所处环境、不同的客户个人喜好，运用物质技术手段和艺术处理手法，从内部把握空间，综合考虑环境和家具设施的布置，创造出能更好地满足人们舒适地生活、工作和休闲娱乐的室内空间环境。

　　在房地产和工程建设中，室内专业的设计师和相关工程技术人员需熟练掌握各种室内设计与施工规范、标准以及规定，才能从容应对装修工程实践中的各种情况，确保装修设计及施工的质量。本书基于内容实用、查阅快捷、携带方便等宗旨，精选房地产开发与建设中室内装修专业相关常用的数据、构造做法、强制措施、设备材料、设计规范、施工法规等内容，主要包括室内装修常见术语及数据、居室客厅和卧室等各个室内房间装修方法和技巧、厨房和卫生间的装修方法和技巧、常见办公家具和电器及照明灯具、室内空间绿化植物装饰、中式古典家具和藤制家具简述、室内装修相关法规及规定以及室内空气质量和环境污染相关规定等各个方面知识和内容，分门别类，为室内设计师、装修工程技术与施工管理人员等提供了图文并茂、丰富的技术资源和家具资料。

　　《室内装修资料精选》是"房地产开发与建设资料精选"丛书之一，虽经过编委及出版社编辑再三研讨和勘误，但仍难免有纰漏之处，欢迎广大读者予以指正，以便在修订再版时更加臻善。

编者

2008 年 3 月

# 目 录

# 第1章 室内装修常见术语及数据

## 1.1 室内装修常见专业术语

### 1.1.1 装修常见基本术语

（1）建筑装饰设计  是指以美化建筑及建筑空间为目的的行为。它是建筑的物质功能和精神功能得以实现的关键，是根据建筑物的使用性质，所处环境和相应标准，综合运用现代物质手段、科技手段和艺术手段，创造出功能合理、舒适优美、性格明显，符合人的生理和心理需求，使使用者心情愉快，便于学习、工作、生活和休息的室内外环境设计。如图1.1和图1.2所示为装修前后的客厅不同效果。

图1.1  客厅装修前效果          图1.2  客厅装修后效果

（2）室内装饰或装潢（interior ornament decoration）  装饰和装潢的原意是指"器物或商品外表"的"修饰"，是着重从外表的、视觉艺术的角度来探讨和研究问题。例如对室内地面、墙面、顶棚等各界面的处理，装饰材料的选用，也可能包括对家具、灯具、陈设和小品的选用、配置和设计。

（3）室内装修（interior finishing）  室内装修着重于工程技术、施工工艺和构造做法等方面，顾名思义主要是指土建工程施工完成之后，对于室内各个界面、门窗、隔断等最终的装修工程。

（4）室内设计（interior design）  现代室内设计是综合的室内环境设计，它包括视觉环境和工程技术方面的问题，也包括声、光、热等物理环境以及氛围、意境等心理环境和文化内涵等内容。

（5）公装（工装）  一般是指公共室内空间的装修，包括办公室、展览厅、大堂等。如图1.3所示为公装中常见的办公空间前台装修效果。

（6）家装  一般是指家庭居住生活空间的室内装修，包括普通住宅、高档公寓、别墅等。如图 1.4 所示为家装中常见的卧室的装修效果。

图 1.3　公装（前台装修效果）

图 1.4　家装（卧室装修效果）

（7）智能化住宅　智能化住宅指的是为住宅小区的服务与管理提供高技术的智能化手段，以期实现快捷高效的服务与管理，提供安全舒适的家居环境。智能化住宅必须具备以下特点：设备智能自动化系统、通信自动化系统、办公自动化系统、防火自动化系统、安全保卫自动化系统。

（8）生态住宅　生态住宅以可持续发展的思想为指导，意在寻求自然、建筑和人三者之间的和谐统一，即在"以人为本"的基础上，利用自然条件和人工手段来创造一个有利于人们舒适、健康的生活环境，同时又要控制对于自然资源的使用，实现向自然索取与回报之间的平衡。生态住宅的特征概括起来有四点，即舒适、健康、高效和美观。

（9）公寓（高级公寓）　公寓（apartment building）是商业地产投资中最为广泛的一种地产形式。公寓最早是舶来品，相对于独院独户的别墅，更为经济实用，一般是指由多个独立户型组成的住宅高层或多层建筑。

（10）错层住宅　错层住宅即一户内楼面高度不一致，错开之处有楼梯联系。优点是和跃层一样能够动静分区，又因没有完全分为两层，所以又有复式住宅的丰富空间感。

（11）复式住宅　复式住宅即一层比较高的房子中局部夹一层变为两层较低的

房子。高的部分做起居室，低的部分做餐厅、厨房、卧室等。低的部分具有跃层的优缺点，高的部分在视觉上宽阔丰富。

（12）跃层住宅　跃层住宅即一套居住单位占有不只一层的为跃层式，也称"楼中楼"。

（13）独栋别墅　独栋别墅即独门独院的低层住宅建筑。一般上有独立空间、中有私家花园领地，下有地下室，是私密性很强的独立式住宅，表现为上下左右前后都属于独立空间，一般房屋周围都有面积不等的绿地、院落、游泳池、亭子等不同配套设施。如图1.5(a) 所示。

（14）双拼别墅　双拼别墅是由两个单元的别墅拼联组成的单栋别墅，它是联排别墅与独栋别墅之间的中间产品。如图1.5(b) 所示。

（15）联排别墅　联排别墅（Townhouse）是由几幢甚至十几幢小于或等于3层的低层住宅并联组成，面积在150~250平方米左右。如图1.5(c) 所示。

（16）叠拼别墅　叠拼别墅是联排别墅叠拼式的一种延伸，是在综合情景洋房公寓与联排别墅特点的基础上产生的，由多层的复式住宅上下叠加在一起组合而成，下层有花园，上层有屋顶花园，一般为四层带阁楼建筑。如图1.5(d) 所示。

(a) 独栋别墅

(b) 双拼别墅

(c) 联排别墅

(d) 叠拼别墅

图1.5　常见别墅类型

（17）板楼（板式楼）　板式楼是楼盘布局的一种形式，特点是每户住宅都能够南北相通，从外观看，板楼建筑的长度明显大于宽度。板式楼朝南户型比较多，光照条件较好，南北通风条件也较好，且板式住宅多为低密度住宅，其居住的舒适性较其他楼型要好。如图1.6所示。

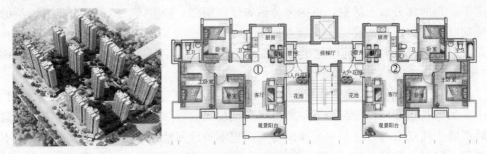

图 1.6　板式楼示意（楼栋及平面）

　　（18）塔楼（塔式楼）　塔式楼是楼盘布局的一种形式，由若干户共同围绕或者环绕一组公共竖向交通（如电梯及楼梯）形成的楼房平面，平面的长度和宽度大致相同，特点是每户住宅一般不能够南北相通，通风、采光及舒适度等均不及板楼。如图 1.7 所示。

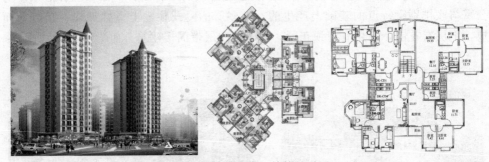

图 1.7　塔式楼示意（楼栋及平面）

　　（19）剪力墙结构　剪力墙其实就是现浇钢筋混凝土墙，主要承受水平地震荷载，这样的水平荷载对墙、柱产生一种水平剪切力，剪力墙结构由纵横方向的墙体组成抗侧向力体系，刚度很大，空间整体性好，房间内不外露梁、柱楞角，便于室内布置，方便使用。如图 1.8 所示。

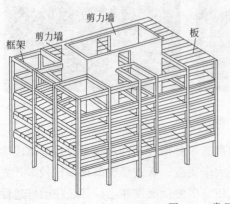

图 1.8　常见剪力墙结构示意

(20) 框架结构　框架一般由梁、板、柱组成。其特点是框架结构布置灵活，具有较大的室内空间，使用比较方便。框架结构的楼板大多采用现浇钢筋混凝土板，框架间的填充墙多采用轻质砌体墙。如图1.9所示。

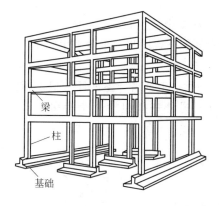

图 1.9　框架结构示意

(21) 砌体结构（砖混结构）　砖混结构是一种广泛采用的多层住宅建筑的剪力墙结构形式。采用钢筋混凝土预制楼板、屋面板作为楼、屋面结构层，竖向承重构件采用砖砌体。如图1.10所示。

图 1.10　砖混结构示意

(22) 承重墙　承重墙指支撑着上部楼层重量的墙体，在工程图上为黑色墙体，打掉会破坏整个建筑结构。承重墙是指直接将本身自重与各种外加作用力系统地传递给基础地基的主要结构墙体和其连接接点，包括承重的墙体、框架柱、支墩、楼板、梁等。

(23) 隔墙（非承重墙）　非承重墙是指不支撑着上部楼层重量的墙体，只起到把一个房间和另一个房间隔开的作用，在工程图上为中空墙体，有没有这堵墙对建筑结构没什么大的影响。

(24) 天花（吊顶）　天花板吊顶又称顶棚，天花板，是建筑装饰工程的一个重要子分部工程，天花板吊顶具有保温、隔热、隔声、弥补房屋本身的缺陷、增加空间的层次感、便于补充光源、便于清洁、吸声等作用，也是电气、通风空调、通信和防火，报警管线设备等工程的隐蔽层。

（25）居室　居室是指客房、卧室可供休息的地方，一般不指客厅、书房和餐厅、门厅等。

（26）一厅一卫　一厅一卫一般是指1个客厅和1个卫生间。

（27）两厅两卫　两厅两卫一般是指1个客厅＋1个餐厅和1个主卫生间＋1个客卫生间。

（28）一居室（一居）　一居室一般是指一室一厅一卫或者一室两厅一卫，即包括一个卧室、1个客厅（1个餐厅）、1个卫生间。另外一般包括1个厨房。如图1.11所示。

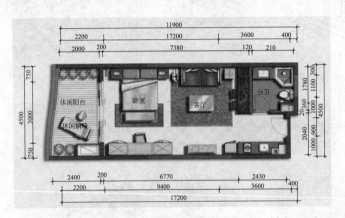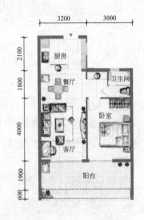

图 1.11　一居室

（29）二居室（二居）　二居室一般是指二室一厅一卫或二室两厅一卫，即包括2个卧室、1个客厅（1个餐厅）、1个卫生间。另外一般包括1个厨房。如图1.12所示。

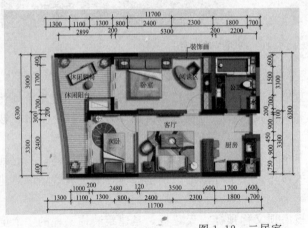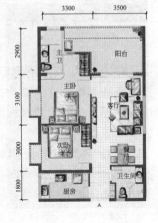

图 1.12　二居室

（30）三居室（三居）　三居室一般是指三室一厅一卫或者三室两厅两卫，即包括3个卧室、1个客厅（1个餐厅）、1个或2个卫生间，另外一般包括1个厨房。如图1.13所示。

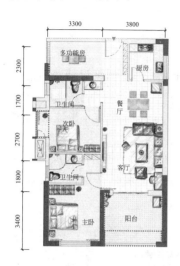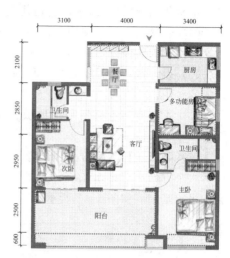

图1.13　三居室

（31）零居室　零居室一般是指没有区分客厅和卧室的小户型，仅有一间可供作为客厅兼卧室的空间，此外一般还有1个卫生间空间和1个厨房空间。如图1.14所示。

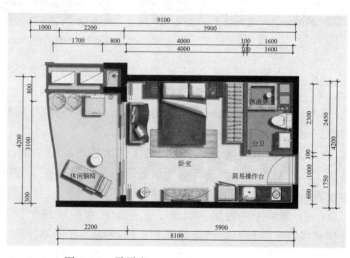

图1.14　零居室

## 1.1.2　装修施工基本术语

（1）主材　主材一般是指地板、墙地砖、灯具、洁具、五金、石材、高档玻璃、特殊产品等。一般需要业主自行购买，装修施工单位负责安装。

（2）包清工　包清工是指用户自己来买材料，由工人来施工，工费付给装修公司。

（3）包工包料　包工包料是指将购买装饰主材的工作委托给装修公司（别忘记签订主材代购合同），由装修公司代购。

（4）管理费　管理费用是指装修公司所发生的房租、水电通信费、交通费、税金等费用，为装修公司纯利润之一。

（5）设计费　设计费是指工程的测量费、方案设计费、施工图纸设计费和请设计师的费用。

（6）主材费　主材费是指地板、油漆涂料、木门、灯具等成品和半成品的材料费。

（7）隐蔽工程　隐蔽工程指隐蔽在装饰表面内部的管线工程和结构工程。主要包括六个方面：给排水工程；电器管线工程；地板基层；护墙板基层；门窗套基层；吊顶基层。如图1.15所示。

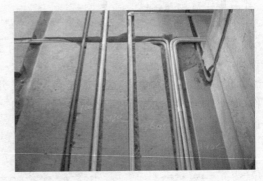

图1.15　水电管线等隐蔽工程

（8）施工辅助材料　施工辅助材料是指施工中所消耗的电线、小五金螺钉、水泥、黄砂等难以明确计算的材料。

（9）地面装修　地面是家居的重要部分，对它进行装修，主要在色彩、质地图案等方面加以装饰改观。

（10）混油工艺做法　木工刷漆工艺大致可以分为清油和混油两种。混油工艺是指工人在对木材表面进行必要的处理（如修补钉眼，打砂纸，刮腻子）以后，在木材表面涂刷有颜色的不透明的油漆。

（11）清油工艺做法　清油工艺是指在木质纹路比较好的木材表面涂刷清漆，操作完成以后，仍可以清晰地看到木质纹路，有一种自然感。

（12）拉毛　拉毛工艺类似喷涂施工工艺，但颗粒、纹理比较大。可重复油漆，也可在喷涂腻子中加油漆处理。效果粗犷，纹路丰富。如图1.16所示。

（13）线条抹灰　抹灰是采用模具或工具，先在面层沙浆上作出横竖线条的装饰抹灰，再刷涂料的一种做法，其线形可有半圆形、波纹形、梯形、长方形等。

（14）假面砖　假面砖是一种在水泥沙浆中掺入氧化铁黄或氧化铁红等颜料，

图 1.16　水泥砂浆拉毛工艺

通过手工操作达到模仿面砖装饰效果的一种做法。

（15）耐磨性　地毯在固定压力下，经磨损露出背衬所需要的次数。地毯的耐磨性与原材料的品种有关，也与地毯编织厚度有关，越厚越耐磨。地板同理。

（16）提点（吃回扣或效益收益）　设计人员一般带领或指引或暗示业主购买某产品，如果业主购买后材料商家给予设计人员的"介绍费用"。提点额度，以大、中等城市为例子：空调类提成产品业主实际购买价格的 8%～20%，装饰材料（墙地砖，玻璃制品等）提成产品业主实际购买价格的 10%～40%，家具小于 25%。洁具提成产品，业主实际购买价格的 10%～25%。有时提点也泛指效益工资收益。

### 1.1.3　装修风格基本术语

（1）中式古典风格　中式古典风格的室内设计，是在室内布置、线形、色调及家具、陈设的造型等方面，吸取传统装饰"形"、"神"的特征。例如吸取我国传统木构架建筑室内的藻井、天棚、挂落、雀替的构成和装饰，明、清家具造型和款式特征。中式古典风格主要特征，是以木材为主要建材，充分发挥木材的物理性能，创造出独特的木结构或穿斗式结构，讲究构架制的原则，建筑构件规格化、重视横向布局，利用庭院形式组织空间，用装修构件分合空间，注重环境与建筑的协调，善于用环境创造气氛。运用色彩装饰手段，如彩画、雕刻、书法和工艺美术、家具陈设等艺术手段来营造意境。如图 1.17 所示。

（2）新中式风格　新中式风格讲究纲常，讲究对称，以阴阳平衡概念调和室内生态。选用天然的装饰材料，运用"金、木、水、火、土"五种元素的组合规律来营造禅宗式的理性和宁静环境。新中式风格非常讲究空间的层次感，依据住宅使用人数和私密程度的不同，需要做出分隔的功能性空间，一般采用"哑口"或简约化的"博古架"来区分；在需要隔绝视线的地方，则使用中式的屏风或窗棂，通过这种新的分隔方式，单元式住宅就展现出中式家居的层次之美。新中式风格的家具搭配以古典家具或现代家具与古典家具相结合，中国古典家具以明清家具为代表，在新中式风格家具配饰上多以线条简练的明式家具为主，比较简约。如图 1.18 所示。

图 1.17　中式古典风格示意

图 1.18　新中式风格示意

（3）地中海风格　地中海风格的基础是明亮、大胆、色彩丰富、简单、民族性、有明显特色。重现地中海风格不需要太大的技巧，而是保持简单的意念，捕捉光线、取材大自然，大胆而自由的运用色彩、样式。地中海风格是类海洋风格装修的典型代表，因富有浓郁的地中海人文风情和地域特征而得名。地中海风格装修是最富有人文精神和艺术气质的装修风格之一。它通过空间设计上连续的拱门、马蹄形窗等来体现空间的通透，用栈桥状露台，开放式房间功能分区体现开放性，通过一系列开放性和通透性的建筑装饰语言来表达地中海装修风格的自由精神内涵；同时，它通过取材天然的材料方案，来体现向往自然、亲近自然、感受自然的生活情趣，进而体现地中海风格的自然思想内涵；地中海风格装修还通过以海洋的蔚蓝色为基色调的颜色搭配方案，自然光线的巧妙运用，富有流线及梦幻色彩的线条等软装特点来表述其浪漫情怀；地中海风格装修在家具设计上大量采用宽松、舒适的家具来体现地中海风格装修的休闲体验。因此，自由、自然、浪漫、休闲是地中海风格装修的精髓。如图 1.19 所示。

图 1.19　地中海风格示意

（4）欧洲风格（欧式装修）　欧式装修就是欧洲风格的装修模式。欧式装修的风格来源于古希腊和古罗马，也包括部分古波斯的建筑风格。包括法式风格、意大利风格、西班牙风格、北欧风格、英伦风格、地中海风格等几大流派，是近年来高档楼盘和别墅豪宅装修的主要风格。如图 1.20 所示。

图 1.20　欧式装修示意

（5）简欧风格　简欧风格就是简化了的欧式装修风格。也是目前住宅别墅装修最流行的风格。简欧风格更多地表现为实用性和多元化。简欧家具包括床、电视柜、书柜、衣柜、橱柜等，营造出日常居家不同的感觉。如图 1.21 所示。

（6）现代简约风格　现代简约风格是以简约为主的装修风格。简约主义源于

图 1.21　简欧风格示意

20 世纪初期的西方现代主义。西方现代主义源于包豪斯学派。包豪斯学院始创于 1919 年的德国魏玛，创始人是格罗佩斯，包豪斯学派提倡功能第一的原则，提出适合流水线生产的家具造型，在建筑装饰上提倡简约，简约风格的特色是将设计的元素、色彩、照明、原材料简化到最少的程度，但对色彩、材料的质感要求很高。因此，简约的空间设计通常非常含蓄，往往能达到以少胜多、以简胜繁的效果。如图 1.22 所示。

图 1.22　现代简约风格示意

　　（7）后现代风格　后现代风格是比较流行的一种风格，追求时尚与潮流，非常注重居室空间的布局与使用功能的完美结合，而后现代风格是一种在形式上对现代风格进行修正的设计思潮与理念。后现代风格注重由曲线和非对称线条构成，如花梗、花蕾、葡萄藤、昆虫翅膀以及自然界各种优美、波状的形体图案等，体现在墙面、栏杆、窗棂和家具等装饰上。线条有的柔美雅致，有的遒劲而富于节奏感，整个立体形式都与有条不紊的、有节奏的曲线融为一体。后现代风格常大量使用铁制构件，将玻璃、瓷砖等新工艺，以及铁艺制品、陶艺制品、硅藻泥环保产品等综合运用于室内。注意室内外沟通，竭力给室内装饰艺术引入新意。如图 1.23 所示。

图 1.23 后现代风格示意

（8）田园风格 田园风格是通过装饰装修表现出田园的气息，不过这里的田园并非农村的田园，而是一种贴近自然，向往自然的风格。之所以称为田园风格，是因为田园风格表现的主题以贴近自然，展现朴实生活的气息，田园风格力求表现悠闲、舒畅、自然的田园生活情趣。在田园风格里，粗糙和破损是允许的，因为只有那样才更接近自然。田园风格最大的特点就是：朴实，亲切，实在。田园风格包括很多种，有英式田园、美式乡村、法式田园、中式田园等等。如图 1.24 所示。

图 1.24 田园风格示意

（9）东南亚豪华风格 东南亚豪华风格是一种结合了东南亚民族岛屿特色及精致文化品位的家居设计方式。广泛地运用木材和其他的天然原材料，如藤条、竹子、石材、青铜和黄铜，深木色的家具，局部采用一些金色的壁纸、丝绸质感的布料，灯光的变化体现了稳重及豪华感。如图 1.25 所示。

（10）美式风格 美式风格，顾名思义是来自于美国的装修和装饰风格，是殖

图 1.25 东南亚豪华风格示意

民地风格中最著名的代表风格，某种意义上已经成了殖民地风格的代名词。美式风格以宽大，舒适，杂糅各种风格而著称。美式风格代表了一种自在、随意不羁的生活方式，没有太多造作的修饰与约束，不经意中也能成就一种休闲式的浪漫。如图1.26 所示。

图 1.26 美式风格示意

（11）日式风格 日式风格又称和风、和式。和风源于中国的唐朝，和风的特点也大多以碎花典雅的色调为主，带有古朴神秘的色彩。日式室内设计中色彩多偏重于原木色，以及竹、藤、麻和其他天然材料颜色，形成朴素的自然风格。日式设计风格直接受日本和式建筑影响，讲究空间的流动与分隔，流动则为一室，分隔则分几个功能空间，空间中总能让人静静地思考，禅意无穷。日式家居装修中，散发着稻草香味的榻榻米，营造出朦胧氛围的半透明樟子纸，以及自然感强的天井，贯穿在整个房间的设计布局中，而天然质材是日式装修中最具特点的部分。如图1.27 所示。

（12）玄关 原指佛教的入道之门，现在泛指厅堂的外门，也就是居室入口的一个区域。如图 1.28 所示。

图 1.27　日式风格示意

图 1.28　玄关示意

（13）软玄关　指在材质等平面基础上进行区域处理的方法。分为：天花划分、墙面划分和地面划分。

（14）半隔断玄关　所指的玄关是在 $x$ 轴或者 $y$ 轴方面上采取一半或近一半的设计。这种设计在一定的程度上会降低出现上面所述事项的概率。半隔断的玄关在透明的部分也可能用玻璃，虽然是由地至顶，由于在视觉上是半隔断的。所以仍划入半隔断的范畴。

（15）全隔断玄关　指玄关的设计为全幅的。由地至顶。这种玄关是为了阻拦视线而设的。

（16）和室　所谓"和室"，是指一个以天然木材装饰装修、功能不固定的空间。这个空间里的家具很少，由于地面铺了地板或席子，大家可以席地而坐。在这个空间里，可以待客、休憩、读书，也可以把这个空间当作品茶、饮酒，甚至打麻将的地方。如图 1.29 所示。

（17）欧风　欧洲装饰风格的简称，一般又分为北欧风格、东欧风格、中欧风格。

（18）TV 墙（电视背景墙/电视形象墙/主题墙）　顾名思义，是在放置或靠近

图 1.29　和室示意

电视的位置做的形象墙，一般是指电视后面的墙体装饰。TV 墙设计应简单，防止喧宾夺主，造成视觉压力。

### 1.1.4　装修板材相关术语

（1）大芯板　又名细木工板，学名木工板，俗称大芯板。大芯板是一种特殊的夹芯胶合板，由两片单板中间粘压拼接木板而成，是目前装饰中最常使用的板材之一。大芯板竖向（以芯材走向区分）抗弯压强度差，但横向抗弯压强度较高。常见规格 2440×1220mm，厚度 12～25mm，表面颜色是白色或淡黄色。如图 1.30（a）所示。

（2）欧松板　又名 OSB 板，是一种新型环保建筑装饰材料，采用欧洲松木，在德国当地加工制造。它是以小径材、间伐材、木芯为原料，通过专用设备加工成 40～100mm 长、5～20mm 宽、0.3～0.7mm 厚的刨片，经脱油、干燥、施胶、定向铺装、热压成型等工艺制成的一种定向结构板材。具有非凡的易加工性和防潮性。由于欧松板内部为定向结构，无接头、无缝隙、裂痕，整体均匀性好，内部结合强度极高。如图 1.30（b）所示。

（3）装饰面板　又称面板或饰面板。是将实木板或科技木板精密刨切或旋切成厚度为 0.2mm 左右的微薄木皮，以夹板为基材，粘贴在胶合板、纤维板、刨花板等基材上制成。其纹理清晰、色泽自然，经过胶黏工艺制作而成的具有单面装饰作用的装饰板材。饰面板是夹板存在的特殊方式，厚度为 3mm。如图 1.30（c）所示。

（4）澳松板（又名定向结构刨花板）　澳松板产于澳大利亚，采用单一树种辐射松作为原料木材，使用原生林树木，直接确保所用纤维的连续性。具有纤维柔细、色泽浅白的特点，是举世公认的生产密度板的最佳树种。澳松板的外观颜色始终呈淡色，表示其树皮含量低，树皮少，使得能改善产品的可油漆性变大，通常用于制作饰面板，特别适合于混油工艺。

（5）微薄木贴面板　厚度大于 0.2mm 的简称为面板，厚度小于 0.15mm 的俗称为木皮。用水曲柳、柳桉木、色木、桦木等旋切成 0.1～0.5mm 厚的薄片，以胶合板为基材胶合而成，其花纹美丽，装饰性好。粘贴在胶合板、纤维板、刨花板等基材上。

(a) 大芯板

(b) 欧松板

(c) 饰面板

图 1.30 大芯板等示意

（6）科技木饰面板材（又名改性美化木板） 科技木饰面板材，粘贴在胶合板、纤维板、刨花板等基材上。采用人工林或普通树种木材为原材料，在不改变木材天然特性和微观物理构造的前提下，综合应用计算机三维模拟技术、测色与配色技术、木材调色技术、模压成型和木材防腐等先进技术生产的具有珍贵树种木材纹理和色泽甚至更具艺术效果的高档木质装饰材料。

（7）夹板，又名胶合板或 N 厘板（如三厘板、九厘板） 三层或多层一毫米厚的单板或薄板胶贴热压制成。具有材质轻、强度高、良好的弹性和韧性，耐冲击和振动、易加工和涂饰、绝缘等优点。

（8）胶合板 胶合板是由木段旋切成单板或由木方刨切成薄木，再用胶黏剂胶合而成的三层或多层的板状材料，通常用奇数层单板，并使相邻层单板的纤维方向互相垂直胶合而成，表层板和内层板对称地配置在中心层或板芯的两侧。如图 1.31(a) 所示。

（9）密度板（也叫纤维板） 是以木质纤维或其他植物纤维为原料，施加脲醛树脂或其他适用的胶黏剂制成的人造板材，按其密度的不同，分为高密度板、中密度板、低密度板。密度板由于质软耐冲击，也容易再加工。如图 1.31(b) 所示。

（10）刨花板，又称碎料板 是利用施加胶料和辅料或未施加胶料和辅料的木材或非木材植物制成的刨花材料等经干燥拌胶（如木材刨花、亚麻屑、甘蔗渣等），热压而制成的薄板。如图 1.31(c) 所示。

(a) 胶合板

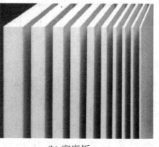
(b) 密度板

(c) 刨花板

图 1.31 胶合板等示意

(11) 纤维板 按容重分为硬质纤维板、半硬质纤维板和软质纤维板3种。硬质纤维板主要用于顶棚、隔墙的面板，板面经钻孔形成各种图案，表面喷涂各种涂料，装饰效果更佳。硬质纤维板吸声、防水性能良好，坚固耐用，施工方便。

(12) 密度纤维板 密度纤维板是人造板材的一种，它以植物纤维为原料，经削片，纤维分离，板坯成型（拌入树脂胶及添加剂铺装），在热压下，使纤维素和半纤维素及木质素塑化形成的一种板材。

(13) 定向结构刨花板（OSB） 定向结构刨花板是一种以小径材、间伐材、木芯、板皮、枝丫材等为原料通过专用设备加工成长40mm，70mm，宽5mm，20mm，厚0.3mm，0.7mm的刨片，经干燥、施胶和专用的设备将表芯层刨片纵横交错定向铺装后，经热压成型后的一种人造板。

(14) 三聚氰胺板 全称为三聚氰胺浸渍胶膜纸饰面人造板。是将带有不同颜色或纹理的纸放入三聚氰胺树脂胶黏剂中浸泡，然后干燥到一定固化程度，将其铺装在刨花板、中密度纤维板或硬质纤维板表面，经热压而成的装饰板。外表类似防火板。如图1.32(a) 所示。

(15) 木基层防火板 将防化板铺装在刨花板、中密度纤维板或硬质纤维板表面，经热压而成的装饰板，粘贴在胶合板、纤维板、刨花板等经过放火测试的基材上使用。

(16) 防潮板 将经过防潮处理的刨花板、中密度纤维板或硬质纤维板表面覆盖三聚氰胺树脂材料或防火板，外类似木基层防火板，中心有防潮颗粒的防潮处理。

(17) 石膏板 分为普通纸面石膏板、纤维石膏板、石膏装饰板。它以石膏为主要材料，加入纤维、黏结剂、改性剂，经混炼压制、干燥而成。具有防火、隔音、隔热、轻质、高强、收缩率小等特点且稳定性好、不老化、防虫蛀，可用钉、锯、刨、粘等方法施工。但耐潮性差。

(18) 纸面石膏板 是以建筑石膏为主要原料，掺入适量添加剂与纤维做板芯，以特制的板纸为护面，经加工制成的板材。纸面石膏板具有重量轻、隔声、隔热、加工性能强、施工方法简便的特点。如图1.32(b) 所示。

(19) 防水石膏板 该板是在石膏芯材里加入定量的防水剂，使石膏本身具有一定的防水性能。此外，石膏板纸亦用防水处理，所以这是一种比较好的具有更广泛用途的板材。但此板不可直接暴露在潮湿的环境里，也不可直接进水长时间浸泡。如图1.32(c) 所示。

(20) 防火纸面石膏板 该板在生产过程中加入玻璃纤维和其他添加剂，能够有效地在遇火时起到增强板材完整性的作用。这种板材在着火时，一定的时间内保持结构完整（在建筑结构里），从而起到阻隔火焰蔓延的作用。

(21) PE钙塑板 钙塑板的主要原料为树脂、填料、发泡剂等。它是原料经塑炼机混炼均匀压出片料再经模压膨化机膨化趋热开模，片料立即膨化成钙塑泡沫板。

(a) 三聚氰胺板

(b) 纸面石膏板

(c) 防火石膏板

图 1.32　三聚氰胺板等示意

（22）铝塑板　它是以高压聚乙烯为基材，加入大量的含有氢氧化铝和适量阻燃剂，经塑炼、热压、发泡等工艺过程制成。这种板材轻质、隔声、隔热、防潮。

（23）铝扣板　铝扣板用轻质铝板一次冲压成型，外层再用特种工艺喷涂漆料，长期使用也不褪色，施工比较简洁，不易变形，可防火、防潮、防静电，吸音隔音，且美观实用。铝扣板表面有冲孔和平面两种。如图 1.33 所示。

图 1.33　铝扣板示意

（24）防火板　一般防火板是采用硅质材料或钙质材料为主要原料，与一定比例的纤维材料、轻质骨料、黏合剂和化学添加剂混合，经蒸压技术制成的装饰板材。

（25）PVC 塑料板　以 PVC 为基料，加入增塑剂、稳定剂、颜料、填料、润滑剂等。在一定温度下经捏和、混炼、拉片、切粒、挤出或压铸成型，冷却定型后即制成塑料制品。

（26）镜面不锈钢饰面板　它是不锈钢薄板经特殊抛光处理制成。其特点为板面光亮如镜，反射率、变形率与高级镜面相差无几，且耐火、耐潮、不变形、不破碎，安装方便，但应防硬物划伤。

（27）彩色涂层钢板　它是热轧钢板、镀锌钢板上涂 0.4～0.5mm 的软质或半硬质聚氯乙烯塑料薄膜制成，具有耐热、耐腐蚀性能，可做墙板。

（28）铝合金装饰板（又称为铝合金压型板或天花扣板）　用铝、铝合金为原料，经辊压冷压加工成各种断面的金属板材，具有重量轻、强度高、刚度好、耐腐蚀、经久耐用等优良性能。板表面经阳极氧化或喷漆、喷塑处理后，可形成装饰要求的多种色彩。

（29）矿棉板　俗称毛毛虫或微孔（针眼孔）矿棉板。一般指矿棉装饰吸声板。以粒状棉为主要原料加入其他添加物高压蒸挤切割制成，不含石棉，防火吸音性能好。表面一般有无规则孔，表面可涂刷各种色浆（出厂产品一般为白色）。如图1.34(a)所示。

（30）硅酸钙板　硅酸钙板是以无机矿物纤维或纤维素纤维等松散短纤维为增强材料，以硅质-钙质材料为主体胶结材料，经制浆、成型、在高温高压饱和蒸汽中加速固化反应，形成硅酸钙胶凝体而制成的板材，是一种具有优良性能的新型建筑和工业用板材，其产品防火、防潮、隔声、防虫蛀，耐久性较好，是吊顶、隔断的理想装饰板材。如图1.34(b)所示。

（31）水泥纤维板　水泥纤维板（fiber cement board），又称纤维水泥板。是以硅质、钙质材料为主原料，加入植物纤维，经过制浆、抄取、加压、养护而成的一种新型建筑材料。标准规格是1200mm×2400mm和1220mm×2440mm，纤维水泥水泥板的厚度（单位：mm）有2.5、3、3.5、4、5、6、8、9、10、12、15、18、20、24、25、30、40、60、90等。水泥纤维板应用范围十分广泛，薄板可用于吊顶材料，可以穿孔作为吸声吊顶。常规板板可用于墙体和/或装饰材料，厚板可当作LOFT钢结构楼层板、阁楼板、外墙保温板、护墙板等。如图1.34(c)所示。

  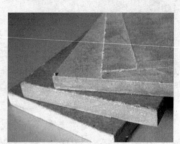

(a) 矿棉板　　　　　　(b) 硅酸钙板　　　　　　(c) 水泥纤维板

图1.34　矿棉板等示意

（32）钙塑装饰板（又称钙塑泡沫装饰吸声板）　分为一般板和难燃板两种。这种装饰板是用聚乙烯树脂加入无机填料制成，表面有各种凹凸图案或穿孔图案，具有重量轻、保温、吸声、隔热、耐虫、耐水、变形小的特点，外表美观，施工方便，但耐久性及耐老化性稍差。

（33）彩色石英砂装饰板　是以白色水泥或彩色水泥为胶结材料，以天然彩色石子，着色石英砂，或人工合成彩色颗粒为骨料，经配料搅拌浇注成型，水刷后养护脱模，修整制成的板材。

（34）金邦板　金邦板采用水泥、粉煤灰、硅粉、珍珠岩为主要材料，加入复合纤维增强，经真空高压挤出成型，并经蒸汽养护而成。

### 1.1.5 装修木材相关术语

（1）实材（原木） 实材也就是原材，主要是指原木及原木制成的木方。常用的原木有杉木、红松、榆木、水曲柳、香樟、椴木，比较贵重的有花梨木、榉木、橡木等。

（2）黄菠萝木 木材有光泽，年轮明显、均匀，材质软，易干燥、加工，材色、花纹均很美丽，油漆和胶结性能好，不易开裂，耐腐性好，是高级家具的用材。

（3）黄杨木 树小而肌理坚细，色彩极艳丽，有的呈蛋黄色，因其难长，故无大料，常用其制作木梳及用于刻印，用于家具则多做镶嵌材料。

（4）影木（亦称瘿木） 其木多节，缩蹙成山水人物鸟兽的纹案，有的木纹结成小葡萄纹及茎叶之状，名曰"满架葡萄"。影木不是某一特定树种，而是泛指树木生病后所生的瘿瘤。

（5）楠木 楠木有三种，一是香楠，木微紫而带清香，纹理也很美观；二是金丝楠，木纹里有金丝，是楠木中最好的一种，更为难得的是，有的楠木材料结成天然山水人物花纹；三是水楠；木质较软，多用其制作家具。如图1.35所示。

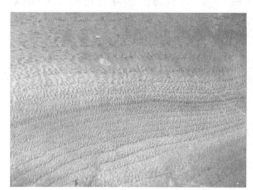

图1.35 金丝楠木

（6）红木家具 采用樱木、乌木、鸡翅木、酸枝木、花梨木（产地东南亚）等材料制成的家具可称为红木家具，采用其余材料制成的家具为非红木家具。红木家具按不同的用料可分为全红木家具、红木家具和红木面家具几种。

（7）樟木 树皮黄褐色，心材红褐色，边材灰褐色，纹理细腻，花纹精美，且不易变形，可用于雕刻。其突出特点是有浓烈的香气，能防腐、防虫，材质略轻，不易变形，易加工，切面光滑，油漆后色泽美丽。

（8）乌木（又称乌文木、黑檀） 其木坚实如铁，略似紫檀，老者纯黑色，光亮如漆，但产量极少。乌木是黑色木材的总称，还有"角乌"、"茶乌"之名，其色纯黑，甚脆，质坚实，入水则沉。如图1.36所示。

（9）鸡翅木（又作杞梓木） 广东一带称"海南文木"，又有"红豆木"和"相

图 1.36 乌木示意

思木”的别名。鸡翅木新老之分，新鸡翅木木质粗糙，紫黑相间，纹理浑浊不清，且僵直呆板，极易翘裂起茬；老鸡翅木肌理细腻，有紫褐色深浅相间的蟹爪纹，尤其是纵切面，纤细浮动，酷似鸡的翅膀。鸡翅木较花梨、紫檀等木产量更少，木质纹理又独具特色，因此以其存世量少和优美艳丽的韵味为世人所珍爱。

（10）铁梨木（又作铁力木、石盐、铁棱） 铁梨木的色彩与鸡翅木极为相似。有的鸡翅木家具的部件就用铁梨木伪充。

（11）柞木 质地硬、比重大、强度高、结构密。耐湿、耐磨损，不易胶结，着色性能良好，纹理较粗糙，管胞比较粗，木射线明显，不易干燥，一般可做木地板或家具。

（12）水曲柳 材质略硬，花纹美丽，耐腐、耐水性能好，易加工，韧性大，胶结油漆，着色性能好，具有良好的装饰性能，是目前装饰材料中用得较多的一种木材。

（13）柳桉木 材质的轻重适中，结构略粗，易于加工，胶结性能好，干燥过程稍有翘曲和开裂现象，多用来做三合板或五合板。

（14）杉木 材质松轻，易干燥，易加工，切面粗糙，强度中等，易劈裂，胶着性能好，是目前用得较普遍的中档木材。

（15）楸木 木材有光泽，结构略粗，干燥速度慢，不易翘曲，易加工，钉着力强。

（16）椴木 材质较软，有油脂，耐磨、耐腐蚀，不易开裂，木纹细，易加工，韧性强。适用范围比较广，可用来制作木线、细木工板、木制工艺品等装饰材料。

（17）红木 红木（图 1.37）从明清至今一直深受人们的珍爱，红木起源于明朝 1405 年郑和七次下西洋，每次回国用红木压船舱。木匠们把带回的木质坚硬、细腻，纹理好的红木做成家具、工艺品供帝后们享用，到后期红木大量输入及王朝灭亡才流入发展到民间。“红木”不是泛指所有红色木材，也不是一种木材，而是当前国内红木用材约定俗成的统称。按照国家标准的定义它的范围是五属八类。五属：紫檀属、黄檀属、柿属、崖豆属、铁力木属。八类：紫檀木类、黑酸枝木类、红酸枝木类、香枝木类、花梨木类、乌木类、条纹乌木类和鸡翅木类。材质坚硬，不易加工，不易干燥，握钉力强，胶结、油漆性能好。国际红木分类参见图1.38所示。

图1.37 红木原木示意

国际红木5属8类33种材延伸图

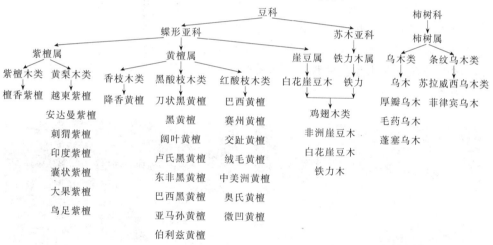

图1.38 国际红木分类

（18）香枝木 属降香黄檀类，又名海南檀、降香木、俗称：黄花梨，为我国海南特有之珍稀树种，此树种已基本绝迹。其木质坚硬、颜色不静不宣，视感极好，纹理或隐或现、生动多变，有降血压、血脂之功效。黄花梨颜色以黄色为主调，此色调同深色木纹织成美丽的天然图案如：鬼脸、狐斑等，在明亮的光照下反射出金光并散发出香气。黄花梨表面有光泽，有辛辣香气；结构细而匀，耐腐强度高；故十分珍贵。

（19）花梨木 又名花榈。其木纹有若鬼面者，亦类狸斑，亦称"花狸"。老者纹拳曲，嫩者纹直。木结花纹圆晕如钱，色彩鲜艳，纹理清晰美丽，可做家具及文房诸器。花梨木也有老花梨与新花梨之分。老花梨又称黄花梨，颜色由浅黄到紫赤，纹理清晰美观，有香味。新花梨的木色显赤黄，纹理色彩较老花梨稍差。花梨木由于价格适中是目前红木家具的主要材料。如图 1.39 所示。

图 1.39　花梨木

（20）紫檀木　亦称"青龙木"。堪称稀世瑰宝的紫檀被世人誉为"木中之王"。紫檀木生长于热带丛林，因其材质绝伦，生长缓慢是一种百年生长一寸的硬木，非数百年不能成材，加之紫檀十檀九空出材率极低，故十分珍贵，自古以来都有"寸檀寸金"之说。其木颜色呈紫赤，木质坚重，入水即沉，纹理纤细浮动，变化无穷。如图 1.40 所示。

图 1.40　紫檀木

（21）酸枝木　俗称"老红木"分布于热带及亚热带地区，由于加工时散发出一种带有酸味的辛香，故名酸枝木。酸枝木分黑酸枝和红酸枝两大类。黑酸枝木，心材为紫黑、深紫和红褐色，带黑色条纹，以其物稀而价高，一经打磨平整润滑给人一种醇厚含蓄的美，其价值仅次于紫檀木。红酸枝木，生长轮明显，心材橘红褐色、紫红褐色、深紫色。木质坚硬沉重，通常沉于水，有紫黑色条纹和山水纹，有油脂者为上乘，是制作家具和工艺品的上佳材料。

（22）白蜡木 坚韧而富有弹性，边材呈淡乳白色，芯材由淡棕色到深棕色不等。木纹明显，粗粒。加工简单，用蒸汽法很容易弯曲。不过易于腐朽，因此不宜用于外表。

（23）桃花木 边材灰白带褐，芯材淡灰褐色。

（24）槐木 边材黄白，芯材深灰。

（25）桦木 生长于北半球，具有闪亮的表面和光滑的机理。呈白色，木芯为微显粉红的象牙色或灰黄色。在易于腐朽的环境下不十分耐久，更多以夹板形式使用。有白桦和枫桦两种。白桦呈黄白色，枫桦呈淡红褐色，木质略比白桦重。桦木木质略重且硬，易加工，切削面光滑，适用于雕刻和制作各式家具。

（26）黄花木 边材浅黄，芯材黄褐。

（27）水曲柳 边材浅褐，芯材浅褐，但比边材略深。

（28）柳木 边材灰白，芯材褐色。

（29）榆木 边材浅黄褐，芯材暗灰褐。

（30）红松 边材浅黄，芯材黄透微红。

（31）白松 边材与芯材色差不大，都呈白色或浅黄。

### 1.1.6 玻璃制品相关术语

（1）平板玻璃 是用石英砂岩粉、硅砂、钾化石、纯碱、芒硝等原料，按一定比例配制，经熔窑高温熔融生产出来的透明无色的玻璃。如图 1.41(a) 所示。

（2）压花玻璃（又称花纹玻璃和滚花玻璃） 表面有花纹图案，可透光，但却能遮挡视线，即具有透光不透明的特点，有优良的装饰效果。如图 1.41(b) 所示。

(a) 平板玻璃

(b) 压花玻璃

图 1.41 平板玻璃与压花玻璃

（3）安全玻璃 安全玻璃是指符合国家标准的夹层玻璃、钢化玻璃，以及用它们加工制成的中空玻璃。

（4）热熔玻璃（又称水晶立体艺术玻璃） 是采用特制热熔炉，以平板玻璃和无机色料等作为主要原料，设定特定的加热程序和退火曲线，在加热到玻璃软化点以上，经特制成型模模压成型后退火而成，必要时，再进行雕刻、钻孔、修裁等后道工序加工，把现代或古典的艺术形态融入玻璃之中，使平板玻璃加工出各种凹凸有致、色彩各异的艺术效果。

（5）夹层玻璃　就是在两块玻璃之间夹进一层以聚乙烯醇缩丁醛为主要成分的PVB中间膜。玻璃即使碎裂，碎片也会被粘在薄膜上，破碎的玻璃表面仍保持整洁光滑。如图 1.42 所示。

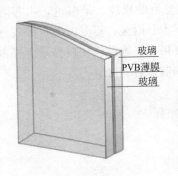

玻璃
PVB薄膜
玻璃

图 1.42　夹层玻璃

（6）夹丝玻璃　别称防碎玻璃，也称防碎玻璃或钢丝玻璃，是将普通平板玻璃加热到红热软化状态时，再将预热处理过的铁丝或铁丝网压入玻璃中间而制成。它的特性是防火性优越，可遮挡火焰，高温燃烧时不炸裂，破碎时不会造成碎片伤人。如图 1.43 所示。

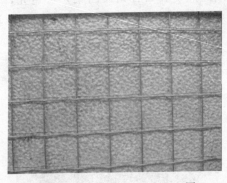
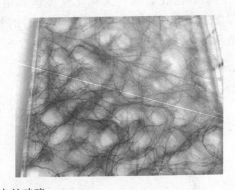

图 1.43　夹丝玻璃

（7）喷砂玻璃　用高科技工艺使平面玻璃的表面造成侵蚀，从而形成半透明的雾面效果，具有一种朦胧的美感。

（8）彩绘玻璃　彩绘玻璃制作中，先用一种特制的胶绘制出各种图案，然后再用铅油描摹出分隔线，最后再用特制的胶状颜料在图案上着色而成。

（9）雕刻玻璃　分为人工雕刻和电脑雕刻两种。其中人工雕刻利用娴熟刀法的深浅和转折配合，更能表现出玻璃的质感，使所绘图案予人呼之欲出的感受。

（10）镶嵌玻璃 将彩色图案的玻璃、雾面朦胧的玻璃、清晰剔透的玻璃任意组合，再用金属丝条加以分隔而成。

（11）视飘玻璃 是一种最新的高科技产品，是在没有任何外力的情况下，本身的图案色彩随着观察者视角的改变而发生飘动，即随人的视线移动而带来玻璃图案的变化、色彩的改变，形成一种独特的视飘效果。

（12）镀膜玻璃 是在玻璃表面涂镀一层或多层金属、合金或金属化合物薄膜，以改变玻璃的光学性能，满足某种特定要求。

（13）低辐射玻璃（又称 LOW-E 玻璃） 是在玻璃表面镀由多层银、铜或锡等金属或其化合物组成的薄膜系，属于镀膜玻璃的一种，此玻璃可减低室内外温差而引起的热传递，让室外太阳能、可见光透过，又像红外线反射镜一样，将物体二次辐射热反射回去的新一代镀膜玻璃。在任何气候环境下使用，均能达到控制阳光、节约能源、热量控制调节及改善环境的效果。由于膜层强度较差，一般都制成中空玻璃使用。如图 1.44 所示。

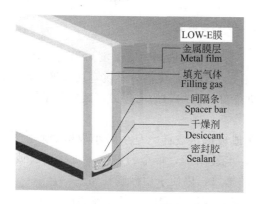

图 1.44 LOW-E 玻璃

（14）镭射玻璃 在玻璃或透明有机涤纶薄膜上涂覆一层感光层，利用激光在上刻划出任意的几何光栅或全息光栅，镀上铝（或银、铝）再涂上保护漆，就制成了镭射玻璃。

（15）智能玻璃 这种玻璃是利用电致变色原理制成。智能玻璃的特点是，当太阳在中午，朝南方向的窗户，随着阳光辐射量的增加，会自动变暗，与此同时，处在阴影下的其他朝向窗户开始明亮。

（16）呼吸玻璃 同生物一样具有呼吸作用，它用以排除人们在房间内的不舒适感。呼吸窗户框架是以特制铝型材料制成，外部采用隔热材料，而窗户玻璃则采用反射红外线的双层玻璃，在双层玻璃中间留下 12 毫米的空隙充入惰性气体氩，靠近房间内侧的玻璃涂有一层金属膜。

（17）真空玻璃 这种玻璃是双层的，由于在双层玻璃中被抽成为真空，所以具有热阻极高的特点。

（18）中空玻璃 中空玻璃是由两层或两层以上普通平板玻璃所构成。四周用高强度、高气密性复合黏结剂，将两片或多片玻璃与密封条、玻璃条粘结密封，中间充入干燥气体，框内充以干燥剂，以保证玻璃片间空气的干燥度。其特性，因留有一定的空腔，而具有良好的保温、隔热、隔音等性能。如图 1.45 所示。

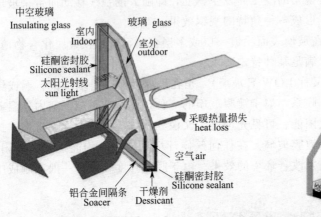

图 1.45　中空玻璃

（19）钢化玻璃（又称强化玻璃）　是利用加热到一定温度后迅速冷却的方法，或是化学方法进行特殊处理的玻璃。它的特性是强度高，其抗弯曲强度、耐冲击强度比普通平板玻璃高 3～5 倍。安全性能好，有均匀的内应力，破碎后呈网状裂纹。钢化玻璃还可耐酸、耐碱。

（20）玻璃马赛克　又叫玻璃锦砖或玻璃纸皮砖。是一种小规格的彩色饰面玻璃，外观有无色透明的，着色透明的，半透明的，带金、银色斑点、花纹或条纹。正面光泽滑润细腻；背面带有较粗糙的槽纹，以便于用砂浆粘贴。

（21）玻璃砖　又称特厚玻璃。有空心和实心两种。实心玻璃砖采用机械压制方法制成；空心玻璃砖采用箱式模具压制。两块玻璃加热熔接成整体，空心砖中间充以干燥空气，经退火，侧面封严缝隙而成。

（22）空心玻璃砖　以烧熔的方式将两片玻璃胶合在一起，再用白色胶搅和水泥将边隙密合，可依玻璃砖的尺寸、大小、花样、颜色来做不同的设计表现。

（23）水晶玻璃　它采用玻璃珠在耐火模具中铸成。玻璃珠以二氧化硅和其他各种添加剂为主要原料，配料后用火焰烧熔结晶而成。其外表光滑并带有各种格式的细丝网状或仿天然石料的点缀花纹。具有良好的强度、化学稳定性和耐大气侵蚀性。其反面较粗糙，与水泥粘结性好。是一种玻璃板状装饰材料，适用于内外墙装饰。

（24）镜面玻璃　又称磨光玻璃，是用平板玻璃经过抛光后制成的玻璃，分单面磨光和双面磨光两种，表面平整光滑且有光泽。一般透光率大于 84%。

（25）热弯玻璃　原片玻璃经过热弯炉加热后在靠模中成形，两片热弯玻璃可进一步复合成热弯夹层玻璃。

（26）釉面玻璃　是在玻璃表面涂一层彩色易熔性色釉，加热至釉料熔融，使釉层与玻璃牢固结合在一起，经退火或钢化处理而成。它具有良好的化学稳定性和装饰性，适用于建筑物外墙饰面。

（27）玻璃锦砖 是以玻璃为基料或玻璃生料经磨成细粉并加入氟化物乳蚀剂、氧化剂等添加剂，利用烧结法或压延法制作而成。具有质轻、耐腐蚀、不变色等特点。玻璃锦砖一般采用专用黏结剂或掺乳胶的水泥粘贴。

（28）浮法玻璃 玻璃生产过程是在通入保护气体（氮气等）的锡槽中完成的。熔融玻璃从池窑中连续流入并漂浮在相对密度大的锡液表面上，在重力和表面张力的作用下，玻璃液在锡液面上铺开、摊平、形成上下表面平整形状，硬化、冷却后被引上过渡辊台，辊台的辊子转动，把玻璃带拉出锡槽进入退火窑。

（29）热反射玻璃 一般是在玻璃表面镀一层或多层诸如铬、钛或不锈钢等金属或其化合物组成的薄膜，使产品呈丰富的色彩，对于可见光有适当的透射率，对红外线有较高的反射率，对紫外线有较高吸收率。

（30）夹丝防火玻璃 是在两层玻璃中间的有机胶片或无机胶黏剂的夹层中再加入金属丝、网物而制成的复合玻璃体。

### 1.1.7 瓷砖石材相关术语

（1）瓷砖 瓷砖（磁砖）是以耐火的金属氧化物及半金属氧化物，经由研磨、混合、压制、施釉、烧结等过程，而形成的一种耐酸碱的瓷质或石质等建筑或装饰材料，称为瓷砖。其原材料多由黏土、石英砂等混合而成。如图1.46所示。

图1.46 各种瓷砖

（2）人造石材 是人造大理石和花岗岩的统称，属于水泥混凝土和聚酯混凝土类。按材料分可分为：水泥型人造大理石、复合型人造大理石、复合型人造大理石、烧结型人造大理石四类。比天然石材要坚固，不容易损坏，划伤。一般橱柜的台面采用此材料。如图1.47所示。

（3）青石板 采用水成岩材料，利用其纹理清晰，容易加工等特点而制成薄板。连接方法以粘贴为主。

（4）云灰大理石 云灰大理石的花纹以其灰白相间的丰富图案而极富装饰性，有的像水的波纹。

图 1.47　人造石

（5）水磨石预制板　它是由水泥、沙子、石渣和添加剂混合搅拌均匀，浇注成型、养护、研磨抛光加工成产品。

（6）树脂型合成石　又名人工石。它是以石渣、石粉为主要原材料，以树脂为黏结剂，经配料、振捣成型、固化、表面处理、抛光等工序制成。

（7）磨光花岗石　把开采的天然花岗岩荒料，切割成薄片，表面再磨平，抛光而成。

（8）天然大理石　大理石是以我国云南省大理县的大理城来命名的。它是石灰岩与白云岩在高温、高压作用下矿物重新结晶变质而成，它具有致密的隐晶结构。天然大理石是地壳中原有的岩石经过地壳内高温高压作用形成的变质岩。属于中硬石材，主要由方解石、石灰石、蛇纹石和白云石组成。其主要成分以碳酸钙为主，约占 50％以上。其他还有碳酸镁、氧化钙、氧化锰及二氧化硅等。由于大理石一般都含有杂质，而且碳酸钙在大气中受二氧化碳、碳化物、水气的作用，也容易风化和溶蚀，而使表面很快失去光泽。所以少数的，如汉白玉、艾叶青等质纯、杂质少的比较稳定耐久的品种可用于室外，其他品种不宜用于室外，一般只用于室内装饰面。如图 1.48 所示。

图 1.48　大理石

（9）汉白玉　不含杂质的大理石为洁白色，称汉白玉。如图 1.49 所示。

（10）天然花岗石　天然花岗石是火成岩，也叫酸性结晶深成岩，是火成岩中分布最广的一种岩石，属于硬石材，由长石、石英和云母组成，其成分以二氧化硅为主，约占 65%～75%。岩质坚硬密实，按其结晶颗粒大小可分为"伟晶"、"粗晶"和"细晶"三种。花岗石的品质决定于矿物成分和结构。品质优良的花岗石，结晶颗粒细而均匀，云母含量少而石英较多，并且不含有黄铁矿。花岗石不易风化变质，外观色泽可保持百年以上，因此多用于墙基础和外墙饰面。由于花岗石硬度较高、耐磨，所以也常用于高级建筑装修工程。如图 1.50 所示。

图 1.49  汉白玉

图 1.50  天然花岗石

（11）陶瓷砖  也称为陶瓷饰面砖。由黏土或其他无机非金属原料，经成型、烧结等工艺处理，用于装饰与保护建筑物、构筑物墙面及地面的板状或块状陶瓷制品。如图 1.51 所示。

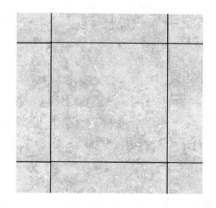
图 1.51  陶瓷砖

（12）玻化砖  这是一种高温烧制的瓷质砖，是所有瓷砖中最硬的一种。

（13）通体砖  这是一种不上釉的瓷质砖，有很好的防滑性和耐磨性。一般所说的"防滑地砖"大部分是通体砖。

（14）琉璃釉面砖  这种砖是在陶质胚体上涂一层琉璃釉，经 1000℃烧制而成。这种材料光亮夺目，色彩鲜艳，具有民族特色。采用 106 胶水泥砂浆（聚合物水泥砂浆）粘贴，可以不掉落。

（15）陶瓷棉砖  俗称马赛克。分为挂釉与不挂釉两种，一般多用于地面，以利于防滑。规格多，薄而小，质地坚硬，耐酸、耐碱、耐磨、不渗水，抗压力强，不易破碎，色彩多样，用途广泛。如图 1.52 所示。

（16）抛光砖　抛光砖是通体砖坯体的表面经过打磨而成的一种光亮的砖，属通体砖的一种。抛光砖是把颜色渗入到砖体里面，所以在表面以下 1～2mm 砖体的颜色与表面相同。相对通体砖而言，抛光砖表面要光洁得多。抛光砖坚硬耐磨，适合在除洗手间、厨房以外的多数室内空间中使用，比如用于阳台、外墙装饰等。如图 1.53 所示。

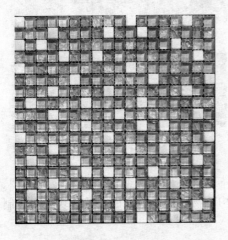

图 1.52　马赛克　　　　　　　　　　　图 1.53　抛光砖

（17）抛釉砖　抛釉砖是一种可以在釉面进行抛光工序的新工艺瓷砖，抛釉砖集抛光砖与仿古砖优点于一体的，釉面如抛光砖般光滑亮洁，同时其釉面花色如仿古砖般图案丰富，色彩厚重或绚丽，但因为制造工艺比较复杂，价格也相对比较高。抛釉砖颜色完全不会渗入到砖体的，看砖的侧面，釉面砖分层比较明显，很明显能看到釉面，如果砖面只有一层非常薄的一个颜色层的就肯定是抛釉砖。

（18）釉面砖　釉面砖指砖表面烧有釉层的砖。这种砖分为两类：一是用陶土烧制的；另一种是用瓷土烧制的；分辨这两种砖的诀窍很简单，陶土烧制的瓷砖背后是红色的、瓷土烧制的砖背后是白色的。

## 1.1.8　卫生洁具相关术语

（1）坐便器（马桶）　坐便器按冲水方式可以分为直冲式和虹吸式两大类，按外形可分为连体和分体两种。虹吸式马桶内有一个呈倒 S 形的管道。虹吸式马桶的排污能力强，能够冲走粘在马桶表面的脏东西，而且噪声小，所以很多马桶都采用的是虹吸式。新型的坐便器还带有保温和净身功能。如图 1.54 所示。

（2）连体式坐便器　与水箱连为一体的坐便器。其冲洗管道有虹吸式，也有冲落式。

（3）冲落式坐便器　借冲洗水的冲力直接将污物排出的便器。其主要特点是在冲水、排污过程中只形成正压，没有负压。

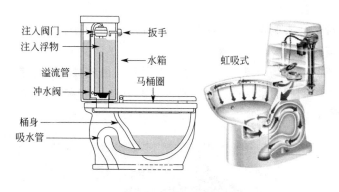

注入阀门　扳手
注入浮物　水箱
溢流管
冲水阀　马桶圈
桶身
吸水管

虹吸式

直冲式

(a) 虹吸式马桶结构图　　　(b) 直冲式马桶结构图

图 1.54　坐便器构造示意

（4）蹲便器　使用时以人体取蹲式为特点的便器。分为无遮挡和有遮挡；其结构有返水弯和无返水弯两种。

（5）洗面盘　供洗脸、洗手用的有釉陶瓷质卫生设备，分为悬挂式、立柱式和台式。如图 1.55 所示。

(a) 悬挂式　　　　　(b) 立柱式　　　　　(c) 台式

图 1.55　洗面盆

（6）净身器　带有喷洗的供水系统和排水系统，洗涤人体排泄器官的有釉陶瓷质卫生设备。按洗涤水喷出方式，分直喷式、斜喷式和前后交叉喷洗方式。

（7）小便器　专供男性小便使用的有釉陶瓷质卫生设备。有壁挂式和落地式。

### 1.1.9　水泥等相关术语

（1）彩色防霉缝剂　适用于瓷砖、石材等饰面材料的填缝，具有良好的黏结力和抗裂防渗性能，令饰面板整体防水性提高。它更具有防霉功能，令饰面卫生、洁净，同时色彩装饰效果更臻完美。

（2）水泥　凡磨细材料，加入适量水拌和后，成为可塑浆体，既能在空气中硬化，又能在水中硬化为石状体，并能把砂石等材料牢固胶结在一起的水硬胶凝材料通称为水泥。

（3）硅酸盐水泥　凡由硅酸盐水泥熟料，0~5％的石灰石或粒化高炉矿渣和适量石膏磨细制成的水硬性胶凝材料称为硅酸盐水泥。

（4）普通硅酸盐水泥　普通硅酸盐水泥（简称普通水泥）是由硅酸盐水泥熟料、少量混合材、适量石膏磨细制成的水硬性胶凝材料。水泥中混合材料掺加量按重量百分比计。如图1.56所示。

图1.56　普通硅酸盐水泥

掺活性混合材料时，不得超过15％，其中允许用不超过5％的窑灰或不超过10％的非活性混合材料代替；掺非活性混合材料时，不得超过10％。

（5）白色硅酸盐水泥　白色硅酸盐水泥简称白水泥，是由白色硅酸盐水泥熟料加入石膏，磨细制成的水硬性胶凝材料。

（6）粉煤灰硅酸盐水泥　由硅酸盐水泥熟料和粉煤灰，加适量石膏混合后磨细而成。

（7）矿渣硅酸盐水泥　由硅酸盐水泥熟料，混入适量粒化高炉矿渣及石膏磨细而成。

（8）火山灰质硅酸盐水泥　由硅酸盐水泥熟料和火山灰质材料及石膏按比例混合磨细而成。

### 1.1.10　门窗相关术语

（1）平开门　平开门（side hung door）是指合页（铰链）装于门侧面，向内（左内开，右内开）或向外开启（左外开，右外开）的门。由门套、合页、门扇、锁等组成。平开门是日常最常见的门开启形式，单扇比较多，单扇平开洞口宽度一般为900mm左右。如图1.57所示。

（2）推拉门　所谓推拉门就是门扇往左或往右推拉的门，一般上下都有轨道对采用吊轨形式的则只有上轨道（滑道）。推拉门有单扇、两扇或多扇的。如图1.58所示。

（3）弹簧门　一种可以自动关闭的门，装有弹簧合页的门，开启后会自动关闭。此门多用于公共场所通道、紧急出口通道。如图1.59所示。

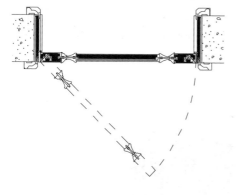

图 1.57 平开门

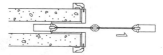

图 1.58 推拉门

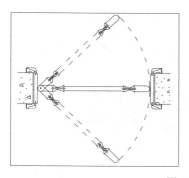

图 1.59 弹簧门

（4）折叠门 折叠门为多扇折叠，可推移到侧边，占空间较少。分侧挂式折叠门和推拉式折叠门两种。适用于各种大小洞口，尤其是宽度很大的洞口，五金复杂，安装要求高。

（5）防盗门 防盗门是指在一定时间内可以抵抗一定条件非正常开启，并带有专用锁和防盗装置的门。防盗门可分为栅栏式防盗门、实体门和复合门 3 种。

栅栏式防盗门就是平时较为常见的由钢管焊接而成的防盗门，它的最大优点是通风、轻便、造型美观，且价格相对较低。该防盗门上半部为栅栏式钢管或钢盘，下半部为冷轧钢板，采用多锁点锁定，保证了防盗门的防撬能力。但在防盗效果上不如封闭式防盗门。

实体门采用冷轧钢板挤压而成，门板全部为钢板，钢板的厚度多为 12mm 和 15mm，耐冲击力强。门扇双层钢板内填充岩棉保温防火材料，具有防盗、防火、绝热、隔声等功能。一般实体式防盗门都安装有猫眼、门铃等设施。

复合式防盗门由实体门与栅栏式防盗门组合而成，具有防盗和夏季防蝇蚊、通风纳凉和冬季保暖隔声的特点。

（6）木门 在门的应用上，木门的分类和应用最为广泛。木门主要有如下一些类型。

① 原木门：就是实木门（俗称木头门），是木门制品中的最高境界、至尊境界。

实木门是指制作木门的材料全部是取自森林的天然原木，经过烘干、下料、刨光、开榫、打眼、高速铣形、组装、打磨、上油漆等工序科学加工而成。如图 1.60 所示。

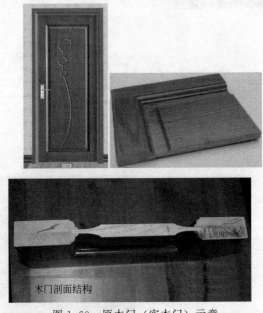

木门剖面结构

图 1.60　原木门（实木门）示意

　　② 实木复合门：是指由两种或两种以上的材质组成的门，门芯多以松木、杉木等不同类型木材拼接黏合而成，外贴密度板和实木木皮，经高温热压后制成，并用实木线条封边。如图 1.61 所示。

天然木皮纸饰面

密度板平衡层　　杉木指接板

门扇横切面部分

图 1.61　实木复合门截面示意

③ 喷漆木门：两面各贴一层密度板，然后再在密度板外贴木纹纸后喷漆或直接在密度板上喷漆，中间的填充物各种各样。

④ 免漆木门：在密度板上贴木纹纸或者PVC以松木或杉木搭好龙骨，两面各贴一层密度板，然后再在密度板外贴免漆饰面，中间的填充物各种各样。

⑤ 模压木门：模压木门是由两片带造型和仿真木纹的高密度纤维模压门皮板经机械压制而成，表面处理分喷漆和PVC模压门。由于门板内是空心的，自然隔音效果相对实木门来说要差些，并且不能湿水。如图1.62所示。

模压木门优点：抗变形性能好，价格经济。

模压木门缺点：密度板压制环保上不好保证，空心的隔声效果不好。

图 1.62　模压木门

⑥ 钢木门：是由防盗门延伸出来的室内门，其工艺与防盗门相仿，不过主框采用了木头制成，中间由蜂窝状材料填充合成。特点是环保、易清洁，价格低廉。缺点是质感差，造型少，不方便维修。

⑦ 木塑门：木塑门是PVC加木粉和一些塑料助剂经挤出成型的套装门，是塑料和木材的有机结合。

（7）拼板门　用木板拼合而成的门。坚固耐用，多为大门。

（8）镶板门　门扇由骨架和门芯板组成。门芯板可为木板、胶合板、硬质纤维板、塑料板、玻璃等。门芯为玻璃时，则为玻璃门。门芯为纱或百叶时，则为纱门或百叶门。也可以根据需要，部分采用玻璃、纱或百叶，如上部玻璃、下部百叶组合等方式。

（9）推拉门窗　门窗扇启闭采用横向移动方式。

（10）套装门　门的基材为中密度纤维板，其表面贴以经高温高压一次贴合而成的三聚氰胺饰面，无需油漆处理，表面平整光滑，色彩亮丽，且永不褪色。

（11）塑钢门窗　塑钢门窗以硬聚氯乙烯（PVC）塑料型材为主材，加上五金件组成。型材为多孔空腔，主腔内有冷扎钢板制成的内衬钢，用以提高塑钢门窗的强度。型材壁厚应在2.5毫米以上。

（12）夹板门　中间为轻型骨架，两面贴胶合板、纤维板、模压板等薄板的门，一般为室内门。

（13）转门窗　门窗扇以转动方式启闭。转窗包括上悬窗、下悬窗、中悬窗、立转窗等。

（14）磨压门窗　也称空心门。中间以木龙骨为芯，双面贴以一次压花的三合板，再经过抛光打磨处理即成原木色的平板磨压门。

（15）滑圈帘轨　是众多拉式窗帘中最常用的帘轨，帘轨的滑圈安放在帘轨后部的狭槽中。

### 1.1.11　涂料油漆相关术语

（1）涂料　涂料是指涂敷于物体表面能与基层牢固粘结形成完整而坚韧保护膜的材料。可分为油性化、合成树脂化、水性化、粉剂化四个阶段如图1.63所示。

图1.63　涂料示意

（2）乳胶漆　是以石油化工产品为原料而合成的乳液为黏合剂，用水为分散体的一类涂料，具有不污染环境，安全无毒，无火灾危险，施工方便，涂膜干燥快，保光保色性好，透气性好等特点，按使用部位分类可分为内墙涂料和外墙涂料，按光泽分类可分为低光、半光、高光等几个品种。

（3）清漆　又名凡立水，分油基清漆和树脂清漆两类。品种有酯胶清漆、酚醛清漆、醇酸清漆、硝基清漆及虫胶清漆等。光泽好，成膜快，用途广。如图1.64所示。

图1.64　各种清漆　　　　　　图1.65　醇酸磁漆

（4）不饱和聚酯钢琴漆　不饱和聚酯钢琴漆是以不饱和聚酯树脂为基础的涂料，该漆由四个组分组成：聚酯树脂，促进剂，引发剂，石蜡液。该漆属无溶剂型漆，一次可以获得厚涂层，附着力好，对常见的酸碱，酒精，茶水等液体，具有优良的耐腐蚀性能。

（5）磁漆　以清漆加颜料研磨制成，常用的有酚醛磁漆和醇酸磁漆两类。如图1.65所示。

（6）原漆　又名铅油，是由颜料与干性油混合研磨而成，多用以调腻子。

（7）金属漆　一般为喷雾，可应用于暖气等特殊金属物的手工施工，施工简单，能抗热。

## 1.1.12　地板壁纸和地毯相关术语

（1）塑料壁纸　塑料壁纸包括涂塑壁纸和压塑壁纸。涂塑壁纸是以木浆原纸为基层，涂布氯乙烯-醋酸乙烯共聚乳液与钛白、瓷土、颜料、助剂等配成的乳胶涂料烘干后再印花而成。聚氯乙烯塑料壁纸是聚氯乙烯树脂与增塑剂、稳定剂、颜料、填料经混炼、压延成薄膜，然后与纸基热压复合，再印花、压纹而成。两种均具有耐擦洗、透气好的特点。

（2）实木地板　是木材经烘干，加工后形成的地面装饰材料。

（3）实木复合地板　是将优质实木锯切刨切成表面板、芯板和底板单片，然后根据不同品种材料的力学原理将三种单片依照纵向、横向、纵向三维排列方法，用胶水粘贴起来，并在高温下压制成板，这就使木材的异向变化得到控制。

（4）强化复合地板（浸渍纸层压木质地板）

强化复合地板由四层结构组成。如图1.66所示。

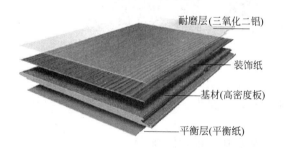

图 1.66　强化复合地板

a. 第1层：耐磨层。主要由 $Al_2O_3$（三氧化二铝）组成，有很强的耐磨性和硬度，一些由三聚氰胺组成的强化复合地板无法满足标准的要求。

b. 第2层：装饰层。是一层经密胺树脂浸渍的纸张，纸上印刷有仿珍贵树种的木纹或其他图案。

c. 第3层：基层。是中密度或高密度的层压板。经高温、高压处理，有一定的防潮、阻燃性能，基本材料是木质纤维。

d. 第4层：平衡层。它是一层牛皮纸，有一定的强度和厚度，并浸以树脂，起到防潮防地板变形的作用。

（5）竹地板　它以天然优质竹子为原料，经过二十几道工序，脱去竹子原浆汁，经高温高压拼压，再经过 3 层油漆，最后红外线烘干而成。

（6）软木地板　软木地板被称为是"地板的金字塔尖消费"。软木是生长在地中海沿岸的橡树，而软木制品的原料就是橡树的树皮，与实木地板比较更具环保性、隔音性，防潮效果也会更好些，带给人极佳的脚感。软木地板柔软、安静、舒适、耐磨，对老人和小孩的意外摔倒，可提供极大的缓冲作用，其独有的吸音效果和保温性能也非常适合于卧室、会议室、图书馆、录音棚等场所。

（7）地热采暖地板　地热采暖地板又称低温热水辐射采暖地板，低温地板辐射是一种利用建筑物内部地面进行采暖的系统。它是将整个地面作为散热器在地板结构层内铺设管道，通过往管道内注入 60℃ 以下的低温热水加热地板混凝土层使地面温度保持在 26℃ 左右，使人感觉温暖舒服。室内温度均匀下降，给人脚暖头凉的最佳感觉，符合人体生理科学。如图 1.67 所示为室内房间地板采暖管线施工布置情况。

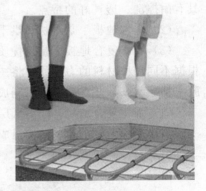

图 1.67　地板采暖管线布置

（8）塑料地板　它是以聚氯乙烯塑料为基材制成的块材或卷材地板。这种板材有弹性、耐磨、保温、隔声等。这种地板多采用挤出、压延成型。塑料地板的黏接剂为特制黏合剂。

塑料地板有聚氯乙烯卷材地板和聚氯乙烯块状地板两种。

a. 聚氯乙烯卷材地板是以聚氯乙烯树脂为主要原料，加入适当助剂，在片状连续基材上，经涂敷工艺生产而成。

b. 聚氯乙烯块状地板是以聚氯乙烯及其共聚树脂为主要原料，加入填料、增塑剂、稳定剂、着色剂等辅料，经压延、挤出或挤压工艺生产而成，有单层和同质复合两种。

（9）塑料地毯　主要原料为聚氯乙烯树脂，加增塑剂等助剂制成。

（10）混纺地毯　用羊毛与合成纤维，如尼龙、锦纶等混合编织而成。

（11）无纺地毯　采用无纺织物制造技术，即原料不经传统的纺纱工艺，用织造方法直接制成织物。

（12）化纤地毯　种类较多，有尼龙、锦纶、腈纶、丙纶、涤纶地毯等。它由面层织物、防松涂层、初级背衬和次级背衬构成。当前的主要品种有涤纶、丙纶等多种类型。铺贴方式可以采用固定或不固定式。

（13）纯羊毛地毯　主要原料为粗绵羊毛。华贵，但容易生虫，不容易保养。

（14）喷涂、滚涂　这是采用聚合物水泥砂浆，通过挤压砂浆泵及喷枪（喷斗）将砂浆喷涂于墙体表面的为喷涂；通过橡皮辊子将抹在墙体表面的聚合物水泥砂浆辊出花纹的为辊涂。如图1.68所示。

(a) 喷涂　　　　　　　　　　　　　(b) 滚涂

图1.68　喷涂和滚涂墙面

### 1.1.13　水电相关术语

（1）BVV电源线　包括BV、BVV、BVVB、BVR电源线，为国家电线标准代号。VV在电线术语中指两层聚氯乙烯；BV，聚氯乙烯绝缘铜芯线，独芯线；BVV，聚氯乙烯护套铜芯线，两芯线；BVVB，聚氯乙烯护套铜芯线，是三芯线；BVR，铜芯聚氯乙烯绝缘软电线，固定布线时要求柔软的场合。如图1.69所示。

图1.69　BVV电源线

（2）PVC管　PVC全名polyvinyl chloride，聚氯乙烯。这种管表面膜的最上层是漆，中间的主要成分是聚氯乙烯，最下层是背涂黏合剂。PVC可分为软PVC和硬PVC。如图1.70(a)所示。

（3）PVC-U 管（UPVC，硬聚氯乙烯）　PVC-U 又叫 UPVC（硬聚氯乙烯），U 表示添加塑化剂，PVC-U 的氯不会释放出来。管子有一定力度，但是耐冲击力较小，多用于生活用水的给排水。如图 1.70(b) 所示。

（4）PE 管　聚乙烯管，分为 LDPE 低密度聚乙烯管、MDPE 中密度聚乙烯管和 HDPE 高密度聚乙烯管。如图 1.70(c) 所示。

(a) PVC管　　　　　(b) UPVC管　　　　　(c) PE管

图 1.70　常见 PVC 等管材

（5）PPR 管　PP 管为聚丙烯管，PPR 管或 PP-R（polypropylene random）管又叫三型聚丙烯管，又叫无规共聚聚丙烯管，具有节能节材、环保、轻质高强、耐腐蚀、内壁光滑不结垢、施工和维修简便、使用寿命长等优点，广泛应用于建筑给排水、城乡给排水、城市燃气、电力和光缆护套、工业流体输送、农业灌溉等建筑业、市政、工业和农业领域。如图 1.71 所示。

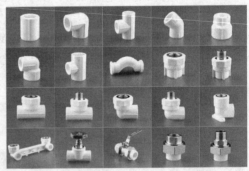

图 1.71　PPR 管及其配件

（6）不锈钢　也称白钢，不锈钢以铬为主要合金元素，有镍-铬不锈钢、镍-钻-钛不锈钢等，它是一种在碳钢中加入合金元素而制成的合金钢的一种，具有优良的抗腐蚀性能。

（7）镀锌钢管　镀锌钢管是在焊接钢管的基础上再热镀锌（即在锌锅内将锌熔化，再将钢管浸入液体锌中一段时间取出，再冷却吹干），使钢管内外壁同时有一层锌层附着。

（8）铝塑管　铝塑复合管是市面上较为流行的一种管材。

（9）铜管　铜管具有耐腐蚀、消菌等优点，是水管中的上等品，铜管接口的方式有卡套和焊接两种。

（10）混水阀　混水阀就是一个阀门，混合冷热水的。其实阀门本身是不能混合的，只是接了冷、热水管，起到了混合的作用。

### 1.1.14　装修环境质量相关术语

（1）VOC　指挥发性有机化合物，包括芳香烃（苯、甲苯、二甲苯）、酮类和醛类、胺类、卤代类、硫代烃类、不饱和烃类等。

（2）甲醛　甲醛是一种无色易溶的刺激性气体，甲醛可经呼吸道吸收，其水溶液"福尔马林"可经消化道吸收。甲醛的主要来源有胶合板、细木工板、中密度板和刨花板中的脲醛树脂挥发物和壁纸胶、化纤地毯、泡沫塑料、油漆涂料等。

（3）苯　苯主要来源于合成纤维、塑料、燃料、橡胶等，它可以抑制人体的造血机能，致使血细胞和血小板减少。

（4）氡　氡是由镭衰变产生的自然界唯一的天然放射性气体，它没有颜色，也没有任何气味。主要来源于花岗岩、砖砂、水泥、石膏等。

（5）二甲苯　二甲苯属于芳香烃类，人在短时间内吸入高浓度的甲苯或二甲苯，会出现中枢神经麻醉的症状，轻者头晕、恶心、胸闷、乏力，严重的会出现昏迷甚至因呼吸循环衰竭而死亡。二甲苯主要来自于合成纤维、塑料、燃料、橡胶等，隐藏在油漆、各种涂料的添加剂以及各种胶黏剂、防水材料中，还可来自燃料和烟叶的燃烧。

（6）绿色建材　所谓绿色建材是指采用清洁生产技术，少用天然资源和能源，大量使用工业或城市固体废弃物生产的无毒害、无污染、有利于人体健康的建筑材料，具有消磁、消声、调光、调温、隔热、阻燃、防霉、抗静电、防辐射以及调解人体机能，适应人体工程等内在功能的新型建材及其制品。

（7）绿色产品　就是在生产和使用过程中，对环境无污染、对人体健康没有危害的产品。

### 1.1.15　装修相关的认证标志术语

（1）CCC（3C认证）　CCC认证标志的名称为"中国强制认证"（英文缩写"CCC"，也简称为"3C"认证），文名称"China Compulsory Certification"的缩写简称。认证标志的图案由基本图案、认证种类标注组成。如图1.72（a）为认证标志基本图案。在认证标志基本图案的右部印制认证种类标注，证明产品所获得的认证种类，认证种类标注由代表认证种类的英文单词的缩写字母组成，如图1.72（b）中的"S"代表安全认证。国家认证认可监督管理委员会对认证标志的制作、发放和使用实施统一的监督、管理，各地质检行政部门根据职责负责对所辖地区认证标志的使用实施监督检查。指定认证机构对其发证产品认证标志的使用实施监督检查；受委托的国外检查机构对受委托的获得认证产品上认证标志的使用实施监督检查。见图1.72及表1.1。

(a) 认证标志基本图案　　　　　　　　　　(b) 认证种类标注

图 1.72　CCC 认证标志

表 1.1　需 CCC 认证的与装修相关常见产品名称

| 大类号 | 大类名称 | 小类号 | 小类名称 |
|---|---|---|---|
| 01 | 电线电缆<br>（共 5 种） | 01 | 电线组件 |
| | | 03 | 交流额定电压 3kV 及以下铁路机车车辆用电线电缆 |
| | | 04 | 额定电压 450V/750V 及以下橡皮绝缘电线电缆 |
| | | 05 | 额定电压 450V/750V 及以下聚氯乙烯绝缘电线电缆 |
| 02 | 电路开关及保护或连接用电器装置<br>（共 6 种） | 01 | 家用及类似用途插头插座 |
| | | 02 | 家用和类似用途固定式电气装置的开关 |
| | | 03 | 工业用插头插座和耦合器<br>家用及类似用途器具耦合器 |
| | | 04 | 热熔断体 |
| | | 05 | 家用和类似用途固定式电气装置电器附件外壳 |
| | | 06 | 小型熔断器的管状熔断体 |
| 03 | 低压电器<br>（共 9 种） | 01 | 低压成套开关设备 |
| | | 02 | 低压开关（隔离器、隔离开关、熔断器组合电器） |
| | | 03 | 继电器（36V＜电压＜1000V） |
| | | 04 | 其他装置（接触器、电动机启动器、信号灯、辅助触头组件、主令控制器、交流半导体电动机控制器和启动器） |
| | | 05 | 其他开关（电器开关、真空开关、压力开关、接近开关、脚踏开关、热敏开关、液位开关、按钮开关、限位开关、微动开关、倒顺开关、温度开关、行程开关、转换开关、自动转换开关、刀开关） |
| | | 06 | 漏电保护器 |
| | | 07 | 断路器（含 RCCB、RCBO、MCB） |
| | | 08 | 熔断器 |
| | | 09 | 其他电路保护装置（保护器类：限流器、电路保护装置、过流保护器、热保护器、过载继电器、低压机电式接触器、电动机启动器） |

| 大类号 | 大类名称 | 小类号 | 小类名称 |
|---|---|---|---|
| 10 | 照明设备（共2种）（不包括电压低于36V的照明设备） | 01 | 灯具 |
| | | 02 | 镇流器 |
| 21 | 装饰装修材料（共3种） | 01 | 溶剂型木器涂料 |
| | | 02 | 瓷质砖 |
| | | 03 | 混凝土防冻剂 |
| 18 | 消防产品（共3种） | 01 | 火灾报警设备（点型感烟火灾报警探测器、点型感温火灾报警探测器、火灾报警控制器、消防联动控制设备、手动火灾报警按钮） |
| | | 02 | 消防水带 |
| | | 03 | 喷水灭火设备（洒水喷头、湿式报警阀、水流指示器、消防用压力开关） |
| 19 | 安全技术防范产品（共4种） | 01 | 入侵探测器（室内用微波多普勒探测器、主动红外入侵探测器、室内用被动红外探测器、微波与被动红外复合入侵探测器、磁开关入侵探测器、振动入侵探测器、室内用被动式玻璃破碎探测器） |
| | | 02 | 防盗报警控制器 |
| | | 03 | 汽车防盗报警系统 |
| | | 04 | 防盗保险箱（柜） |
| 13 | 安全玻璃（共3种） | 02 | 建筑安全玻璃（夹层玻璃、钢化玻璃） |

（2）中国环境标志认证　中国"环境标志"图形（即"十环"标志）由原国家环境保护局于1993年8月发布。标识图形由清山、绿水、太阳及十个环组成。标识的中心结构表示人类赖以生存的环境；外围的十个环紧密结合，环环紧扣，表示公众参与，共同保护环境；同时十个环的"环"字与环境的"环"同字，其寓意为"全民联合起来，共同保护人类赖以生存的环境"。中国环境标志所有权归环境保护部。环境标志是一种标在产品或其包装上的标签，是产品的"证明性商标"，它表明该产品不仅质量合格，而且在生产、使用和处理处置过程中符合特定的环境保护要求，与同类产品相比，具有低毒少害、节约资源等环境优势。环境保护部指定的中国环境标志产品认证机构负责中国环境标志的发放以及标志使用的日常管理工作。如图1.73为中国环境标志的式样，图1.74为某公司的中国环境标志认证产品证书（仅供参考）。

(a) 单色标识

(b) 双色标识

图 1.73　中国环境标志的式样

图 1.74　某公司的中国环境标志认证产品证书（仅供参考）

## 1.2　常用符号及代号

### 1.2.1　常见数学符号（表 1.2）

表 1.2　常见数学符号

| 符号 | 含义 | 范例 | 符号 | 含义 | 范例 |
|---|---|---|---|---|---|
| ～ | 数字范围（自……至……） | 50～100 表示"自 50 至 100"的数字范围 | ♯ | 号 | 8♯楼表示第 8 号楼 |
| ± | 正负号 | ±0.000 一般表示首层室内完成地面相对标高 | @ | 每个、每样相等中距 | @ 1200mm，表示间距为 1200mm |
| ℃ | 摄氏温度大小 | 100℃ 表示温度为 100 摄氏度 | ‰ | 千分比 | 56‰＝0.056 |
| | | | ％ | 百分比 | 15％＝0.15 |

续表

| 符号 | 含义 | 范例 | 符号 | 含义 | 范例 |
|---|---|---|---|---|---|
| ⌒ | 弧度长度 | 表示某一段弧长 | ha | 公顷 | 表示面积大小,1ha 等于 10000 平方米 |
| ° | 度 | 45°表示角度为 45 度 | lg | 常用对数(以 10 为底的对数) | lg10＝1 |
| ∠ | 角度大小 | ∠60,表示角度为 60 度 | ln | 自然对数(以 e 为底的对数) | lne＝1 |
| $i$ | 坡度 | $i = 2\%$,表示坡度为 2% | sin | 正弦 | sin90°＝1 |
| $\lvert a \rvert$ | $a$ 的绝对值 | ｜－58.9｜＝58.9 | cos | 余弦 | cos90°＝0 |
| ! | 阶乘 | 6!＝6×5×4×3×2×1＝720 | tan(tg) | 正切 | tan45°＝1 |
| ： | 比 | 1：8＝1/8＝0.125 | cot(ctg) | 余切 | cot45°＝1 |
| max | 取最大值 | max(6,88,9.6)＝88 | | | |
| min | 取最小值 | min(6,88,9.6)＝6 | | | |

## 1.2.2　其他常见符号（表1.3）

### 表1.3　其他常见符号

| 符号 | 含义 | 符号 | 含义 | 符号 | 含义 |
|---|---|---|---|---|---|
| a.m. | 上午 | ″ | 英寸 inch 的简写形式,例如 8″表示 8 英寸 | © | 版权所有 |
| p.m. | 下午 | kg | 千克 | ® | 注册商标 |
| &. | 和 | $\underset{\triangledown}{3.600}$ | 标高,表示该位置的相对标高为 3.600m | ≤,≥ | 小于或等于、大于或等于 |
| No | 第几号 | | | | |
| φ | 直径 | ¥ | 人民币 | ∥ | 平行于 |
| ∵ | 因为 | $ | 美元 | ♀ | 女性 |
| ∴ | 所以 | £ | 英镑 | ♂ | 男性 |
| ≡ | 全等于 | ∟ | 直角 | · | 分隔号 |
| ⊥ | 垂直于 | ≌ | 全等于 | ∞ | 无穷大 |
| ≮,≯ | 不小于、不大于 | ∝ | 成正比 | const | 常数 |
| ≠ | 不等于 | ∽ | 相似于 | ∇6.000 | 标高,表示该位置的相对标高为 6.000m |
| ρ | 密度 | ≈ | 约等于 | | |
| km | 千米、公里 | ≫ | 远大于 | Σ | 求和 |
| m² | 平方米 | ≪ | 远小于 | ￥ | 日元 |
| cc | 毫升 | ™ | trade mark sign(商标) | € | 欧元 |

## 1.2.3　罗马数字与常见数字词头（表1.4）

### 表1.4　罗马数字与常见数字词头

| 罗马数字 | 含义 | 数字词头 | 含义 | 罗马数字 | 含义 | 数字词头 | 含义 | 罗马数字 | 含义 | 数字词头 | 含义 |
|---|---|---|---|---|---|---|---|---|---|---|---|
| Ⅰ | 1 | 十 | 10 | Ⅴ | 5 | 兆 | $10^6$ | Ⅸ | 9 | G | $10^9$ |
| Ⅱ | 2 | 百 | 100 | Ⅵ | 6 | 亿 | $10^8$ | Ⅹ | 10 | T | $10^{12}$ |
| Ⅲ | 3 | 千 | 1000 | Ⅶ | 7 | K | $10^3$ | | | | |
| Ⅳ | 4 | 万 | $10^4$ | Ⅷ | 8 | M | $10^6$ | | | | |

## 1.2.4　常见门窗符号（表1.5）

表1.5　常见门窗符号

| 符号 | 含义 | 范例 |
| --- | --- | --- |
| M | 木门 | M9 表示编号为 9 号的木门 |
| FM | 防火门（其中：甲 FM 表示甲级防火门，乙级、丙级表示方法类似） | 甲 FM1221，表示甲级防火门，门洞洞口宽 1200mm，高 2100mm |
| C | 窗户 | C12 表示编号为 12 号的窗户 |
| GSFM | 钢结构双扇防护密闭人防门 | GSFM4025(6) 表示钢结构双扇防护密闭人防门，宽 4000mm，高 2500mm，防护等级为 6 级 |
| GHSFM | 钢结构活门槛双扇防护密闭人防门 | GHSFM4025(6) 表示钢结构活门槛双扇防护密闭人防门，宽 4000mm，高 2500mm，防护等级为 6 级 |
| GSFMG | 防护单元连通口防护密闭人防门（钢结构双扇） | GSFMG3025(6) 表示 6 级防护单元连通口防护密闭门，宽 3000mm，高 2500mm |
| JSFM | 降落式双扇防护密闭门 | JSFM4525(5) 表示为 5 级降落式双扇防护密闭门，宽 4500mm，高 2500mm |
| HK | 悬摆式防爆波活门 | HK1000 表示 5 级悬摆式防爆波活门，风管当量直径 1000mm |
| FMDB | 防护密闭封堵板 | FMDB4025(6) 表示 6 级防护密闭封堵板，封堵孔尺寸为宽 4000mm，高 2500mm |
| FJ | 防火卷帘 | 特 FJ4027 表示特级防火卷帘，宽 4000mm、高 2700mm |

## 1.2.5　常见化学元素符号（表1.6）

表1.6　常见化学元素符号

| 符号 | 含义 | 符号 | 含义 | 符号 | 含义 |
| --- | --- | --- | --- | --- | --- |
| H | 氢 | K | 钾 | Au | 金 |
| N | 氮 | Cr | 铬 | Hg | 汞 |
| O | 氧 | Ca | 钙 | Tl | 铊 |
| C | 碳 | Fe | 铁 | Pb | 铅 |
| Mg | 镁 | Ni | 镍 | Rn | 氡 |
| Al | 铝 | Cu | 铜 | Ra | 镭 |
| Si | 硅 | Zn | 锌 | U | 铀 |
| P | 磷 | Ag | 银 | Pu | 钚 |
| S | 硫 | Sn | 锡 | | |
| Ar | 氩 | I | 碘 | | |

## 1.2.6　常见聚合物材料符号（表1.7）

表1.7　常见聚合物材料符号

| 符号 | 含义 | 符号 | 含义 | 符号 | 含义 |
| --- | --- | --- | --- | --- | --- |
| CA | 乙酸纤维素 | MPF | 三聚氰胺-酚醛树脂 | PPO | 聚苯醚 |
| CF | 甲酚甲醛树脂 | PA | 尼龙(聚酰胺) | PUR | 聚氨酯 |
| EP | 环氧树脂 | PAA | 聚丙烯酸 | PVC | 聚氯乙烯 |
| FRP | 玻璃纤维增强塑料 | PCTFE | 聚三氟氯乙烯 | RP | 增强塑料 |
| HDPE | 高密度聚乙烯 | PE | 聚乙烯 | UF | 脲甲醛树脂 |
| LDPE | 低密度聚乙烯 | CPE | 氯化聚乙烯 | | |
| MF | 三聚氰胺-甲醛树脂 | PP | 聚丙烯 | | |

## 1.2.7　常见国家和地区货币符号（表 1.8）

**表 1.8　常见国家和地区货币符号**

| 国家和地区名称 | 货币标准符号 | 国家和地区名称 | 货币标准符号 |
|---|---|---|---|
| 中国大陆 | 人民币元（CNY） | 欧洲联盟货币 | 欧元（EUR） |
| 中国台湾 | 新台币（TWD） | 俄罗斯 | 卢布（SUR） |
| 中国香港 | 港元（HKD） | 英国 | 英镑（GBP） |
| 中国澳门 | 澳门元（MOP） | 加拿大 | 加元（CAD） |
| 朝鲜 | 圆（KPW） | 美国 | 美元（USD） |
| 越南 | 越南盾（VND） | 墨西哥 | 墨西哥比索（MXP） |
| 日本 | 日元（JPY） | 古巴 | 古巴比索（CUP） |
| 菲律宾 | 菲律宾比索（PHP） | 秘鲁 | 新索尔（PES） |
| 马来西亚 | 马元（MYR） | 巴西 | 新克鲁赛罗（BRC） |
| 新加坡 | 新加坡元（SGD） | 阿根廷 | 阿根廷比索（ARP） |
| 印度尼西亚 | 盾（IDR） | 埃及 | 埃及镑（EGP） |
| 巴基斯坦 | 巴基斯坦卢比（PRK） | 南非 | 兰特（ZAR） |
| 印度 | 卢比（INR） | 新西兰 | 新西兰元（NZD） |
| 澳大利亚 | 澳大利亚元（AUD） | 伊拉克 | 伊拉克第纳尔（IQD） |

# 1.3　常用单位换算

## 1.3.1　法定计量单位（表 1.9）

**表 1.9　法定计量单位**

| 国际单位制单位 | | 非国际单位制单位 | |
|---|---|---|---|
| 名称 | 单位名称（代号） | 名称 | 单位名称（代号） |
| 长度 | 米（m） | 长度 | 海里（n mile） |
| 质量（重量） | 千克（kg） | 质量（重量） | 吨（t） |
| 时间 | 秒（s） | 时间 | 天/日（d）、小时（h）、分（min） |
| 电流 | 安培（A） | 平面角 | 度（°）、分（′）、秒（″） |
| 热力学温度 | 开尔文（K） | 旋转速度 | 转每分（r/min） |
| 物质的量 | 摩尔（mol） | 体积 | 升（L、l） |
| 发光强度 | 坎德拉（cd） | 速度 | 节（kn） |
| 平面角 | 弧度（rad） | 级差 | 分贝（dB） |
| 立体角 | 球面度（sr） | 线密度 | 特克斯（tex） |

## 1.3.2　长度单位换算（表 1.10）

**表 1.10　长度单位换算**

| 名　称 | 符　号 | 与米（m）的换算关系 | 名　称 | 符　号 | 与米（m）的换算关系 |
|---|---|---|---|---|---|
| 光年 | | 1 光年＝9460730472580800m | 微米 | $\mu$m | $1\mu$m＝0.000001m |
| 千米（公里） | km | 1km＝1000m | 市里（里） | | 1 里＝500m |
| 米 | m | 1m＝1m | 市丈（丈） | | 1 丈＝3.3333m |
| 分米 | dm | 1dm＝0.1m | 市尺（尺） | | 1 尺＝0.3333m |
| 厘米 | cm | 1cm＝0.01m | 市寸（寸） | | 1 寸＝0.0333m |
| 毫米 | mm | 1mm＝0.001m | 英里 | mile | 1mile＝1609.344m |

| 名　称 | 符　号 | 与米（m）的换算关系 | 名　　称 | 符　号 | 与米（m）的换算关系 |
|---|---|---|---|---|---|
| 码 | yd | 1yd＝0.9144m | 英寻 | fm | 1fm＝1.8288m |
| 英尺 | ft | 1ft＝0.3048m | 俄尺 | | 1俄尺＝0.3048m |
| 英寸 | in | 1in＝0.0254m | 日尺 | | 1日尺＝0.3030m |
| 海里 | n mile | 1n mile＝1852m | | | |

注：空格表示无此项内容，后同。

## 1.3.3　面积单位换算（表1.11）

**表1.11　面积单位换算**

| 名　　称 | 符号 | 与平方米（m²）的换算关系 | 名　　称 | 符号 | 与平方米（m²）的换算关系 |
|---|---|---|---|---|---|
| 平方公里 | km² | 1km²＝1000000m² | 平方丈（丈） | | 1平方丈＝11.1111m² |
| 公顷（平方百米） | ha(hm²) | 1ha＝10000m² | 平方尺（尺） | | 1平方尺＝0.1111m² |
| 公亩（平方十米） | a(dam²) | 1a＝100m² | 平方英里 | mile² | 1mile²＝0.2590×10⁷m² |
| 平方分米 | dm² | 1dm²＝0.01m² | 英亩 | | 1英亩＝4046.8564m² |
| 平方厘米 | cm² | 1cm²＝0.0001m² | 美亩 | | 1美亩＝4046.8767m² |
| 平方毫米 | mm² | 1mm²＝0.000001m² | 平方码 | yd² | 1yd²＝0.8361m² |
| 平方微米 | μm² | 1μm²＝1×10⁻¹²m² | 平方英尺 | ft² | 1ft²＝0.0929m² |
| 市顷（百亩） | | 1市顷＝66666.6667m² | 平方俄尺 | | 1平方俄尺＝0.0929m² |
| 市亩（亩） | | 1亩＝666.6667m² | 平方日尺 | | 1平方日尺＝0.0918m² |

## 1.3.4　体积单位换算（表1.12）

**表1.12　体积单位换算**

| 名　　称 | 符号 | 与立方米（m³）的换算关系 | 名　　称 | 符号 | 与立方米（m³）的换算关系 |
|---|---|---|---|---|---|
| 立方千米 | km³ | 1km³＝1×10⁹m³ | 立方市寸（立方寸） | | 1立方寸＝0.3704×10⁻⁴m³ |
| 立方米 | m³ | 1m³＝1m³ | | | |
| 立方分米（升） | dm³（L） | 1dm³＝1L<br>1dm³＝0.001m³ | 立方码 | yd³ | 1yd³＝0.7646m³ |
| 立方厘米（毫升） | cm³（mL） | 1cm³＝1mL<br>1cm³＝0.000001m³ | 立方英尺 | ft³ | 1ft³＝0.0283m³ |
| 立方毫米（毫升） | mm³（μL） | 1mm³＝1μL<br>1mm³＝1×10⁻⁹m³ | 立方英寸 | in³ | 1in³＝1.6387×10⁻⁵m³ |
| | | | 加仑（英） | gal | 1gal＝0.0045m³ |
| 立方微米 | μm³ | 1μm³＝1×10⁻¹⁸m³ | 加仑（美） | gal | 1gal＝0.0038m³ |
| 市石（石） | | 1石＝0.1m³ | 蒲式耳 | bu | 1bu＝0.0363m³ |
| 市斗（斗） | | 1斗＝0.01m³ | 立方俄尺 | | 1立方俄尺＝0.0283m³ |
| 立方市尺（立方尺） | | 1立方尺＝0.0370m³ | 立方日尺 | | 1立方日尺＝0.0278m³ |

## 1.3.5　质量单位换算（表1.13）

表1.13　质量单位换算

| 名　　　称 | 符号 | 与公斤(kg)的换算关系 | 名　　　称 | 符号 | 与公斤(kg)的换算关系 |
|---|---|---|---|---|---|
| 吨 | t | 1t＝1000kg | 市两(两) | | 1两＝0.05kg |
| 千克(公斤) | kg | 1kg＝1kg | 磅 | lb | 1lb＝0.4536kg |
| 克 | g | 1g＝0.001kg | 盎司 | floz | 1floz＝0.0283kg |
| 市担(担) | | 1担＝50kg | 俄磅 | | 1俄磅＝0.4095kg |
| 市斤(斤) | | 1斤＝0.5kg | 日斤 | | 1日斤＝0.6000kg |

## 1.3.6　力学单位换算（表1.14）

表1.14　力学单位换算

| 名　　　称 | 符号 | 与牛顿(N)的换算关系 | 名　　　称 | 符号 | 与牛顿(N)的换算关系 |
|---|---|---|---|---|---|
| 牛顿 | N | 1N＝1N | 标准大气压 | atm | $1atm＝10.1325×10^4 N/m^2$ |
| 公斤力 | kgf | 1kgf＝9.8066N | 毫米汞柱 | mmHg | $1mmHg＝133.2719N/m^2$ |
| 磅力 | lbf | 1lbf＝4.4483N | 英寸汞柱 | inHg | $1inHg＝3385.1057N/m^2$ |
| 达因 | dyn | $1dyn＝10^{-5}N$ | 巴 | bar | $1bar＝100000N/m^2$ |
| 帕斯卡(牛顿/平方米) | Pa $(N/m^2)$ | $1Pa＝1N/m^2$ | 毫米水柱 | $mmH_2O$ | $1mmH_2O＝9.8066N/m^2$ |
| 工程大气压(千克力/平方厘米) | at $(kgf/cm^2)$ | $1at＝9.8066×10^4 N/m^2$ | 英寸水柱 | $inH_2O$ | $1inH_2O＝249.0880N/m^2$ |

## 1.3.7　物理单位换算（表1.15）

表1.15　物理单位换算

| 名　　　称 | 符号 | 与瓦特(W)/焦耳(J)的换算关系 | 名　　　称 | 符号 | 与瓦特(W)/焦耳(J)的换算关系 |
|---|---|---|---|---|---|
| 瓦特(焦耳/秒) | W | 1W＝1W | 千克力·米 | kgf·m | 1kgf·m＝9.8066J |
| 千瓦特 | kW | 1kW＝1000W | 千瓦·时 | kW·h | $1kW·h＝3.6×10^6J$ |
| 电工马力 | | 1电工马力＝746W | 卡 | cal | 1cal＝4.1868J |
| 锅炉马力 | | 1锅炉马力＝9809.5W | 马力·时(米制) | PS·h | $1PS·h＝2.6478×10^6J$ |
| 马力(米制) | PS | 1PS＝735.4996W | 马力·时(英制) | hp·h | 1hp·h＝2684520J |
| 马力(英制) | hp | 1hp＝745.7W | | | |
| 焦耳(牛顿·米) | J(N·m) | 1J＝1J | 尔格(达因·厘米) | erg (dyn·cm) | $1erg＝10^{-7}J$ |

## 1.3.8　速度单位换算（表1.16）

表1.16　速度单位换算

| 名　　　称 | 符号 | 与m/s的换算关系 | 名　　　称 | 符号 | 与m/s的换算关系 |
|---|---|---|---|---|---|
| 米/秒 | m/s | 1m/s＝1m/s | 英里/小时 | mile/h | 1mile/h＝0.4470m/s |
| 公里/小时 | km/h | 1km/h＝0.2778m/s | | | |
| 英尺/秒 | ft/s | 1ft/s＝0.3048m/s | 节(海里/小时) | kn (n mile/h) | 1kn＝0.5144m/s |
| 码/秒 | yd/s | 1yd/s＝0.9144m/s | | | |

### 1.3.9 度和弧度单位换算（表 1.17）

**表 1.17 度和弧度单位换算**

| 名　称 | 符号 | 换算关系 | 名　称 | 符号 | 换算关系 |
|---|---|---|---|---|---|
| （角）度 | ° | 1°＝0.01745325 弧度 | 弧度 | rad | 1 弧度＝180°/π |
| （角）分 | ′ | 1′＝0.00029089 弧度 | | | 1 弧度＝57.29578° |
| （角）秒 | ″ | 1″＝0.00000485 弧度 | | | ＝57°17′45″ |

### 1.3.10 时间换算（表 1.18）

**表 1.18 时间换算**

| 名　称 | 符号 | 与天/秒的换算关系 | 名　称 | 符号 | 与天/秒的换算关系 |
|---|---|---|---|---|---|
| 年 | | 1 年＝365 天 | （小）时 | h | 1 小时＝60 分＝3600 秒 |
| 月 | | 1 月＝30 天（按月平均计算为 30 天） | 刻 | | 1 刻钟＝15 分＝900 秒 |
| 旬 | | 1 旬＝10 天 | 分 | min | 1 分＝60 秒 |
| 星期(礼拜) | | 1 星期＝7 天 | 秒 | s | 1 秒＝1 秒 |
| 天 | d | 1 天＝24 小时＝1440 分钟＝86400 秒 | | | |

### 1.3.11 坡度与角度单位换算（表 1.19）

**表 1.19 坡度与角度单位换算**

| 坡度百分比 | 对应坡度比值 | 对应的坡度角 | 坡度比值 | 对应坡度百分比 | 对应的坡度角 |
|---|---|---|---|---|---|
| 1% | 1∶100 | 0°34′ | 1∶1 | 100% | 45° |
| 2% | 1∶50.00 | 1°09′ | 1∶2 | 50% | 26.57° |
| 3% | 1∶33.33 | 1°43′ | 1∶3 | 33.33% | 18.43° |
| 4% | 1∶25.00 | 2°17′ | 1∶4 | 25% | 14.04° |
| 5% | 1∶20.00 | 2°52′ | 1∶5 | 20% | 11.31° |
| 6% | 1∶16.67 | 3°26′ | 1∶6 | 16.67% | 9.46° |
| 7% | 1∶14.29 | 4°00′ | 1∶7 | 14.29% | 8.13° |
| 8% | 1∶12.50 | 4°34′ | 1∶8 | 12.5% | 7.12° |
| 9% | 1∶11.11 | 5°08′ | 1∶9 | 11.11% | 6.34° |
| 10% | 1∶10.00 | 5°43′ | 1∶10 | 10% | 5.71° |
| 11% | 1∶9.09 | 6°17′ | 1∶12 | 8.33% | 4.76° |
| 12% | 1∶8.33 | 6°51′ | 1∶15 | 6.67% | 3.81° |
| 13% | 1∶7.69 | 7°24′ | 1∶20 | 5% | 2.86° |
| 14% | 1∶7.14 | 7°58′ | 1∶25 | 4% | 2.29° |
| 15% | 1∶6.67 | 8°32′ | 1∶50 | 2% | 1.15° |

### 1.3.12 温度单位换算（表 1.20）

**表 1.20 温度单位换算**

| 名　称 | 符号 | 与摄氏温度的换算关系 | 名　称 | 符号 | 与摄氏温度的换算关系 |
|---|---|---|---|---|---|
| 摄氏温度 | ℃ | $t℃＝t℃$ | 热力学温度 | K(开尔文) | $tK＝(t-273.15)℃$ |
| 华氏温度 | °F | $t°F＝5/9×(t-32)℃$ | 兰氏温度 | (°R) | $t°R＝5/9×t-273.15$ |

## 1.3.13 其他单位换算（表1.21）

**表1.21 其他单位换算**

| 国内工程习惯称呼 | 英寸(in) | | 毫米(mm) | 国内工程习惯称呼 | 英寸(in) | | 毫米(mm) |
|---|---|---|---|---|---|---|---|
| | 分数 | 小数 | | | 分数 | 小数 | |
| 半分 | 1/16 | 0.0625 | 1.5875 | 三分 | 3/8 | 0.3750 | 9.5250 |
| 一分 | 1/8 | 0.1250 | 3.1750 | 三分半 | 7/16 | 0.4375 | 11.1125 |
| 一分半 | 3/16 | 0.1875 | 4.7625 | 四分 | 1/2 | 0.5000 | 12.7000 |
| 二分 | 1/4 | 0.2500 | 6.3500 | 四分半 | 9/16 | 0.5625 | 14.2875 |
| 二分半 | 5/16 | 0.3125 | 7.9375 | 五分 | 5/8 | 0.6250 | 15.8750 |

## 1.3.14 香港（澳门）特别行政区常见单位换算（表1.22）

**表1.22 香港（澳门）特别行政区常见单位换算**

| | | | | |
|---|---|---|---|---|
| 长度 | 1哩＝1.61千米 | 体积 | 1立方吋＝16.38立方厘米 | 1安士＝28.35克 |
| | 1码＝0.914米 | | 1立方呎＝0.0283立方米 | |
| | 1呎＝0.3048米(30.48厘米) | | 1英制液安士＝28.41毫升 | 质量 |
| | 1吋＝0.0254米(25.4毫米) | 容积 | | 1磅＝454克 |
| 面积 | 1平方吋＝6.4516平方厘米<br>＝0.00064516平方米 | | 1英制加仑＝4.55升 | |
| | 1平方呎＝0.0929平方米<br>＝929平方厘米 | | 1美制液安士＝29.57毫升 | 1两＝37.81克 |
| | 1平方哩＝2.59平方千米(平方公里) | | 1美制加仑＝3.79升 | 1斤＝0.605千克 |

# 1.4 常用数值

## 1.4.1 一般常数（表1.23）

**表1.23 一般常数**

| 名 称 | 数 值 | 名 称 | 数 值 |
|---|---|---|---|
| 圆周率 $\pi$ | 3.14159265 | 安全电压 | $\leqslant 36$ 伏 |
| e | 2.71828183 | 钢材质量密度 | $7850kg/m^3$ |
| 重力加速度 $g$ | $9.80665m/s^2$ | ln10 | 2.30258509 |
| 地球赤道处半径 | 6378.140km | lge | 0.434294448 |
| 地球质量 | $5.974×10^{24}kg$ | 1弧度 | $57°17'45''$ |
| 太阳半径 | 696265km | $\sqrt{2}$ | 1.41421356 |
| 脱离地球的逃逸速度 | 11.20km/s | $\sqrt{3}$ | 1.73205081 |
| 音速 | 340.29m/s | $\sqrt{5}$ | 2.23606798 |
| 万有引力恒量 $G$ | $6.6720×10^{-11}N·m^2/kg^2$ | $\sin90°(\sin\pi/2)$ | 1 |
| 真空中的光速 | 299792458m/s | $\cos90°(\cos\pi/2)$ | 0 |
| 光年 | 1光年＝9460730472580800m | $\tan90°(\tan\pi/2)$ | $\infty$ |
| 1大气压力 | $1.033kgf/cm^2$ | $\cot90°(\cot\pi/2)$ | 0 |

续表

| 名　称 | 数　值 | 名　称 | 数　值 |
|---|---|---|---|
| $\sin60°/(\sin\pi/3)$ | $\sqrt{3}/2$ | $\sin30°(\sin\pi/6)$ | $1/2$ |
| $\cos60°/(\cos\pi/3)$ | $1/2$ | $\cos30°(\cos\pi/6)$ | $\sqrt{3}/2$ |
| $\tan60°/(\tan\pi/3)$ | $\sqrt{3}$ | $\tan30°(\tan\pi/6)$ | $\sqrt{3}/3$ |
| $\cot60°/(\cot\pi/3)$ | $\sqrt{3}/3$ | $\cot30°(\cot\pi/6)$ | $\sqrt{3}$ |
| $\sin45°/(\sin\pi/4)$ | $\sqrt{2}/2$ | $\sin0°(\sin\pi)$ | $0$ |
| $\cos45°/(\cos\pi/4)$ | $\sqrt{2}/2$ | $\cos0°(\cos\pi)$ | $1(-1)$ |
| $\tan45°/(\tan\pi/4)$ | $1$ | $\tan0°(\tan\pi)$ | $0$ |
| $\cot45°/(\cot\pi/4)$ | $1$ | $\cot0°(\cot\pi)$ | $\infty$ |

## 1.4.2　酸碱性（pH 值）判定参数表（表 1.24）

**表 1.24　酸碱性（pH 值）判定参数表**

| pH 值 | 溶液酸碱性 | pH 值 | 溶液酸碱性 |
|---|---|---|---|
| 0 | | 7 | 中性 |
| 1 | 弱酸性 | 8 | |
| 2 | | 9 | 弱碱性 |
| 3 | | 10 | |
| 4 | | 11 | |
| 5 | 强酸性 | 12 | 强碱性 |
| 6 | | 13 | |
| 7 | 中性 | 14 | |

## 1.4.3　各种温度（绝对零度、水冰点和水沸点温度）数值（表 1.25）

**表 1.25　各种温度数值**

| 类别 | 绝对零度 | 水冰点温度 | 水沸点温度 |
|---|---|---|---|
| 摄氏温度 | $-273.15℃$ | $0℃$ | $100℃$ |
| 华氏温度 | $-459.67℉$ | $32℉$ | $212℉$ |
| 热力学温度 | $0.00K$（开尔文） | $273.15K$ | $373.15K$ |
| 兰氏温度 | $0.00°R$ | $491.67°R$ | $671.67°R$ |

# 1.5　平面图形面积计算（表 1.26）

**表 1.26　平面图形面积计算**

| 名　称 | 图　形 | 面积计算公式 |
|---|---|---|
| 正方形 | | $S=a\times a$<br>$S$——面积<br>$a$——边长 |

| 名　称 | 图　形 | 面积计算公式 |
|---|---|---|
| 长方形 | | $S=a\times b$<br>$S$——面积<br>$a$——边长<br>$b$——另一边长 |
| 三角形 | | $S=\dfrac{1}{2}(a\times h)$<br>$S$——面积<br>$a$——底边边长<br>$h$——高 |
| 平行四边形 | | $S=a\times h$<br>$S$——面积<br>$a$——底边边长<br>$h$——高 |
| 梯形 | | $S=\dfrac{a+b}{2}\times h$<br>$S$——面积<br>$a$、$b$——上、下边边长<br>$h$——高 |
| 圆形 | | $S=\pi\times R^2$<br>$S$——面积<br>$R$——半径 |
| 椭圆形 | | $S=\dfrac{1}{4}\pi ab$<br>$S$——面积<br>$a$，$b$——椭圆形长短轴的长度 |
| 扇形 | | $S=\dfrac{1}{2}\times r\times c=\dfrac{1}{2}\times r\times\dfrac{\alpha\times\pi\times r}{180}$<br>$S$——面积<br>$\alpha$——弧 $c$ 对应的弧心角度<br>$c$——弧长<br>$r$——半径 |
| 拱形 | | $S=\dfrac{1}{2}\times[r\times(c-b)+b\times h]$<br>$\quad=\dfrac{1}{2}\times r^2\times\left(\dfrac{\alpha\times\pi}{180}-\sin\alpha\right)$<br>$S$——面积<br>$\alpha$——弧 $c$ 对应的弧心角度<br>$c$——弧长<br>$r$——半径<br>$b$——弦长<br>$h$——拱高 |
| 部分圆环 | | $S=\dfrac{1}{2}\times\dfrac{\alpha\times\pi}{180}(R^2-r^2)$<br>$S$——面积<br>$\alpha$——圆环对应的弧心角度<br>$R$——圆环外半径<br>$r$——圆环内半径 |

续表

| 名　称 | 图　形 | 面积计算公式 |
|---|---|---|
| 抛物线形 |  | $S=\dfrac{2}{3}a\times h$<br>$S$——面积<br>$a$——抛物线底边长度<br>$h$——抛物线高度 |
| 等边多边形 |  | $S=k_n\times a^2$<br>$S$——面积<br>$a$——等边多边形边长<br>$n$——等边多边形的边数<br>$k_n$——等边多边形面积系数,其中,<br>$k_3=0.433$;$k_4=1$;<br>$k_5=1.72$;$k_6=2.598$;<br>$k_7=3.614$;$k_8=4.828$;<br>$k_9=6.182$;$k_{10}=7.694$ |

## 1.6　常用气象和地质参数

### 1.6.1　常见气象灾害预警信号含义

（1）台风预警信号　台风预警信号分四级，分别以蓝色、黄色、橙色和红色表示。

① 台风蓝色预警信号：24 小时内可能或者已经受热带气旋影响，沿海或者陆地平均风力达 6 级以上，或者阵风 8 级以上并可能持续。

② 台风黄色预警信号：24 小时内可能或者已经受热带气旋影响，沿海或者陆地平均风力达 8 级以上，或者阵风 10 级以上并可能持续。

③ 台风橙色预警信号：12 小时内可能或者已经受热带气旋影响，沿海或者陆地平均风力达 10 级以上，或者阵风 12 级以上并可能持续。

④ 台风红色预警信号：6 小时内可能或者已经受热带气旋影响，沿海或者陆地平均风力达 12 级以上，或者阵风达 14 级以上并可能持续。

（2）暴雨预警信号　暴雨预警信号分四级，分别以蓝色、黄色、橙色、红色表示。

① 暴雨蓝色预警信号：12 小时内降雨量将达 50 毫米以上，或者已达 50 毫米以上且降雨可能持续。

② 暴雨黄色预警信号：6 小时内降雨量将达 50 毫米以上，或者已达 50 毫米以上且降雨可能持续。

③ 暴雨橙色预警信号：3 小时内降雨量将达 50 毫米以上，或者已达 50 毫米以上且降雨可能持续。

④ 暴雨红色预警信号：3 小时内降雨量将达 100 毫米以上，或者已达 100 毫米

以上且降雨可能持续。

（3）暴雪预警信号　暴雪预警信号分四级，分别以蓝色、黄色、橙色、红色表示。

① 暴雪蓝色预警信号：12 小时内降雪量将达 4 毫米以上，或者已达 4 毫米以上且降雪持续，可能对交通或者农牧业有影响。

② 暴雪黄色预警信号：12 小时内降雪量将达 6 毫米以上，或者已达 6 毫米以上且降雪持续，可能对交通或者农牧业有影响。

③ 暴雪橙色预警信号：6 小时内降雪量将达 10 毫米以上，或者已达 10 毫米以上且降雪持续，可能或者已经对交通或者农牧业有较大影响。

④ 暴雪红色预警信号：6 小时内降雪量将达 15 毫米以上，或者已达 15 毫米以上且降雪持续，可能或者已经对交通或者农牧业有较大影响。

（4）大风预警信号　大风（除台风外）预警信号分四级，分别以蓝色、黄色、橙色、红色表示。

① 大风蓝色预警信号：24 小时内可能受大风影响，平均风力可达 6 级以上，或者阵风 7 级以上；或者已经受大风影响，平均风力为 6～7 级，或者阵风 7～8 级并可能持续。

② 大风黄色预警信号：12 小时内可能受大风影响，平均风力可达 8 级以上，或者阵风 9 级以上；或者已经受大风影响，平均风力为 8～9 级，或者阵风 9～10 级并可能持续。

③ 大风橙色预警信号：6 小时内可能受大风影响，平均风力可达 10 级以上，或者阵风 11 级以上；或者已经受大风影响，平均风力为 10～11 级，或者阵风 11～12 级并可能持续。

④ 大风红色预警信号：6 小时内可能受大风影响，平均风力可达 12 级以上，或者阵风 13 级以上；或者已经受大风影响，平均风力为 12 级以上，或者阵风 13 级以上并可能持续。

（5）高温预警信号　高温预警信号分三级，分别以黄色、橙色、红色表示。

① 高温黄色预警信号：连续三天日最高气温将在 35℃以上。

② 高温橙色预警信号：24 小时内最高气温将升至 37℃以上。

③ 高温红色预警信号：24 小时内最高气温将升至 40℃以上。

（6）沙尘暴预警信号　沙尘暴预警信号分三级，分别以黄色、橙色、红色表示。

① 沙尘暴黄色预警信号：12 小时内可能出现沙尘暴天气（能见度小于 1000 米），或者已经出现沙尘暴天气并可能持续。

② 沙尘暴橙色预警信号：6 小时内可能出现强沙尘暴天气（能见度小于 500 米），或者已经出现强沙尘暴天气并可能持续。

③ 沙尘暴红色预警信号：6 小时内可能出现特强沙尘暴天气（能见度小于 50 米），或者已经出现特强沙尘暴天气并可能持续。

## 1.6.2 风力等级（表1.27）

表 1.27 风力等级

| 风力等级 | 现象描述 | 风速/(m/s) | 风力等级 | 现象描述 | 风速/(m/s) |
|---|---|---|---|---|---|
| 0 | 无风 | 0～0.2 | 7 | 疾风 | 13.9～17.1 |
| 1 | 软风 | 0.3～1.5 | 8 | 大风 | 17.2～20.7 |
| 2 | 轻风 | 1.6～3.3 | 9 | 烈风 | 20.8～24.4 |
| 3 | 微风 | 3.4～5.4 | 10 | 狂风 | 24.5～28.4 |
| 4 | 和风 | 5.5～7.9 | 11 | 暴风 | 28.5～32.6 |
| 5 | 清风 | 8.0～10.7 | 12 | 飓风 | ≥32.6 |
| 6 | 强风 | 10.8～13.8 | | | |

## 1.6.3 降雨等级（表1.28）

表 1.28 降雨等级

| 降雨等级 | 现 象 描 述 | 降雨量范围/mm | |
|---|---|---|---|
| | | 半天内总量 | 一天内总量 |
| 小雨 | 雨能使地面潮湿,但不泥泞 | 0.2～5.0 | 1～10 |
| 中雨 | 雨降到屋顶上有淅淅声,凹地积水 | 5.1～15 | 10～25 |
| 大雨 | 降雨如倾盆,落地四溅,平地积水 | 15.1～30 | 25～50 |
| 暴雨 | 降雨比大雨还猛,能造成山洪暴发 | 30.1～70 | 50～100 |
| 大暴雨 | 降雨比暴雨还大,或时间长,造成洪涝灾害 | 70.1～140 | 100～200 |
| 特大暴雨 | 降雨比大暴雨还大,能造成洪涝灾害 | ＞140 | ＞200 |

## 1.6.4 寒凉冷热气候标准（表1.29）

表 1.29 寒凉冷热气候标准

| 寒凉冷热程度 | 温 度 | 寒凉冷热程度 | 温 度 |
|---|---|---|---|
| 极寒 | −40 或低于此值 | 微温凉 | 12～13.9℃ |
| 奇寒 | −39.9～−35℃ | 温和 | 14～15.9℃ |
| 酷寒 | −34.9～−30℃ | 微温和 | 16～17.9℃ |
| 严寒 | −29.9～−20℃ | 温暖 | 18～19.9℃ |
| 深寒 | −19.9～−15℃ | 暖 | 20～21.9℃ |
| 大寒 | −14.9～−10℃ | 热 | 22～24.9℃ |
| 小寒 | −9.9～−5℃ | 炎热 | 25～27.9℃ |
| 轻寒 | −4.9～0℃ | 暑热 | 28～29.9℃ |
| 微寒 | 0～4.9℃ | 酷热 | 30～34.9℃ |
| 凉 | 5～9.9℃ | 奇热 | 35～39.9℃ |
| 温凉 | 10～11.9℃ | 极热 | ≥40℃ |

### 1.6.5　地震震级和烈度

地震震级表示地震本身强度大小的等级，地震等级目前分8级；地震烈度则是受震区地面及房屋建筑遭受地震破坏的程度，我国地震烈度目前分12度。二者在一般震源深度（深约15～20km）情况下的关系见表1.30和表1.31。

**表 1.30　地震震级与地震烈度关系**

| 地震等级 | 2 | 3 | 4 | 5 | 6 | 7 | 8 | 8 以上 |
|---|---|---|---|---|---|---|---|---|
| 地震烈度 | 1～2 | 3 | 4～5 | 6～7 | 7～8 | 9～10 | 11 | 12 |

**表 1.31　中国地震烈度表**

| 烈度 | 在地面上人的感觉 | 房屋震害程度 | | 其他震害现象 | 水平向地面运动 | |
|---|---|---|---|---|---|---|
| | | 震害现象 | 平均震害指数 | | 峰值加速度/(m/s²) | 峰值速度/(m/s) |
| I | 无感 | | | | | |
| II | 室内个别静止中人有感觉 | | | | | |
| III | 室内少数静止中人有感觉 | 门、窗轻微作响 | | 悬挂物微动 | | |
| IV | 室内多数人、室外少数人有感觉，少数人梦中惊醒 | 门、窗作响 | | 悬挂物明显摆动，器皿作响 | | |
| V | 室内普遍、室外多数人有感觉，多数人梦中惊醒 | 门窗、屋顶、屋架颤动作响，灰土掉落，抹灰出现微细裂缝，有檐瓦掉落，个别屋顶烟囱掉砖 | | 不稳定器物摇动或翻倒 | 0.31(0.22～0.44) | 0.03(0.02～0.04) |
| VI | 多数人站立不稳，少数人惊逃户外 | 损坏——墙体出现裂缝，檐瓦掉落，少数屋顶烟囱裂缝、掉落 | 0～0.10 | 河岸和松软土出现裂缝，饱和砂层出现喷砂冒水；有的独立砖烟囱轻度裂缝 | 0.63(0.45～0.89) | 0.06(0.05～0.09) |
| VII | 大多数人惊逃户外，骑自行车的人有感觉，行驶中的汽车驾乘人员有感觉 | 轻度破坏——局部破坏，开裂，小修或不需要修理可继续使用 | 0.11～0.30 | 河岸出现坍方；饱和砂层常见喷砂冒水，松软土地上地裂缝较多；大多数独立砖烟囱中等破坏 | 1.25(0.90～1.77) | 0.13(0.10～0.18) |
| VIII | 多数人摇晃颠簸，行走困难 | 中等破坏——结构破坏，需要修复才能使用 | 0.31～0.50 | 干硬土地上出现许多裂缝；大多数独立砖烟囱严重破坏；树梢折断；房屋破坏导致人畜伤亡 | 2.50(1.78～3.53) | 0.25(0.19～0.35) |
| IX | 行动的人摔倒 | 严重破坏——结构严重破坏，局部倒塌，修复困难 | 0.51～0.70 | 干硬土上出现地方有裂缝；基岩可能出现裂缝、错动；滑坡坍方常见；独立砖烟囱倒塌 | 5.00(3.54～7.07) | 0.50(0.36～0.71) |
| X | 骑自行车的人会摔倒，处不稳定状态的人会摔离原地，有抛起感 | 大多数倒塌 | 0.71～0.90 | 山崩和地震断裂出现；基岩上拱桥破坏；大多数独立砖烟囱从根部破坏或倒毁 | 10.00(7.08～14.14) | 1.00(0.72～1.41) |

| 烈度 | 在地面上人的感觉 | 房屋震害程度 | | 其他震害现象 | 水平向地面运动 | |
|---|---|---|---|---|---|---|
| | | 震害现象 | 平均震害指数 | | 峰值加速度/(m/s²) | 峰值速度/(m/s) |
| XI | | 普遍倒塌 | 0.91~1.00 | 地震断裂延续很长;大量山崩滑坡 | | |
| XII | | | | 地面剧烈变化,山河改观 | | |

注:表中的数量词:"个别"为10%以下;"少数"为10%~50%;"多数"为50%~70%;"大多数"为70%~90%;"普遍"为90%以上。

### 1.6.6 室外环境空气质量国家标准（参见表1.32和表1.33）

**表1.32 空气质量分指数及对应的污染物项目浓度限值**（HJ 633—2012）

| 空气质量分指数(IAQI) | 污染物项目浓度限值 | | | | | | | | | |
|---|---|---|---|---|---|---|---|---|---|---|
| | 二氧化硫($SO_2$)24小时平均/($\mu g/m^3$) | 二氧化硫($SO_2$)1小时平均/($\mu g/m^3$)① | 二氧化氮($NO_2$)24小时平均/($\mu g/m^3$) | 二氧化氮($NO_2$)1小时平均/($\mu g/m^3$)① | 颗粒物(粒径小于等于10$\mu m$)24小时平均/($\mu g/m^3$) | 一氧化碳(CO)24小时平均/($\mu g/m^3$) | 一氧化碳(CO)1小时平均/($mg/m^3$)① | 臭氧($O_3$)1小时平均/($\mu g/m^3$) | 臭氧($O_3$)8小时滑动平均/($\mu g/m^3$) | 颗粒物(粒径小于等于2.5$\mu m$)24小时平均/($\mu g/m^3$) |
| 0 | 0 | 0 | 0 | 0 | 0 | 0 | 0 | 0 | 0 | 0 |
| 50 | 50 | 150 | 40 | 100 | 50 | 2 | 5 | 160 | 100 | 35 |
| 100 | 150 | 500 | 80 | 200 | 150 | 4 | 10 | 200 | 160 | 75 |
| 150 | 475 | 650 | 180 | 700 | 250 | 14 | 35 | 300 | 215 | 115 |
| 200 | 800 | 800 | 280 | 1200 | 350 | 24 | 60 | 400 | 265 | 150 |
| 300 | 1600 | ② | 565 | 2340 | 420 | 36 | 90 | 800 | 800 | 250 |
| 400 | 2100 | ② | 750 | 3090 | 500 | 48 | 120 | 1000 | ③ | 350 |
| 500 | 2620 | ② | 940 | 3840 | 600 | 60 | 150 | 1200 | ③ | 500 |

① 二氧化硫（$SO_2$）、二氧化氮（$NO_2$）和一氧化碳（CO）的1小时平均浓度限值仅用于实时报,在日报中需使用相应污染物的24小时平均浓度限值。

② 二氧化硫（$SO_2$）1小时平均浓度值高于800$\mu g/m^3$的,不再进行其空气质量分指数计算,二氧化硫（$SO_2$）空气质量分指数按24小时平均浓度计算的分指数报告。

③ 臭氧（$O_3$）8小时平均浓度值高于800$\mu g/m^3$的,不再进行其空气质量分指数计算,臭氧（$O_3$）空气质量分指数按1小时平均浓度计算的分指数报告。

**表1.33 空气质量指数及相关信息**

| 空气质量指数 | 空气质量指数级别 | 空气质量指数类别及表示颜色 | | 对健康影响情况 | 建议采取的措施 |
|---|---|---|---|---|---|
| 0~50 | 一级 | 优 | 绿色 | 空气质量令人满意,基本无空气污染 | 各类人群可正常活动 |

| 空气质量指数 | 空气质量指数级别 | 空气质量指数类别及表示颜色 | | 对健康影响情况 | 建议采取的措施 |
|---|---|---|---|---|---|
| 51～100 | 二级 | 良 | 黄色 | 空气质量可接受,但某些污染物可能对极少数异常敏感人群健康有较弱影响 | 极少数异常敏感人群应减少户外活动 |
| 101～150 | 三级 | 轻度污染 | 橙色 | 易感人群症状有轻度加剧,健康人群出现刺激症状 | 儿童、老年人及心脏病、呼吸系统疾病患者应减少长时间、高强度的户外锻炼 |
| 151～200 | 四级 | 中度污染 | 红色 | 进一步加剧易感人群症状,可能对健康人群心脏、呼吸系统有影响 | 儿童、老年人及心脏病、呼吸系统疾病患者避免长时间、高强度的户外锻炼,一般人群适量减少户外运动 |
| 201～300 | 五级 | 重度污染 | 紫色 | 心脏病和肺病患者症状显著加剧,运动耐受力降低,健康人群普遍出现症状 | 儿童、老年人和心脏病、肺病患者应停留在室内,停止户外运动,一般人群减少户外运动 |
| >300 | 六级 | 严重污染 | 褐红色 | 健康人群运动耐受力降低,有明显强烈症状,提前出现某些疾病 | 儿童、老年人和病人应当留在室内,避免体力消耗,一般人群应避免户外活动 |

# 第2章 居住建筑门厅室内装修

## 2.1 门厅常见空间形式

### 2.1.1 门厅常见空间类型

常见的几种门厅类型有如下一些。

（1）独立式门厅 这种类型门厅的最大特点是，门厅本来就以独立的建筑空间存在或者说是转弯式过道。所以对于室内设计者而言，最主要是功能利用和装饰的问题。如图2.1所示。

图2.1 独立式门厅

（2）通道式门厅 这种类型门厅的最大特点是，门厅本身就是以"直通式过道"的建筑形式存在。设计难度方面，以如何设置鞋柜为最大的问题。如图2.2所示。

（3）虚拟式门厅 这种类型门厅的最大特点是，建筑里面本身没有存在的，只能是切割客厅或者餐厅的其中一部分来作为门厅。如图2.3所示。这种情况下，就得对是否需要存在玄关作出考虑了，需要的可能包括了：

① 户门可直视客厅的沙发位置；

② 户门可直视卧室门洞；

③ 户门可直视其他不适宜被外人直接观看的区域。

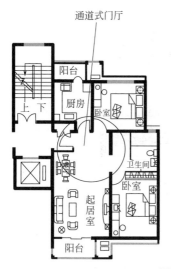

图 2.2 通道式门厅

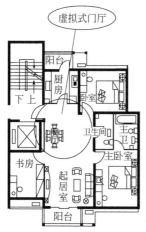

图 2.3 虚拟式门厅

## 2.1.2 门厅常见设计形式

（1）门厅布置方案 A，如图 2.4 所示。

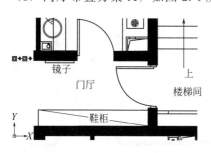

（a）门厅 A 平面设计

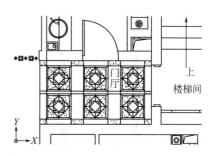

（b）门厅 A 地面设计

图 2.4

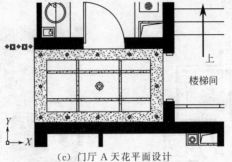

(c) 门厅 A 天花平面设计

图 2.4　门厅布置方案 A

（2）门厅布置方案 B，如图 2.5 所示。

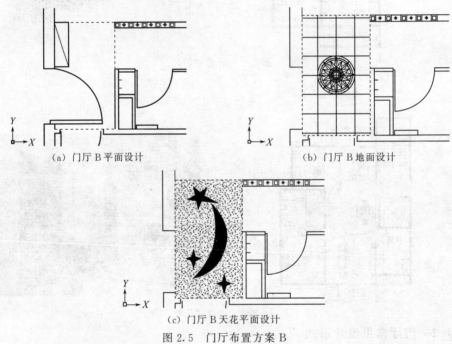

(a) 门厅 B 平面设计　　　　　　　　　　(b) 门厅 B 地面设计

(c) 门厅 B 天花平面设计

图 2.5　门厅布置方案 B

（3）门厅布置方案 C，如图 2.6 所示。

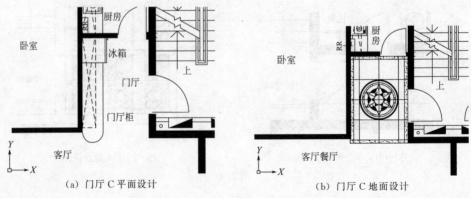

(a) 门厅 C 平面设计　　　　　　　　　　(b) 门厅 C 地面设计

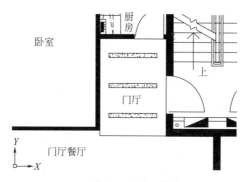

（c）门厅 C 天花平面设计

图 2.6 门厅布置方案 C

（4）门厅方案效果，如图 2.7 所示。

图 2.7 门厅设计效果（供参考）

## 2.2 门厅设计和装修要点

### 2.2.1 门厅总体设计要点

门厅空间一般较为狭窄，装修材料的颜色选择宜稳重，具有暖和感较为适合。选用石材或颜色较深的地砖，不仅清扫方便，而且显得凉快清爽。此外，需考虑放置鞋、雨伞等的空间，鞋柜最好设计成移动式，能够提供坐着换鞋。

### 2.2.2　门厅功能设计

打开家门，首先映入眼帘的就是门厅，可谓"开门见山"。因此，门厅的功能设计与布置不可掉以轻心。

（1）门厅作客厅　由于门厅的面积不大，不宜用全包大型沙发，以免使门厅感觉狭小，轻便的扶手软椅就很适当。家用电器类，都靠一边排列，不致影响门厅作为通道的作用。作为会客室，室内陈设的色调宜素雅。

（2）门厅作餐厅　把门厅当作餐厅是目前很多家庭所采取的方案，因为门厅的一侧邻近厨房，使用起来十分方便。

（3）门厅作过道　过道式的门厅，可以用壁灯、盆栽花卉及壁画来装饰。

（4）门厅作卧室　门厅用作卧室时，最好选择两用床。

总之，门厅的设计与布置要给人新鲜悦目的感觉，要有秩序，切忌杂乱无章。最重要的是根据自己家的经济条件和生活需要灵活处理，既要美观，又要实用。

### 2.2.3　门厅装修要点

门厅的家具在门厅不大的空间里，放置家具既不能妨碍主人出入，又要发挥家具的使用功能。通常的选择，一种是低柜，另一种是长凳。低柜属于集纳型家具，可以放鞋、杂物等，柜子上还可放些钥匙、背包等物品。若将低柜做高，成为敞开式的挂衣柜，因门厅的面积不大，一进门多少会显得有些拥挤无序，因此最好还是将衣物挂在专门的衣柜中。也可以将落地式家具改成悬挂式，像陈列架之类，也可起到一举两得的作用。长凳的作用主要是方便主人换鞋、休息等，而且不会占去太大空间。

门厅的装饰物要想装饰出一个有气氛的空间，一些可爱的小饰物是必不可少的。例如，在门厅的墙壁上可挂些风景装饰画，美丽的景色让人一进门就心旷神怡；挂一幅与家人合拍的照片或是小型挂毯，可以感受到家庭的温馨；或者挂上一面镜子，不论是方形或是长形，都有不错的效果，既可扩大视觉空间，又可在主人出门前检视仪容；小摆件及布艺品更是调节气氛的好帮手。找一个与门厅颜色相配的小花瓶，插上几枝干花或是小的鲜花，也一样有情有景。另外像别致的相架、精美的座钟、古朴的瓷器等都是不错的选择。如图 2.8 所示是门厅不同的陈设效果。

布置成会客室的门厅，一般必须具备沙发、茶几和茶具之类，由于门厅的面积不大，不宜用全包大型沙发，以免使门厅感到壅塞，轻便扶手软椅就很适当。家用电器类，都靠一边排列，不致影响门厅作为通道的作用。作为会客室，室内陈设的色调宜素净淡雅，给人以清爽宜人的感觉。

图2.8　门厅的不同陈设物（供参考）

把门厅当作餐室使用是目前很多家庭所采取的方案，因为门厅的一侧与厨房相邻，使用起来十分方便。除了设置有特色的餐桌和椅子外，在门厅里放置陈列橱也是很有必要的，用于放酒、点心和其他食品。陈列橱应贴墙放置或者利用壁橱，一般厚度不超过30（厘米），色彩与墙壁一致，显得不占空间。餐桌可采用折叠式，饭后折叠放置，腾出空间。

过道式的门厅，可以用壁灯、盆栽花卉及壁画来装饰，给人以清新优雅的印象。必要时可以放置半橱。在颜色的选择上应根据整个家庭的家具色调考虑，达到与其他房间色调的协调。

用作卧室时，最好选择两用床，比如多用沙发。白天门厅仍然是会客室，晚上把床拉出来，就是一个温暖的小天地。若是用儿童床或临时床，应当注意床的位置靠近墙壁，不要正对着门，其他的陈设尽量简单些。

总之，门厅的布置要给人以新鲜而悦目的印象，要有秩序，切忌杂乱无章。最重要的是根据自己家里的经济条件和生活需要灵活处置，既要美观，也要实用，不可偏废。

### 2.2.4　门厅灯光和色彩设计

门厅的颜色一般是以清爽的中性偏暖的色调为主。很多人家偏好白色作为门厅的颜色，实际上在墙壁上加一些浅浅的颜色，如橙色、绿色、蓝色等，使之与室外的环境有所区别，则更能体现出家的温馨。如图 2.9 所示为门厅两种不同灯光设计效果。

图 2.9 门厅不同灯光效果

门厅的灯光也是烘托居室氛围的重要角色。暖色和冷色的灯光在门厅内均可以使用。暖色制造温情，冷色则更清爽。可以应用的灯具也有很多：荧光灯、射灯、吸顶灯，还有一些壁灯也可使用。造型独特的壁灯，配在空白稍大的墙壁上，既是装饰，又可照明，一举两得。还有很多小型地灯，光线可以向上方射，使整个门厅都有亮度，又不至于刺眼，而且低矮处还不会形成死角。

## 2.3 门厅装修材料选择

### 2.3.1 门厅地面

门厅地面装饰材料以方便清洁、防水性强、不易滑跌的材料较理想。其常用材料包括：①天然花岗石；②大理石；③釉面砖；④抛光砖；⑤波化砖；⑥复合木地板；⑦实木木地板；⑧地毯等。

### 2.3.2 门厅墙面

门厅墙面选材应注意材质、色泽与通道、楼梯等有关联的壁面用材相协调，力求使小空间产生互为贯通的宽敞感。其常用材料包括：①乳胶漆；②壁纸；③文化石等。

### 2.3.3 门厅顶棚

门厅顶棚除了考虑造型设计协调，不要给人压抑的空间，其常用材料包括：①乳胶漆；②木材；③轻钢龙骨石膏板等。

## 2.4 门厅常见家具型号和规格

### 2.4.1 门厅柜常见型号和规格（表2.1）

门厅柜和鞋柜规格尺寸为宽度×深度×高度，单位为毫米（mm）。本章各个表所列的家具规格尺寸仅供作为室内设计学习的参考资料，后同此。

**表 2.1 门厅柜型号和规格**

| 外形 | 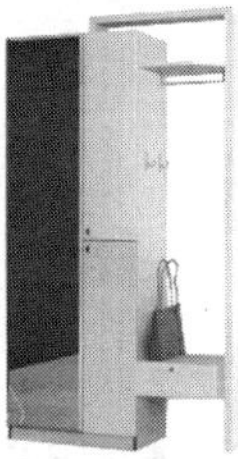 | 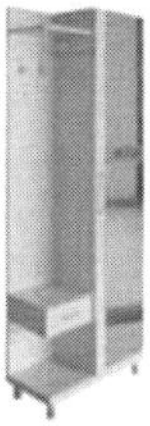 |  |  |  |
|---|---|---|---|---|---|
| 规格 | 门厅柜：1061×365×1971 | 门厅柜：680×320×1960 | 门厅柜：30×360×2070 | 门厅柜：955×360×1850 | 门厅柜：1000×380×1850 |
| 外形 | | | | | |
| 规格 | 门厅柜：1341×380×2000 | 门厅柜：1070×387×2180 | 门厅柜：980×154×2066 | 门厅柜：843×165×1470 | |

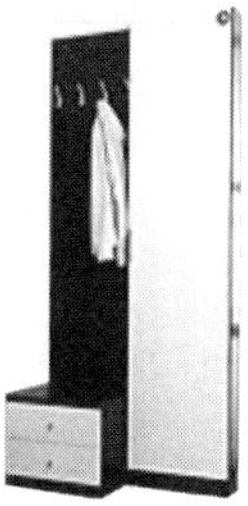

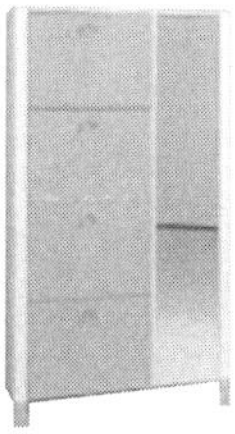

### 2.4.2 鞋柜常见型号和规格（表2.2）

**表 2.2 鞋柜型号和规格**

| 外形 |  | 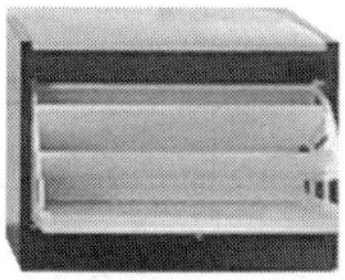 |  |
|---|---|---|---|
| 规格 | 鞋柜：620×250×513 | 鞋柜：636×288×440 | 鞋柜：119×350×1085 |

续表

| | | | |
|---|---|---|---|
| 外形 | | | |
| 规格 | 鞋柜:843×165×1132 | 鞋柜:1400×288×1158 | 鞋柜:1038×168×1192 |
| 外形 | | | |
| 规格 | 鞋柜:630×300×900 | 鞋柜:1038×168×1192 | 鞋柜:484×240×1182 |
| 外形 | | | |
| 规格 | 鞋柜:1468×380×857 | 鞋柜:900×350×1050 | 鞋柜:961×296×1100 |

# 第3章 居住建筑客厅及餐厅室内装修

## 3.1 客厅及餐厅常见空间布置形式

### 3.1.1 常见客厅和餐厅位置

日常生活中，大部分餐厅是和客厅连通为一个共同的空间，因此，客厅设计一般包括餐厅空间内容，在此二者一起论述，不再对餐厅进行单独论述。常见客厅及餐厅在居室中的位置有如下一些。

① 客厅和餐厅位于居室侧边，如图 3.1 所示。

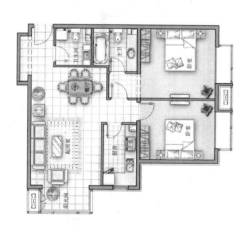

图 3.1  位于居室侧边

② 客厅和餐厅位于居室中间，如图 3.2 所示。

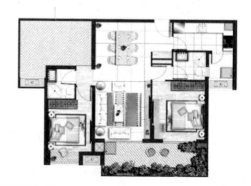

图 3.2  位于居室中间

③ 客厅和餐厅位于居室中心，如图 3.3 所示。

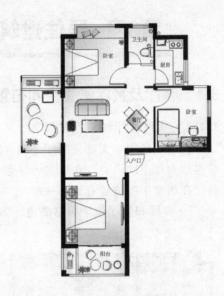

图 3.3　位于居室中心

④ 客厅和餐厅位于居室角部，如图 3.4 所示。

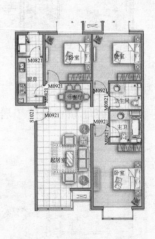

图 3.4　位于居室角部

⑤ 客厅和餐厅位于其他位置，如图3.5所示。

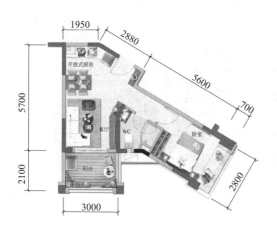

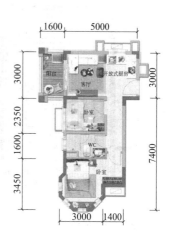

图 3.5 位于其他位置

### 3.1.2 常见客厅和餐厅布置方案

常见客厅和餐厅布置方案如下。

① 客厅和餐厅布置方案，如图3.6所示。

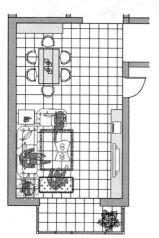

图 3.6 客厅和餐厅布置方案

② 客厅布置方案，如图 3.7 所示。

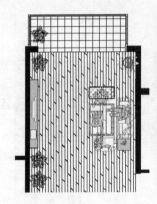

图 3.7　客厅布置方案

③ 餐厅布置方案，如图 3.8 所示。

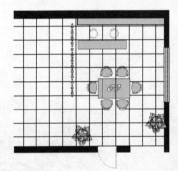

图 3.8　餐厅布置方案

## 3.2　客厅和餐厅设计和装修要点

### 3.2.1　客厅和餐厅总体设计要点

客厅，是一套居室的"主角"。在家庭装修中，客厅的设计和布置也是不可置疑的重点。客厅一般可划分为会客和休闲区、用餐区等。会客休闲区应适当靠阳台一侧，以获得充足的光线，用餐区接近厨房，便于用餐和进出厨房。

总之，要做到舒适方便、热情亲切、丰富充实，使人有温馨祥和的感受。

### 3.2.2　客厅和餐厅功能设计

一般来说，客厅设计有如下的几点基本要求。

① 空间的宽敞化。客厅的设计中，制造宽敞的感觉是一件非常重要的事，不管空间是大还是小，在室内设计中都需要注意这一点。宽敞的感觉可以带来轻松的心境和欢愉的心情。

② 空间的最高化。客厅是家居中最主要的公共活动空间，不管是否做人工吊顶，都必须确保空间的高度，这个高度是指客厅应是家居中空间净高最大者（楼梯

间除外）。这种最高化包括使用各种视错觉处理。

③ 景观的最佳化。在室内设计中，必须确保从哪个角度所看到的客厅都具有美感，这也包括主要视点（沙发处）向外看到的室外风景的最佳化。客厅应是整个居室装修最漂亮或最有个性的空间。

④ 照明的最亮化。客厅应是整个居室光线（不管是自然采光或人工采光）最亮的地方，当然这个亮不是绝对的，而是相对的。也许在一些实际活动中，亮光是不可缺少的。

⑤ 风格的普及化。不管您或者任何一个家庭成员的个性或者审美特点如何，除非您平时没有什么亲友来往，否则您必须确保其风格被大众所接受。这种普及并非指装修得平凡一般，而是需要设计成让人和谐和比较容易接受的那种风格。

⑥ 材质的通用化。在客厅装修中，您必须确保所采用的装修材质，尤其是地面材质能适用于绝大部分或者全部家庭成员。例如在客厅铺设太光滑的砖材，可能就会对老人或小孩造成伤害或妨碍他们的行动。

⑦ 交通的最优化。客厅的布局应是最为顺畅的，无论是侧边通过式的客厅还是中间横穿式的客厅，都应确保进入客厅或通过客厅的顺畅。当然，这种确保是在条件允许的情况下形成的。

⑧ 家具的适用化。客厅使用的家具，应考虑家庭活动的适用性和成员的适用性。这里最主要的考虑是老人和小孩的使用问题，有时候不得不为他们的方便而作出一些让步。

### 3.2.3　客厅和餐厅装修要点

（1）客厅装修总体设计　在满足客厅多功能需要的同时，应注意整个客厅的协调统一。各个功能区域的局部美化装饰，应注意服从整体的视觉美感。客厅的色彩设计应有一个基调。采用什么色彩作为基调，应体现主人的爱好。

一般的客厅色调都采用较淡雅或偏冷些的色调。向南的客厅有充足的日照，可采用偏冷的色调，朝北居室可以用偏暖的色调。色调主要是通过地面、墙面、顶面来体现的，而装饰品、家具等只起调剂、补充的作用。

（2）客厅局部装修设计

① 客厅主题墙　所谓"主题墙"，是从公共建筑装修中引入的一个概念。它主要是指在办公室装修中，主要的空间如门厅、主管办公室中，要有一面墙能反映整个企业，或者老板自己的形象和风格。例如，在一个公司的门厅中，通常正对大门都有一面"影壁"，上面一般都有公司的标志、名称，或者是公司的口号或其形象的代表等；在老板和主管办公室里，尤其是在办公桌背后，或者是对面的墙壁上，经常可以看到反映这间办公室主人个性的书法、绘画等装饰品。

客厅的"主题墙"就是指客厅中最引人注目的一面墙，一般是放置电视、音响的那面墙，如图3.9所示。在这面"主题墙"上，可以采用各种手段来突出房屋主人及其家庭的个性特点。例如，利用各种装饰材料在墙面上做一些造型，以突出整个房间的装饰风格。目前使用较多的如各种毛坯石板、木材等。另外，采用装饰板将整个墙壁"藏"起来，也是"主题墙"的一种主要装饰手法。

② 客厅吊顶　用石膏在天花顶四周造型。具有价格便宜、施工简单的特点，

图 3.9　客厅主题墙

只要和房间的装饰风格相协调，效果也不错。

四周吊顶，中间不做吊顶。此种吊顶可用木材夹板成型，设计成各种形状，再配以射灯和筒灯，在不吊顶的中间部分配上较新颖的吸顶灯，会使人觉得房间空间增高了，尤其是面积较大的客厅，效果会更好。如图 3.10 所示。

图 3.10　客厅吊顶形式（1）

四周吊顶做厚，中间部分做薄，形成两个层次。此种方法四周吊顶造型较讲究，中间用木龙骨做骨架，而面板采用不透明的磨砂玻璃；玻璃上可用不同颜料喷涂上中国古画图案或几何图案，这样既有现代气息又给人以古色古香的感觉。如图 3.11 所示。

图 3.11　客厅吊顶形式（2）

空间高的房屋吊顶。如果房屋空间较高，则吊顶形式选择的余地比较大，如石膏吸音板吊顶、玻璃纤维棉板吊顶、夹板造型吊顶等，这些吊顶既美观，又有减少噪声等功能。如图 3.12 所示。

图 3.12　客厅吊顶形式（3）

### 3.2.4　客厅和餐厅灯光设计

（1）客厅灯光设计目的和作用　在客厅设计不同用途的多种照明方案，使室内光线层次感增强，让空间气氛变得温馨。在日常生活中，整个房间需要均匀的照度，客厅要依照空间的属性不同，配置不同的灯，这样，平凡的空间便会因灯光的设置而与众不同。

客厅的灯光有两个功能，实用性的和装饰性的。为使家人在日常的生活中，诸如阅读报纸、看电视、玩电脑等，能有恰当的照明条件，必须在设计时就考虑各种可能性。嵌入地板或墙壁中的布线以及墙壁上的插座应仔细布置，因为台灯和落地灯的位置（还有其他电器）虽然可以灵活移动，但是如果拉了很长的电线就会影响美观，同时也不安全。如图 3.13 所示为客厅不同灯光设计效果。

图 3.13　客厅不同灯光设计效果

（2）客厅灯光设计类型　根据客厅的各种用途，可以考虑安装以下不同类型的灯光。

背景灯：为整个房间提供一定亮度，烘托气氛。

展示灯：为房间里的某个特殊部位提供照明，如一幅画、一件雕塑或者一组饰品。

照明灯：为某项具体的任务提供照明，如阅读报纸、看电视、玩电脑等。目前室内照明基本上是用钨灯,但还是有一些其他的选择。

荧光灯:亮度高,但可以放在灯盒内作为泛光照明使用。无法调节亮度是它最大的缺点,限制了它的使用。

低压卤化钨灯:价格贵,但是清晰明亮的高质量照明足以抵消这一缺点。它也是最接近日光照明的灯。现在已经有低压卤化物灯丝制成的台灯、顶灯、地灯和聚光灯,但所有的低压灯都需要变压器。低压灯的另一个优点是灯泡发出的热量都被反光罩吸收,因此它的光线要比其他灯冷,更适合用作展示灯。

钨丝灯:使用最广泛,但是使用寿命相对较短而且功耗大。现在可以买到各种大小和色彩的钨丝灯泡:淡的粉红色和黄色给人温暖的感觉;浅的绿色和蓝色则适合冷色调的房间。一定要根据墙壁和天花板来选择照明,比如,深色的墙面会吸收光线,就需要较强的灯光。在选购灯具时,应该注意灯罩与灯光是否相配,一味注意外形,只会适得其反。

如图 3.14 所示为客厅灯光不同形式。

图 3.14　客厅灯光不同形式

## 3.3　客厅和餐厅装修材料选择

### 3.3.1　客厅和餐厅地面

客厅地面装饰材料以舒适、美观、耐用、方便清洁的材料较理想,通常使用的是复合木地板、实木木地板和波化砖等,如图 3.15 所示。客厅常用材料包括:①复合木地板;②实木木地板;③抛光砖;④波化砖;⑤釉面砖;⑥大理石;⑦地毯等。

### 3.3.2　客厅和餐厅墙面

客厅墙面选材要考虑其空间整体视觉效果和明亮柔和的色彩。其常用材料包括:

图 3.15　实木和复合木地板

①乳胶漆；②墙布；③壁纸等。

### 3.3.3　客厅和餐厅顶棚

客厅顶棚需考虑空间的高度大小进行设计，保持尽可能高的空间高度，其常用材料包括：

①乳胶漆；②轻钢龙骨石膏板；③ 木材等。

## 3.4　客厅和餐厅各种家具规格

本章各个表所列的家具外形及其规格尺寸仅供作为室内设计学习的参考资料。

### 3.4.1　常见沙发型号和规格 （表 3.1，表 3.2）

表 3.1　客厅沙发家具（独立沙发）

| 外形 | | | |
|---|---|---|---|
| 规格 | 沙发:950×950×978 | 沙发:1180×950×880 | 沙发:2800×850×800 |
| 外形 | | | |
| 规格 | 沙发:2840×1500×760 | 沙发:2800×950×880 | 沙发:2390×1020×780 |
| 外形 | | | |
| 规格 | 沙发:1600×830×870 | 沙发:1625×950×978 | |

注:表中家具的规格为长度×宽度(深度)×高度,单位为毫米(mm),仅供参考。下同。

表 3.2 客厅沙发家具（组合沙发）

| 外 形 | 规格/mm | 外 形 | 规格/mm |
|---|---|---|---|
| | 740×845×850（单人位沙发）<br>1400×845×850（二人位沙发）<br>2070×845×850（三人位沙发）<br>645×645×540（圆茶几） | | 900×830×740（单人位沙发，左）<br>1700×850×740（V形转角沙发）<br>710×830×740（单人位沙发）<br>1600×830×740（二人位沙发，右） |
| | 1010×1010×360（沙发脚踏）<br>1280×950×1010（贵妃椅）<br>1660×950×1010（四人位沙发） | | 950×950×900（单人位沙发）<br>1709×950×900（二人位沙发）<br>2159×950×900（三人位沙发） |
| | 1000×900×950（单人位沙发）<br>1560×900×950（二人位沙发）<br>2100×900×900（三人位沙发） | | 1100×880×880（单人位沙发）<br>1630×880×880（二人位沙发）<br>2100×880×880（三人位沙发） |
| | 2100×970×740（三人位沙发）<br>920×1620×725（贵妃椅） | | 800×800×1040（单人位沙发）<br>1040×800×1040（单人位沙发带扶手）<br>520×360×1040（沙发脚踏） |
| | 930×930×1000（单人位沙发）<br>1500×930×1000（二人位沙发）<br>2000×930×1000（三人位沙发） | | 1450×730×940（二人位沙发）<br>1660×730×940（三人位沙发） |
| | | | 1520×740×1020（贵妃椅）<br>1520×740×830（二人位沙发）<br>2400×740×830（三人位沙发） |

### 3.4.2 常见电视柜型号和规格（表 3.3）

表 3.3 电视柜型号和规格

| | | | |
|---|---|---|---|
| 外形 | | | |
| 规格 | 厅柜：2900×590×1621 | 厅柜：3075×590×1160 | 电视柜：1799×550×441 |
| 外形 | | | |
| 规格 | 电视柜：1020×585×555 | 电视柜：2200×590×429 | 电视柜：1480×500×620 |

续表

| 外形 | (图) | (图) | |
|------|------|------|---|
| 规格 | 电视柜:2745×600×2050 | 电视柜:2750×600×1800 | |

注：表中家具的规格为长度×宽度（深度）×高度，单位为毫米（mm）。

### 3.4.3　常见茶几型号和规格（表3.4）

表3.4　茶几型号和规格

| 外形 | (图) | (图) | (图) |
|------|------|------|------|
| 规格 | 茶几:1200×600×315 | 茶几:1250×650×315 | 茶几:1200×650×430 |
| 外形 | (图) | (图) | (图) |
| 规格 | 茶几:1200×700×450 | 茶几:1100×600×450 | 茶几:φ450×530 |
| 外形 | (图) | (图) | (图) |
| 规格 | 茶几:Φ1000×340 | 茶几:1050×1050×400 | 茶几:500×400×450 |
| 外形 | (图) | (图) | (图) |
| 规格 | 茶几:700×700×430 | 茶几:1117×520×457 | 茶几:1300×700×400 |

注：表中家具规格为长度×宽度×高度，单位为毫米（mm）。

### 3.4.4　常见餐桌及椅子（成套）型号和规格（表3.5）

表3.5　餐桌及椅子型号和规格

| | | | |
|---|---|---|---|
| 外形 | | | |
| 规格 | 餐椅:460×420×1080<br>餐桌:1200×760 | 餐椅:430×490×920<br>餐桌:1654×854×747 | 餐椅:400×520×900<br>餐桌:1500×900×760 |
| 外形 | | | |
| 规格 | 餐椅:440×520×900<br>餐桌:1500×900×760 | 餐椅:420×430×880<br>餐桌:1480×1200×750 | 餐椅:400×500×740<br>餐桌:1500×830×760 |
| 外形 | | | |
| 规格 | 餐椅:540×440×930<br>餐桌:1500×900×750 | 餐椅:540×420×890<br>餐桌:1300×850×750 | 餐椅:540×420×890<br>餐桌:1000×900×750 |
| 外形 | | | |
| 规格 | 餐椅:540×440×930<br>餐桌:1300×800×750 | 餐椅:1180×740×740<br>餐桌:410×470×900 | 餐桌:1180×805×725<br>餐椅:440×520×900 |
| 外形 | | | |
| 规格 | 餐桌:2010×1050×750 | 餐桌:1350×800×750 | 餐桌:1290×900×740 |
| 外形 | | | |
| 规格 | 餐桌:1100×750 | | |

注：表中家具规格为长度×宽度（深度）×高度，单位为毫米（mm）。

### 3.4.5　常见椅子型号和规格（表 3.6）

表 3.6　椅子型号和规格

| 外形 | | | |
|---|---|---|---|
| 规格 | 餐椅:470×470×850 | 餐椅:450×560×800 | 餐椅:510×580×970 |
| 外形 | | | |
| 规格 | 餐椅:410×500×950 | 餐椅:510×560×890 | 餐椅:570×480×750 |
| 外形 | | | |
| 规格 | 餐椅:430×798×880 | 餐椅:430×525×920 | 餐椅:420×460×780 |
| 外形 | | | |
| 规格 | 餐椅:440×510×770 | 餐椅:510×350×450 | 餐椅:350×420×450 |
| 外形 | | | |
| 规格 | 餐椅:300×310×450 | 餐椅:310×430×440 | 餐椅:440×540×850 |
| 外形 | | | |
| 规格 | 餐椅:1400×854×747 | 餐椅:900×450×450 | 椅:600×550×620 |

注：表中家具规格为长度×宽度（深度）×高度，单位为毫米（mm）。

### 3.4.6　常见酒柜和餐车等型号和规格（表 3.7）

表 3.7　酒柜和餐车等型号和规格

| | | | |
|---|---|---|---|
| 外形 | | | |
| 规格 | 餐车:775×425×850 | 酒柜:400×400×2000 | 酒柜:555×445×855 |
| 外形 | | | |
| 规格 | 酒柜:850×450×520 | 酒柜:700×420×780 | 酒柜:1660×380×890 |
| 外形 | | | |
| 规格 | 酒柜:792×390×1856 | 酒柜:750×350×1963 | 餐边柜:1786×400×803 |
| 外形 | | | |
| 规格 | 餐边柜:1199×400×801 | 餐边柜:1020×585×1935 | 餐边柜:600×480×2250 |

注：表中家具的规格为长度×宽度×高度，单位为毫米（mm）。

### 3.4.7　常见餐厅器具型号和规格（表 3.8）

表 3.8　餐厅器具型号和规格

| | | | | |
|---|---|---|---|---|
| 外形 | | | | |
| 规格 | 杯:210 | 杯:180 | 杯:110 | 杯:100 |

续表

| 外形 | | | | |
|---|---|---|---|---|
| 规格 | 杯:190 | 杯:140 | 杯:220 | 杯:110 |

注：表中杯具的规格为高度，单位为毫米（mm）。

### 3.4.8　客厅其他辅助小家具型号和规格（表3.9）

表3.9　客厅其他辅助小家具型号和规格

| 外形 | | | |
|---|---|---|---|
| 规格 | 躺椅:686×995×980<br>＋686×452×349 | 报刊架:670×450×400 | 电话桌:500×420×750 |
| 外形 | | | |
| 规格 | 电话桌:900×400×680 | 花架:350×350×930 | 餐车:800×432×850 |
| 外形 | | | |
| 规格 | 墙柜:1994×550×360<br>＋1994×300×400 | 矮柜:2000×650×451 | 电话架:Φ400×550 |
| 外形 | | | |
| 规格 | 电话架:350×600×650 | 电话架:350×350×750 | 电话架:Φ400×700 |

续表

| 外形 | | | |
| --- | --- | --- | --- |
| 规格 | 花架:400×350×700 | 报刊架:510×450×540 | CD架:240×460×639 |
| 外形 | | | |
| 规格 | CD架:750×350×1963 | | |

注:表中家具的规格为长度×宽度(深度)×高度,单位为毫米(mm)

# 第4章 居住建筑卧室室内装修

## 4.1 卧室常见空间平面布局形式

（1）常见的几种卧室平面布局类型（图 4.1～图 4.3）有如下一些。

a. 主卧室（带卫生间），如图 4.1 所示。

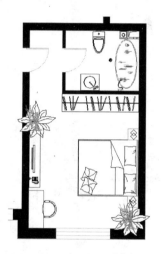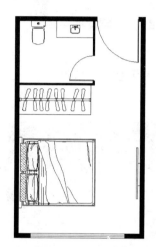

图 4.1 主卧室平面布局

b. 次卧室（客卧），如图 4.2 所示。

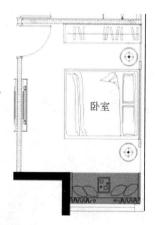

图 4.2 次卧室平面布局

c. 儿童卧室，如图 4.3 所示。

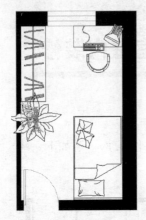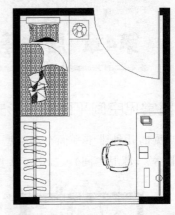

图 4.3　儿童卧室平面布局

（2）卧室装修设计效果

a. 卧室装修效果（1），如图 4.4 所示。

图 4.4　卧室装修设计效果（1）

b. 卧室装修效果（2），如图 4.5 所示。

图 4.5　卧室装修设计效果（2）

## 4.2 卧室设计和装修要点

### 4.2.1 卧室总体设计要点

卧室是人们经过一天紧张的工作后最好的休息和独处的空间，它应具有安静、温馨的特征，从选材、色彩、室内灯光布局到室内物件的摆设都要经过精心设计。

① 家具与床铺至少要间隔 70cm，以便走动，室内的家具陈设应尽可能简洁实用。

② 地面最好采用木地板或地毯等材料，具有保暖、吸潮、柔软等功能。在有木地板的情况下，再局部铺上地毯更为舒适和实用，也丰富了地面材料的质感和色彩。

③ 墙面宜用墙纸或乳胶漆，在色彩上要有所调节；顶面上可不作吊顶处理，也可作墙角边线修饰。也有织物进行墙面包装的，但长时间的感觉并不尽如人意。

④ 保持良好的通风条件，对原有建筑通风不良的，在不影响房屋结构的情况下，应作适当改进和调整。

⑤ 对多功能卧室的设计，一般来说，卧室兼书房的比较多见，要求典雅庄重、宁静、简洁。

### 4.2.2 卧室灯光和色彩设计

卧室是休息的地方，除了提供易于安眠的柔和光源之外，更重要的，是要以灯光的布置来缓解白天紧张的生活压力，卧室的照明应以柔和为主。

（1）卧室灯光　卧室的照明可分为照亮整个室内的天花板灯、床灯以及低的夜灯，天花板灯应安装光线不刺眼的灯；床灯可使室内的光线变得柔和，充满浪漫的气氛；夜灯投出的阴影可使室内看起来更宽敞。

照明光线宜柔和、温馨，可用壁灯、射灯、吸顶灯等灯具，光源用白炽灯，避免强光或日光灯为好。如图 4.6 所示为卧室不同的灯光设计效果。

图 4.6　卧室不同的灯光设计效果

（2）色彩设计　卧室的色彩应避免选择刺激性较强的颜色，一般选择暖和的、平稳的中间色，如乳白色、粉红色、米黄色等。如图4.7所示为卧室不同的色彩设计效果。

图4.7　卧室不同的色彩效果

## 4.3　卧室材料选择

### 4.3.1　卧室地面

卧房应选择吸声性、隔声性好的装饰材料，触感柔细美观的布贴，具有保温、吸音功能的地毯都是卧室的理想之选。如大理石、花岗石、地砖等较为冷硬的材料都不太适合卧室使用。

窗帘应选择具有遮光性、防热性、保温性以及隔音性较好的半透明的窗纱或双重花边的窗帘。

若卧室里带有卫生间，则要考虑到地毯和木质地板怕潮湿的特性，因而卧室的地面应略高于卫生间，或者在卧室与卫生间之间用大理石、地砖设一道门槛，以防潮气。

卧室地面常用装修材料包括：

①复合木地板；②实木木地板；③波化砖；④釉面砖；⑤抛光砖；⑥地毯等。

### 4.3.2　卧室墙面

卧室墙面宜选用舒适柔和耐脏的材质，以创建一个适合睡眠休息的温馨、暖和的空间。卧室墙面常用装修材料包括：

①乳胶漆；②壁纸等。

### 4.3.3　卧室顶棚

卧室是否设计顶棚，要根据房间的高度进行综合考虑。在一般住宅中，由于层高在2.7~2.9m之间，卧室常常不做吊顶造型，而是通过不同色彩来营造温馨的睡眠空间环境。卧室顶棚常用装修材料包括：

①乳胶漆；②木材；③轻钢龙骨石膏板等。

## 4.4　卧室常见家具规格

本章各个表所列的家具外形和规格尺寸仅供作为室内设计学习的参考资料，后同此。

## 4.4.1　床常见型号和规格（表 4.1）

表 4.1　床

| 外形 | | | |
|---|---|---|---|
| 规格 | 双人床：1800×2000 | 双人床：1800×2000 | 双人床：2120×2186×850<br>单人床：1820×2086×850 |
| 外形 | | | |
| 规格 | 双人床：2120×2186×850<br>单人床：1820×2086×851 | 单人床：1960×1580×410 | 双人床：1990×1730×330 |
| 外形 | | | |
| 规格 | 单人床：1500×2000×950 | 双人床：1800×2000×1000<br>单人床：1200×1900×1000 | 双人床：1900×2100×1000<br>单人床：1500×2000×1000 |
| 外形 | | | |
| 规格 | 双人床：1800×2000×1000 | 双人床：1800×2000×700<br>单人床：1500×2000×700 | 双人床：1800×2000×300<br>单人床：1500×2000×300 |
| 外形 | | | |
| 规格 | 双人床：1870×2185×1000 | 单人床：1000×1900×900 | 双人床：1860×2145×960 |

| | |
|---|---|
| 外形 | |
| 规格 | 双人床:1800×2000×920　双人床:2030×1905×1215　双人床:1800×2000×980 |
| 外形 | |
| 规格 | 婴儿床:1180×680×880　婴儿床:1220×680×880　单人床:1000×1900×900 |
| 外形 | |
| 规格 | 单人床:1000×1900×820　双层床:1850×950×1800　双层床:1900×1000×1850 |
| 外形 | |
| 规格 | 双层床:1900×950×1800　双层床:1950×950×1850　双层床:1890×975×1780 |
| 外形 | |
| 规格 | 双层床:1900×1500×2070　双层床:1960×970×1800　双层床:1955×980×1780 |
| 外形 | |
| 规格 | 双层床:1960×975×1770　双层床:2540×1000×1790 |

注：床的规格尺寸为长度×宽度×高度（高度为床头高或床高），单位为毫米（mm）。

## 4.4.2　梳妆台常见型号和规格（表 4.2）

表 4.2　梳妆台

| | | | |
|---|---|---|---|
| 外形 |  |  |  |
| 规格 | 妆台：900×390×750 | 妆台：860×400×750 | 梳妆凳：540×484×460 |
| 外形 | 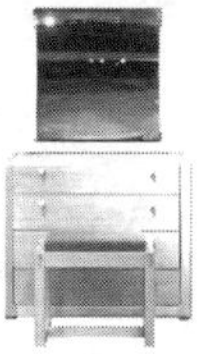 |  |  |
| 规格 | 妆台：950×500×800/1600 | 妆台：900×450×1680 | 妆台：500×420×430 |
| 外形 |  | 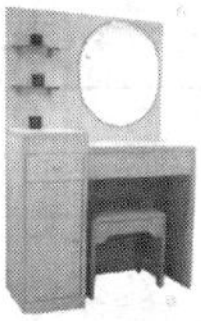 | |
| 规格 | 妆台：850×400×1500 | 妆台：900×400×1400 | |

注：梳妆台的规格尺寸为长度×宽度×高度，单位为毫米（mm）。

## 4.4.3　床头柜常见型号和规格（表 4.3）

表 4.3　床头柜

| | | | |
|---|---|---|---|
| 外形 |  |  |  |
| 规格 | 床头柜：604×430×497 | 床头柜：550×400×560 | 床头柜：600×470×236 |
| 外形 |  |  |  |
| 规格 | 床头柜：600×419×370 | 床头柜：480×400×397 | 床头柜：515×425×450 |
| 外形 | 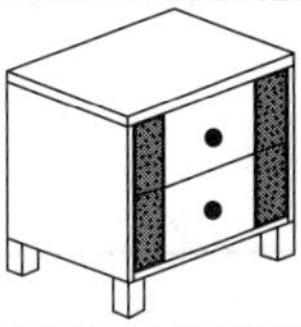 |  | 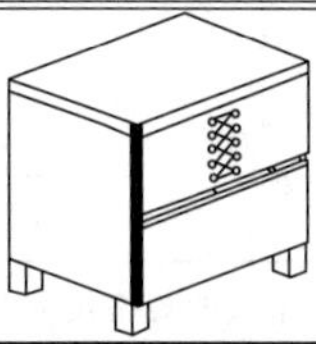 |
| 规格 | 床头柜：550×390×450 | 床头柜：580×395×450 | 床头柜：600×400×450 |

| 外形 |  | | |
|---|---|---|---|
| 规格 | 床头柜:540×394×480 | 床头柜:560×450×460 | 床头柜:800×460×1600 |
| 外形 | | | |
| 规格 | 床头柜:500×420×500 | 床头柜:550×430×500 | |

注：床头柜规格尺寸为长度×宽度×高度，单位为毫米（mm）。

### 4.4.4　床垫和衣架常见型号和规格（表4.4）

表 4.4　床垫和衣架

| 外形 | | | |
|---|---|---|---|
| 规格 | 床垫:1200/1500/1800×2000×200/220 | 床垫:1200/1500/1800/1950×2000×260/200 | 床垫:1500/1800×1900×210/320 |
| 外形 | | | |
| 规格 | 床垫:1200/1500/1800×2000×250/100 | 床垫:1200/1500/1800×2000×210 | 床垫:1200/1500/1800×2000×270 |
| 外形 | | | |
| 规格 | 衣架:高1500 | 衣架:高1600 | 衣架:高1650 |
| 外形 | | | |
| 规格 | 衣架:高1700 | | |

注：床垫的规格尺寸为长度×宽度×厚度，单位为毫米（mm）。

## 4.4.5　衣柜常见型号和规格

表 4.5　衣柜

| 外形 | | |
| --- | --- | --- |
| 规格 | 衣柜:1800×600×2360 | 衣柜:(1180+3180)×600×2360 | 衣柜:1780×580×2160 |

| 外形 | | |
| --- | --- | --- |
| 规格 | 衣柜:2000×600×2160 | 衣柜:610×580×2160 | 衣柜:3000×620×2200 |

| 外形 | | |
| --- | --- | --- |
| 规格 | 衣柜:2388×580×2226 | 衣柜:3184×580×2226 | 衣柜:2456×650×2100 |

| 外形 | | |
| --- | --- | --- |
| 规格 | 衣柜:2500×600×2150 | 衣柜:2038×619×2150 | 衣柜:1500×610×2250 |

| 外形 | | |
| --- | --- | --- |
| 规格 | 衣柜:1031×619×2150 | 衣柜:2104×648×2212 | 衣柜:1615×637×2163 |

续表

| 外形 | | |
|---|---|---|
| 规格 | 6 门衣柜 2737×609×2291 | 衣柜:2159×647×2100 | 衣柜:2111×637×2163 |
| 外形 | | |
| 规格 | 衣柜:2700×620×2200 | 衣柜:2420×687×2198 | 衣柜:1900×600×2400 |
| 外形 | | |
| 规格 | 衣柜:2200×600×2000 | 衣柜:2400×580×2000 | 衣柜:2700×600×2100 |
| 外形 | | |
| 规格 | 衣柜:1000×600×2000 | 衣柜:1150×580×2350 | 衣柜:2100×600×2400 |
| 外形 | | |
| 规格 | 衣柜:2200×600×2300 | | |

注：衣柜的规格尺寸为长度×深度×高度，单位为毫米（mm）。

# 第5章 居住建筑书房室内装修

## 5.1 书房常见空间平面布局形式

（1）常见的几种书房（图 5.1、图 5.2）

① 小书房空间平面布置，见图 5.1。

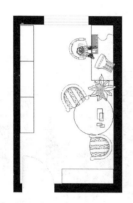

图 5.1 小书房平面布局

② 大书房空间平面布置，见图 5.2。

图 5.2 大书房平面布局

（2）书房装修设计效果

① 书房装修设计效果（1），见图 5.3。

图 5.3　书房装修设计效果（1）

② 书房装修设计效果（2），见图 5.4。

图 5.4　书房装修设计效果（2）

## 5.2　书房设计和装修要点

### 5.2.1　书房装修设计要点

① 书房的照明应以功能性为主要考虑，为了避免长时间阅读造成眼睛疲劳，可考虑采用色度较接近早晨柔和太阳光、不闪烁且光源稳定的、能有效散热的灯具，以减轻视觉负担。

② 书架搁板跨度不宜过大，最好在 1m 以内，否则置书后容易产生挠度而变形。如图 5.5 所示是书房墙面不同搁板布置形式。

③ 安排好工作区（书桌、电脑台）与存放区（书架、资料柜）的相互位置，选择最佳的配置状态。抽屉的功能事先分类，最好按特殊需要专门设计最佳。

④ 书房的位置最好远离客厅、门厅等处。

⑤ 书房空间较小，空间布局尤为重要，书房内一般陈设有写字台、电脑操作

台、书柜、坐椅、沙发等；写字台、坐椅的色彩、形状要精心设计，做到坐姿合理舒适，操作方便自然。在色调方面应尽量使用冷色调，风格要典雅、古朴、清幽、庄重。如图5.6所示为不同书房整体布局效果。

图5.5 书房墙面不同搁板布置

图5.6 书房整体布局效果

⑥ 书橱里点缀些工艺品，墙上挂装饰画，以打破书房里略显单调的氛围，如图5.7所示。书房里的藏书应进行分类存放，便于查阅，使书房井然有序，充分利用空间。

图 5.7　书房内字画装饰

### 5.2.2　书房照明设计要点

①书房务必要做到"明"。作为主人读书写字的场所，对于照明和采光的要求应该很高，因为人眼在过于强和弱的光线中工作，都会对视力产生很大的影响。如图 5.8 所示为书房不同的照明效果。

②写字台最好放在阳光充足但不直射的窗边。这样在工作疲倦时还可凭窗远眺一下以休息眼睛。

③书房内一定要设有台灯和书柜用射灯，便于主人阅读和查找书籍。但注意台灯要光线均匀地照射在读书写字的地方，不宜离人太近，以免强光刺眼。

图 5.8　书房不同的照明效果

## 5.3　书房装修材料选择

### 5.3.1　书房装修材料选择要求

书房是学习和工作的场所，相对来说要求要安静，因为人在嘈杂的环境中工作效率要比安静环境中低得多。所以在装修书房时要选用隔音吸音效果好的装饰材料。

天棚可采用吸音石膏板吊顶，墙壁可采用 PVC 吸音板或软包装饰布等装饰，地面可采用吸音效果佳的地毯，窗帘要选择较厚的材料，以阻隔窗外的噪音。

### 5.3.2　书房墙面、地面和顶棚常用材料

书房地面常用装修材料包括：

① 复合木地板；②实木木地板；③波化砖；④釉面砖；⑤抛光砖；⑥地毯等。

书房墙面常用装修材料包括：

① 乳胶漆；②壁纸等。

书房顶棚常用装修材料包括：

① 乳胶漆；②木材；③轻钢龙骨石膏板等。

## 5.4　书房常见家具规格

本章各个表所列的家具外形和规格尺寸仅供作为室内设计学习的参考资料，后同此。

### 5.4.1　常见书柜型号和规格（表 5.1）

表 5.1　书柜

| 外形 | | | |
|---|---|---|---|
| 规格 | 单体书柜：436×300×2159 | 双门书柜：836×300×2159 | 书柜：800×280×2020 |
| 外形 | | | |
| 规格 | 书柜：400×280×2020 | 书柜：2000×280×2020 | 书柜：2000×280×2370 |
| 外形 | | | |
| 规格 | 书柜：800×280×2020 | 书柜：1660×330×2054 | 书柜：1500×350×2400 |
| 外形 | | | |
| 规格 | 书柜：900×350×2300 | 书柜：1800×330×2250 | 书柜：1200×330×2400 |

续表

| | | | |
|---|---|---|---|
| 外形 | | | |
| 规格 | 书柜:1940×374×2100 | 书柜:2439×350×2103 | 三门书柜:1254×300×2159 |
| 外形 | | | |
| 规格 | 六门书柜:2496×500×2100 | 书柜:2400+800×350×2100 | 书柜:2700×350×2300 |
| 外形 | | | |
| 规格 | 书柜:3600×350×2000 | 书柜:2250×350×2150 | 书柜:1200×400×1950 |
| 外形 | | | |
| 规格 | 书柜:3600×420×2000 | 书柜:1250×400×2000 | 书柜:1050×400×1880 |
| 外形 | | | |
| 规格 | 书柜:1800×280×2100 | 书柜:3150×340×2200 | 书柜:900×320×1030 |
| 外形 | | | |
| 规格 | 书柜:1150×370×1780 | 书柜:1490×390×1490 | 书柜:900×320×1770 |

注：书柜的规格尺寸为长度×深度×高度，单位为毫米（mm）。

## 5.4.2　常见书桌和电脑桌型号和规格（表 5.2）

表 5.2　书桌和电脑桌

| 外形 | | |
|---|---|---|
| 规格 | 转角桌：1600×900×2000 | 转角桌：1450×1300×2000 | 电脑桌：1150×840×1380 |

| 外形 | | |
|---|---|---|
| 规格 | 电脑桌：1350×704×750 | 电脑桌：1100×550×740 | 电脑桌：1800×1800×740 |

| 外形 | | |
|---|---|---|
| 规格 | 电脑桌：1600×1200×735 | 电脑桌：1500×830×740 | 电脑桌：1598/2298×800×745 |

| 外形 | | |
|---|---|---|
| 规格 | 电脑桌：1710×800×740 | 电脑桌：1100×600×720 | 电脑桌：940×940×720 |

| 外形 | | |
|---|---|---|
| 规格 | 电脑桌：1510×650×730 | 电脑桌：1400×650×730 | 电脑桌：1400×580×730 |

| 外形 | | |
|---|---|---|
| 规格 | 电脑桌：1390×720×740 | | |

注：1. 书柜的规格尺寸为长度×宽度×高度，单位为毫米（mm）。

2. 书桌椅子和电脑桌椅子参见第 8 章节的相关内容，在此从略。

# 第6章　居住建筑厨房室内装修

## 6.1　厨房常见设计形式

### 6.1.1　厨房常见空间平面布局形式

常见的几种厨房如下。

① 小厨房空间平面布置见图6.1～图6.3。

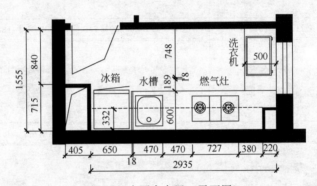

图6.1　小厨房布置（平面图）

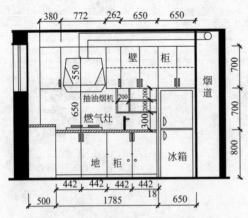

图6.2　小厨房布置（立面图1）

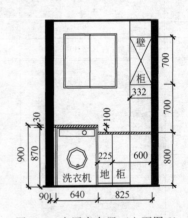

图6.3　小厨房布置（立面图2）

② 大厨房空间平面布置见图6.4～图6.6。

### 6.1.2　厨房装修设计效果

厨房装修设计效果见图6.7～图6.10。

① 厨房装修设计效果（1）

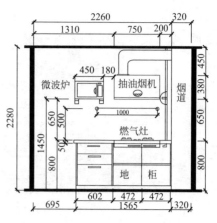

图 6.5　大厨房布置（立面图 1）

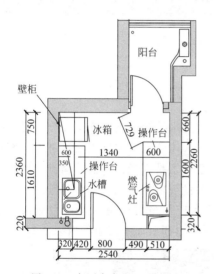

图 6.4　大厨房布置（平面图）

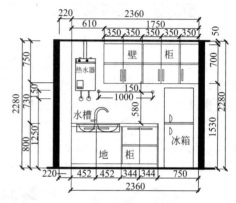

图 6.6　大厨房布置（立面图 2）

图 6.7　厨房装修设计效果（1）

图 6.8　厨房装修设计效果（2）

② 厨房装修设计效果（2）

③ 厨房装修设计效果（3）

④ 厨房装修设计效果（4）

图 6.9　厨房装修设计效果（3）　　　　图 6.10　厨房装修设计效果（4）

## 6.2　厨房设计和装修要点

### 6.2.1　厨房装修设计要点

厨房设计时，应合理布置灶具、抽油烟机、热水器等设备，必须充分考虑这些设备的安装、维修及使用安全。厨房的设计应从人体工程学原理出发，考虑减轻操作者劳动强度，方便使用。厨房的装饰材料应色彩素雅、光洁、易于清洗。操作案台及煤气炉灶台最好为柜体式，高和宽应与洗菜盘规格相协调；灶台与洗菜盘最好置于不同的工作台上，以免互相干扰，且洗菜盘应尽量置于窗前，灶台应设在防风、顺光、便于操作处。如图 6.11 所示为厨房单边和双面不同布局效果。

图 6.11　厨房单边和双面不同布局

① 一般厨房的电气化程度较高，设计时要考虑上下水管道、电及煤气管道的走线，要给各种电器留出专用空间。

② 洗菜盘的选用应考虑耐用；易于清洁且易与地柜相结合，水龙头应采用有冷热水功能的专用厨房龙头。

③ 地面可选用防滑地砖；墙面则以光洁度高、易清洁的瓷砖为宜，色彩应采用冷色调。

④ 厨房的装饰设计不应影响厨房的采光、照明、通风的效果。厨房装饰设计时，严禁移动燃气表，燃气管道不得作暗管。

#### 6.2.2　厨房色彩和照明设计要点

一个科学合理、舒适方便的厨房应该是美观的、简洁的，视觉上明亮、干净尤为重要。

① 厨房及用餐场所要注意采光。为了提高厨房的照明度，可以根据不同用途设多种灯具。吊柜下和工作台上面的照明最好用日光灯。就餐照明用明亮的白炽灯，色感比较柔和。厨房内一般用吸顶灯作为照明，局部照明可用小灯嵌入吊柜以照亮工作台。如图 6.12 所示为厨房不同采光和照明效果。

图 6.12　厨房不同采光和照明效果

② 墙面采用什么颜色也很重要，淡色或白色的贴瓷砖的墙面仍是经常使用的，这有利于清除污垢。

③ 橱柜色彩搭配现已走向高雅、清纯。清新的果绿色、纯净的木色、精致的银灰、高雅的紫蓝色、典雅的米白色，都是热门的选择。尽量用冷色调，而且要用偏浅色类的。由于厨房相对温度要高一些，所以，如果用温色调，容易使人感到室温高了 2～3 度似的。如图 6.13 所示为厨房和橱柜不同色彩效果。

图 6.13　厨房和橱柜不同色彩效果

## 6.3　厨房装修材料选择

#### 6.3.1　厨房装修材料选择要求

一般而言，简单、质面平滑的材料，如不锈钢、铝、铬钢、铁、木；净白、灰或黑的瓷砖、玻璃等都是适合厨房装修的材料，如果装修资金丰裕，可选用一些较高格调的云石和石板。

厨房的地面，宜用地砖、花岗岩等防滑、防水、易于清洗的材料。地面可铺砌坚固的防滑地砖，既耐用又容易清洗。如在墙壁、地面铺贴铝片，则可以具有更强的时代感。

厨房的墙面宜选择防火、抗热、易清洁的材料。厨房墙壁可铺贴浅色瓷砖或刷浅色油漆，以营造清新自然的视觉感受。

厨房吊顶可选用淡色的塑料和金属扣板，例如铝扣板等。

### 6.3.2　厨房墙面、地面和顶棚常用材料

厨房地面（要求防滑）常用装修材料包括：

①波化砖；②釉面砖；③抛光砖等。

厨房墙面常用装修材料包括：

①瓷砖；②马赛克；③玻璃砖等。

厨房顶棚常用装修材料包括：

①PVC 板；②铝扣板等。

## 6.4　厨房常见橱具规格

本章各个表所列的橱具外形和规格尺寸仅供作为室内设计学习的参考资料，后同此。

### 6.4.1　洗菜盆常见型号和规格（表 6.1）

**表 6.1　洗菜盆（水槽）**

| 外形 | | | |
|---|---|---|---|
| 规格 | 水槽尺寸：940×710×175 | 水槽尺寸：524×374×180 | 水槽尺寸：860×500×200<br>开孔尺寸：840×485×R20 |
| 外形 | | | |
| 规格 | 水槽尺寸：1160×500×180<br>开孔尺寸：1140×480×R20 | 水槽尺寸：860×500×180<br>开孔尺寸：845×485×R20 | 水槽尺寸：800×500×180<br>开孔尺寸：880×480×R20 |
| 外形 | | | |
| 规格 | 水槽尺寸：$\phi$405<br>开孔尺寸：$\phi$365 | 水槽尺寸：770×370×175<br>开孔尺寸：750×350×R20 | 水槽尺寸：765×500×165<br>开孔尺寸：740×480×R20 |

续表

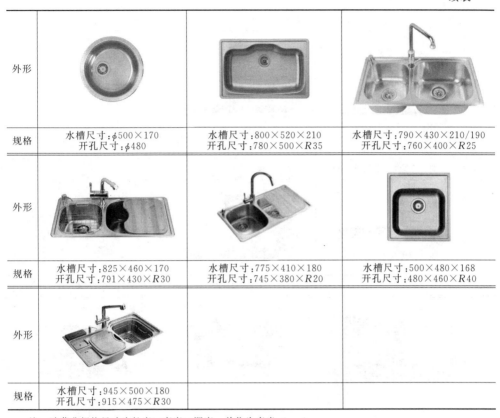

| 外形 | | | |
|---|---|---|---|
| 规格 | 水槽尺寸：$\phi 500 \times 170$<br>开孔尺寸：$\phi 480$ | 水槽尺寸：$800 \times 520 \times 210$<br>开孔尺寸：$780 \times 500 \times R35$ | 水槽尺寸：$790 \times 430 \times 210/190$<br>开孔尺寸：$760 \times 400 \times R25$ |
| 外形 | | | |
| 规格 | 水槽尺寸：$825 \times 460 \times 170$<br>开孔尺寸：$791 \times 430 \times R30$ | 水槽尺寸：$775 \times 410 \times 180$<br>开孔尺寸：$745 \times 380 \times R20$ | 水槽尺寸：$500 \times 480 \times 168$<br>开孔尺寸：$480 \times 460 \times R40$ |
| 外形 | | | |
| 规格 | 水槽尺寸：$945 \times 500 \times 180$<br>开孔尺寸：$915 \times 475 \times R30$ | | |

注：洗菜盆规格尺寸为长度×宽度×深度，单位为毫米（mm）。

## 6.4.2　抽油烟机常见型号和规格（表6.2）

表6.2　抽油烟机

| 欧式抽油烟机（整机外形尺寸，电机输入功率200W） | | |
|---|---|---|
| 外形 | | |
| 规格 | $900 \times 500 \times 550$ | $900 \times 520 \times 600$ |
| 外形 | | |
| 规格 | $900 \times 510 \times 510$ | $900 \times 520 \times 580$ |

| | |
|---|---|
| | $900 \times 520 \times 565$ |
| | $900 \times 537 \times 1066$<br>（电视机：30W，DVD机：20W） |

续表

欧式抽油烟机(整机外形尺寸,电机输入功率200W)

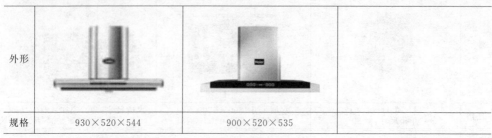

| 外形 | | |
| --- | --- | --- |
| 规格 | 930×520×544 | 900×520×535 |

中式抽油烟机(整机外形尺寸,电机输入功率200W)

| 外形 | | | |
| --- | --- | --- | --- |
| 规格 | 750×504×350 | 750×504×350 | 750×504×350 |
| 外形 | | | |
| 规格 | 750×504×350 | 750×502×350 | 722×490×360 |
| 外形 | | | |
| 规格 | 750×490×350 | 720×485×310 | |

注:抽油烟机规格尺寸为长度×宽度×高度,单位为毫米(mm)。

### 6.4.3 灶具常见型号和规格 (表6.3)

表6.3 灶具

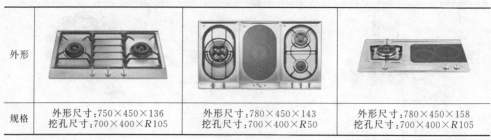

| 外形 | | | |
| --- | --- | --- | --- |
| 规格 | 外形尺寸:750×450×136<br>挖孔尺寸:700×400×R105 | 外形尺寸:780×450×143<br>挖孔尺寸:700×400×R50 | 外形尺寸:780×450×158<br>挖孔尺寸:700×400×R105 |

续表

| 外形 | | | |
|---|---|---|---|
| 规格 | 外形尺寸：750×430×135<br>挖孔尺寸：700×400×$R$105 | 外形尺寸：780×450×134<br>挖孔尺寸：700×400×$R$105 | 外形尺寸：720×400×105<br>挖孔尺寸：644×318×$R$52 |
| 外形 | | | |
| 规格 | 外形尺寸：780×450×126<br>挖孔尺寸：700×400×$R$105 | 外形尺寸：730×410×125<br>挖孔尺寸：632×350×$R$40 | 外形尺寸：730×420×120<br>挖孔尺寸：632×370×$R$30 |
| 外形 | | | |
| 规格 | 外形尺寸：760×440×115<br>挖孔尺寸：680×370×$R$25 | 外形尺寸：760×440×125<br>挖孔尺寸：680×370×$R$30 | 外形尺寸：720×415×132<br>挖孔尺寸：675×360×$R$25 |
| 外形 | | | |
| 规格 | 外形尺寸：710×410×126<br>挖孔尺寸：675×360×$R$30 | 外形尺寸：730×420×110<br>挖孔尺寸：635×350×$R$40 | |

注：灶具规格尺寸为长度×宽度×高度，单位为毫米（mm）。

## 6.4.4　消毒柜常见型号和规格（表6.4）

表 6.4　消毒柜（嵌入式）

| 外形 | | | |
|---|---|---|---|
| 规格 | 外形尺寸：650×600×450<br>开孔尺寸：635×560 | 外形尺寸：650×600×46<br>开孔尺寸：635×560 | 外形尺寸：620×600×442<br>开孔尺寸：613×568 |
| 外形 | | | |
| 规格 | 外形尺寸：650×600×450<br>开孔尺寸：635×560 | 外形尺寸：650×600×450<br>开孔尺寸：635×560 | 外形尺寸：630×660×442<br>开孔尺寸：605×552 |

| 外形 | | | |
|---|---|---|---|
| 规格 | 外形尺寸：：595×430×630<br>外开孔尺寸：560×470×610 | 外形尺寸：595×430×63<br>开孔尺寸：560×470×610 | 外形尺寸：800×350×400 |
| 外形 | | | |
| 规格 | 外形尺寸：511×410×285 | 外形尺寸：630×600×442<br>开孔尺寸：605×552 | 外形尺寸：595×610×450<br>开孔尺寸：565×575 |
| 外形 | | | |
| 规格 | 外形尺寸：630×600×420<br>开孔尺寸：605×552 | 外形尺寸：630×600×442<br>开孔尺寸：605×552 | 外形尺寸：650×600×450<br>开孔尺寸：635×560 |
| 外形 | | | |
| 规格 | 外形尺寸：630×600×442<br>开孔尺寸：605×522 | | |

注：消毒柜规格尺寸为长度×宽度×高度，单位为毫米（mm）。

## 6.4.5　洗碗机常见型号和规格（表 6.5）

表 6.5　洗碗机

| 外形 | | | |
|---|---|---|---|
| 规格 | 450×540×820 | 450×540×770 | 425×350×830 |

续表

| 外形 | | |
|---|---|---|
| 规格 450×580×850 | 450×540×820 | 570×450×465 |
| 外形 | | |
| 规格 450×580×850 | 600×600×850 | 595×580×820 |
| 外形 | | |
| 规格 570×450×465 | 430×383×798 | 450×590×860 |

注：洗碗机规格尺寸为宽度×深度×高度，单位为毫米（mm）。

## 6.4.6 烤箱常见型号和规格（表 6.6）

表 6.6 烤箱

| 外形 | | |
|---|---|---|
| 规格 513×367×306 | 530×385×345 | 592×430×380 |
| 外形 | | |
| 规格 580×400×370 | 535×420×335 | 579×420×365 |

续表

| 外形 |  | | |
| --- | --- | --- | --- |
| 规格 | 415×260×280 | 513×367×306 | 536×378×338 |
| 外形 | | | |
| 规格 | 553×402×325 | | |

注：烤箱规格尺寸为长度×宽度×高度，单位为毫米（mm）。

### 6.4.7　微波炉及光波炉常见型号和规格

表6.7　微波炉及光波炉

| 外形 | | | |
| --- | --- | --- | --- |
| 规格 | 485×368×287 | 511×407×290 | 470×394×304 |
| 外形 | | | |
| 规格 | 460×320×300 | 485×420×287 | 515×400×285 |
| 外形 | | | |
| 规格 | 505×375×280 | 483×370×281 | 483×364×281 |
| 外形 | | | |
| 规格 | 500×380×290 | 520×395×290 | 525×390×295 |

| 外形 | | |
|---|---|---|
| 规格 | 530×388×287 | 520×375×270 |

注：微波炉及光波炉规格尺寸为长度×宽度×高度，单位为毫米（mm）。

## 6.4.8 燃气热水器常见型号和规格

表 6.8 燃气热水器

| 外形 | | | | |
|---|---|---|---|---|
| 规格 | 595×365×126 | 596×370×116 | 542×347×140 | 530×325×160 |
| 外形 | | | | |
| 规格 | 520×320×167 | 558×328×110 | 630×360×145 | 542×347×159 |
| 外形 | | | | |
| 规格 | 568×363×159 | 563×340×110 | 445×300×120 | 525×320×112 |
| 外形 | | | | |
| 规格 | 601×392×128（户外式） | 601×396×140（户外式） | 567×359×103 | 567×350×124 |

| 外形 | | | | |
|---|---|---|---|---|
| 规格 | 596×370×116 | 542×347×140 | 565×370×128 | 508×314×123 |
| 外形 | | | | |
| 规格 | 558×328×110 | 494×310×124 | 493×310×124 | 538×332×160 |

注：燃气热水器规格尺寸为高度×宽度×厚度，单位为毫米（mm）。

## 6.4.9　厨房水龙头等其他配件常见型号和规格

水龙头等其他配件单位为 mm。

### 表 6.9　厨房水龙头等其他配件型号和规格

厨房水龙头

| 外形 | | |
|---|---|---|
| 规格 | H=175（高度） | H=225（高度） | H=350（高度） |

| 外形 | | |
|---|---|---|
| 规格 | H=300（高度） | H=360（高度） | H=400（高度） |

皂液器

| 外形 | |
|---|---|
| 规格 | 高×宽：274×70 | 高×宽：250×50 |

# 第7章 居住建筑卫生间室内装修

## 7.1 卫生间常见空间平面布局形式

卫生间有普通卫生间、多功能卫生间、豪华卫生间之分。普通卫生间有盥洗池、浴缸、热水器、坐便器、洗衣机等，空间狭小，储存物不多，只依墙挂毛巾、浴巾和替换衣物；瓷砖铺贴所有墙面，增添洁净气氛。功能齐全的卫生间，以面积空间较大为前提。这种卫生间除洗漱、洗浴、排便空间外，还巧妙地组合储存柜、衣帽架、浴巾毛巾架、梳妆台等。

（1）常见的几种卫生间布置（图7.1～图7.3）

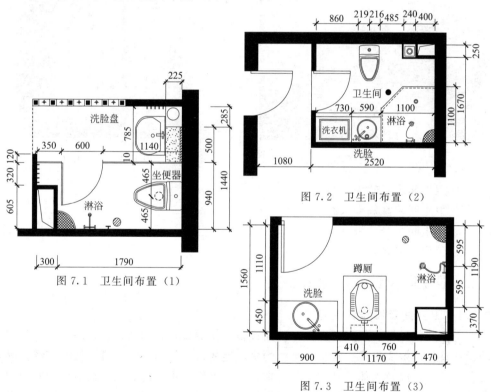

图 7.1　卫生间布置（1）

图 7.2　卫生间布置（2）

图 7.3　卫生间布置（3）

① 卫生间空间平面布置（1）

② 卫生间空间平面布置（2）

③ 卫生间空间平面布置（3）

（2）卫生间设计和装修效果（图7.4～图7.7）

图 7.4　卫生间装修效果（1）

图 7.5　卫生间装修效果（2）

图 7.6　卫生间装修效果（3）

图 7.7　卫生间装修效果（4）

① 卫生间装修效果（1）
② 卫生间装修效果（2）
③ 卫生间装修效果（3）
④ 卫生间装修效果（4）

## 7.2　卫生间设计和装修要点

### 7.2.1　卫生间装修设计要点

卫生间的设备一般有三大件：洗面设备、便器设备、沐浴设备。因此，卫生间的设计首先是解决盥洗、浴室、厕所的多功能要求。便器、洗衣机、便盆、浴缸等设备的位置，以及人体活动的空间要求，都必须作周密考虑。从人在卫浴空间中的活动考虑，应围绕使用时的动作布置框架、设置用品。如图 7.8 所示是为卫生间设备的不同布置方式。

卫生间的布局，要根据房间大小，设备状况而定。有的把卫生间的洗漱、洗浴、洗衣、排便组合在同一空间中，这种办法节省空间，适合小型卫生间。还有的卫生间较大，或者是长方形，就可以用门、帘子、拉门等进行隔断，一般是把洗浴

图 7.8 卫生间设备的不同布置

与排便放置于一间，把洗漱、洗衣放置另一间，这种两小间分割法，比较适用。

① 卫生间要求通过窗户自然通风，或利用换气扇通风，四面不通风的卫生间，更要注意科学设计。通风扇安装应距顶棚 200～300mm 处，也可安装在吊顶下平处。冬季气温低，卫生间可利用暖气或电热器、电热灯、浴霸等确保室内洗浴的合适温度。

② 坐便器选用便于维修、不易损坏、冲水好的水箱。

③ 浴盆安装不宜过高，一般距地平 500mm，并可考虑配备扶手防滑。切勿在浴缸、淋浴间使用任何类型的电话，以免电击和火灾危险。

④ 卫生间的电源插座最好加防潮盖。卫浴空间中的家具、搁架等造型应简洁，少线角，以免结垢后不利清扫，还须注意不能有棱角，以防碰伤身体。玻璃类的物品应置放在儿童够不着的地方。

⑤ 在浴室内设置物品架、置物台等，必须选用防水材料，做到可以用水清洗。一般化妆品、洗剂、手纸类用品体积都比较小，因此卫浴间设贮柜、板架时深度有15cm 即可，做深型的柜子反而不便拿取。

### 7.2.2 卫生间色彩和照明设计要点

一般来讲，卫生间宜使用淡雅具有清洁感的颜色。除了白色以外，常用的暖色调有淡粉红、淡橘黄、淡土黄等，常用的冷色调有淡紫、淡蓝、淡青、淡绿等。顶棚、墙面要考虑用反射系数高的明色，地面则较多采用彩度低的中性灰色调协。从色彩在空间高度的分布上来说，下部重、上部轻，有稳定和加大空间感的效果。

在色彩选择的顺序上也应有所注意。一般先确定一种主色调，明确营造某种空间气氛，据此决定便器、浴盆、洗脸池、家具、设备的色彩，选择顶棚、墙、地面的色彩。墙面色彩要能衬托出家具，顶棚色彩可与墙面一致或者明度更高一些，墙裙可以是色彩倾向明确和图案性强的，地面色彩则不妨稍深些。

通常卫浴空间采用同一调和配色和类似调和配色较多，强调统一性和融合感。采用对比配色时，必须控制好色彩的面积，鲜艳色的面积要小。考虑人移动时的心理适应能力，相邻的卫生空间要注意其连续性和统一感，色彩不宜差别太大。对材质本身的色彩和照明色彩等也必须给予整体考虑。对于墙面地面、设备家具的颜色不能孤立地去考虑，而应使它们在色彩上成为一个有机的整体。如图7.9所示为卫生间的不同色彩设计效果。

图 7.9　卫生间的不同色彩设计

对于半永久性使用的设备，如浴盆、洗脸盆、便器等，最好避免采用过分鲜艳强烈的色彩。

卫生间采光和照明宜良好，其照明用灯具，宜有防水、防潮功能和措施，以防漏电。如图 7.10 是为卫生间不同的采光和照明效果。

图 7.10　卫生间不同采光和照明

## 7.3　卫生间装修材料选择

### 7.3.1　卫生间装修材料选择要求

在进行饰面装修前，卫生间的墙面和地面宜新做一遍防水，高度一般为1500～1800mm。墙面用瓷砖满贴，地面选用防滑材料铺设，高度应低于其他地面 10～20mm，地漏应低于地面 10mm 左右，以利于排水。吊顶选用透光和不怕潮湿的材料。

洗面盆应镶嵌在平台内，平台选用大理石、花岗石为好，高度为 750～800mm，宽度为 500～550mm，长度 1000～1200mm 为宜。

淋浴间使用的玻璃门，应选用有机玻璃或钢化玻璃，避免伤人。如果玻璃是无色的，最好在相当的视线水平处贴上图案，避免撞坏玻璃。

坐便器要根据排水孔与后端的距离进行选择购买。30cm 的一般为中部下水坐便器，20～25cm 一般为后下水坐便器，距离在 40cm 以上的为一般前下水坐便器。型号稍有差错，下水就不畅。坐便器按下水方式可分为"冲落式"、"虹吸冲落式"

和"虹吸旋涡式"等。冲落式及虹吸冲落式注水量约6L左右，排污能力强，只是冲水时声音大；而旋涡式一次用水量大，但有良好的静音效果。

### 7.3.2　卫生间墙面、地面和顶棚常用材料

卫生间地面（要求防滑）常用装修材料包括：

①波化砖；②釉面砖；③抛光砖等。

卫生间墙面常用装修材料包括：

①瓷砖；②马赛克；③玻璃砖等。

卫生间顶棚常用装修材料包括：

①PVC板；②铝扣板等。

## 7.4　卫生间常见洁具规格

本章各个表所列的洁具外形和规格尺寸仅供作为室内设计学习的参考资料，后同此。规格尺寸单位为毫米（mm）。

### 7.4.1　坐便器常见型号和规格（表7.1）

表7.1　坐便器

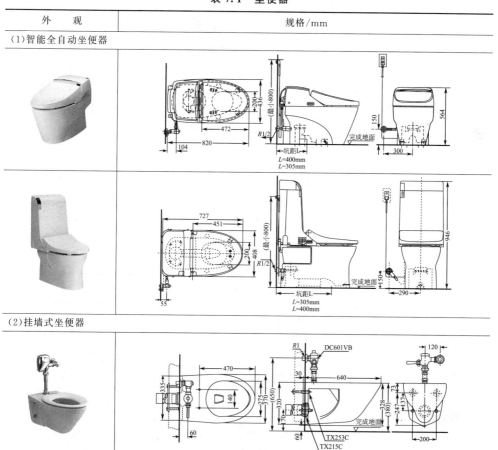

| 外　观 | 规格/mm |
| --- | --- |
| （1）智能全自动坐便器 | |
| （2）挂墙式坐便器 | |

| 外　观 | 规格/mm |
|---|---|

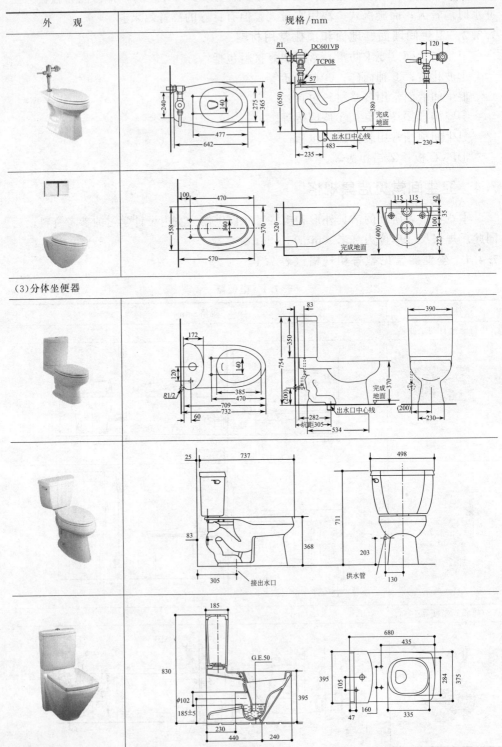

（3）分体坐便器

续表

| 外　　观 | 规格/mm |
| --- | --- |

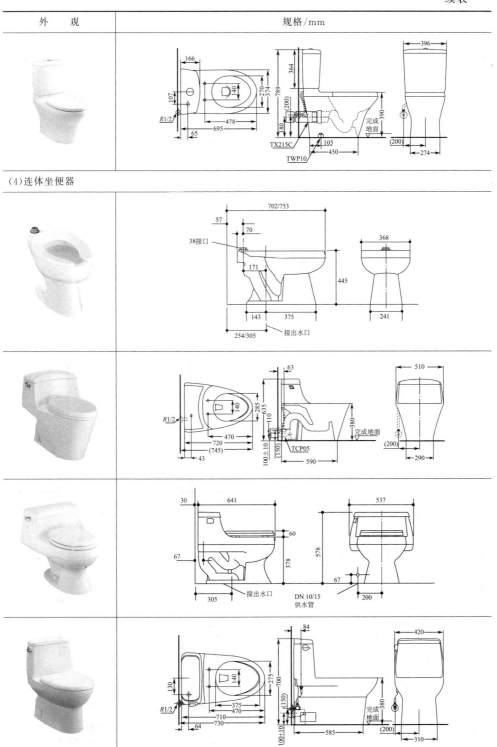

（4）连体坐便器

| 外　观 | 规格/mm |
|---|---|
| （5）蹲式冲洗便池 | |

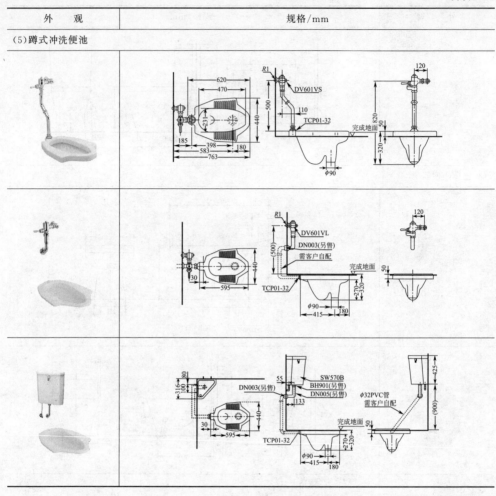

### 7.4.2　小便器常见型号和规格（表7.2）

**表7.2　小便器**

| 外　观 | 规格/mm |
|---|---|
| 挂墙式小便器 | |

续表

| 外　　观 | 规格/mm |
|---|---|

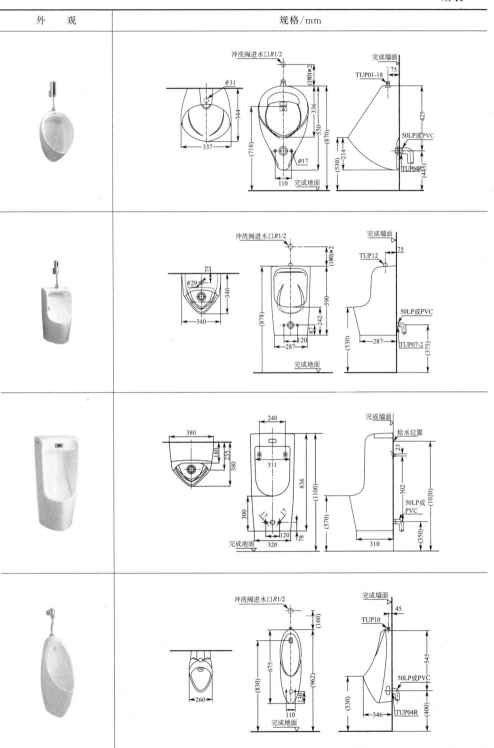

| 外　　观 | 规格/mm |
|---|---|
| 立式小便器 | 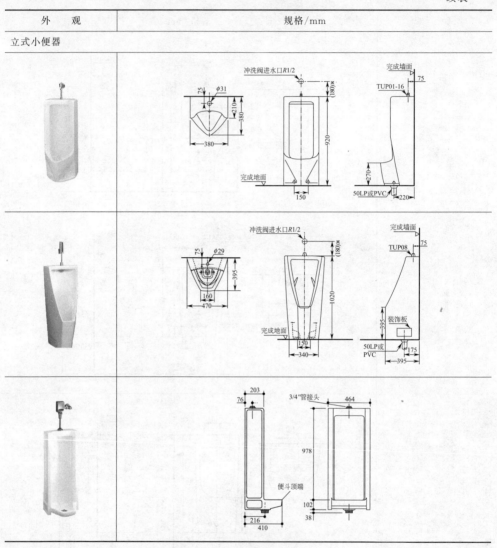 |

### 7.4.3　净身器常见型号和规格（表7.3）

表7.3　净身器

| 外　　观 | 规格/mm |
|---|---|
| 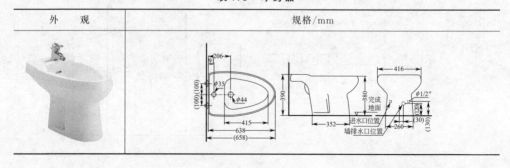 | |

续表

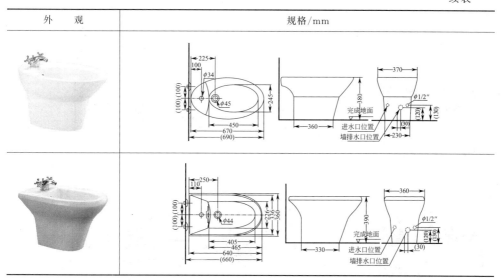

| 外 观 | 规格/mm |
|---|---|

### 7.4.4 洗脸盆常见型号和规格（表 7.4）

表 7.4 洗脸盆

| 外 形 | 规格/mm |
|---|---|
| 台上式洗脸盆 | |

| 外　观 | 规格/mm |
|---|---|

**台下式洗脸盆**

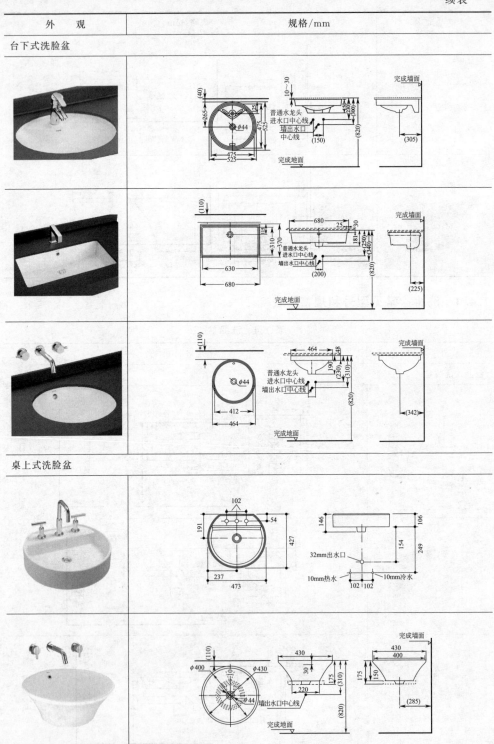

**桌上式洗脸盆**

续表

| 外 观 | 规格/mm |
|---|---|
| 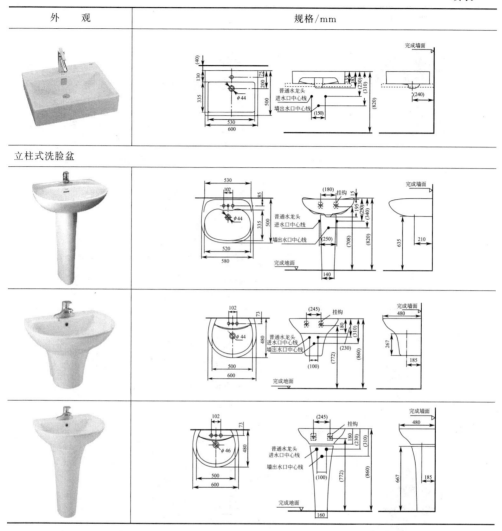 | |

立柱式洗脸盆

### 7.4.5 浴缸常见型号和规格（表 7.5）

表 7.5 浴缸

| 外 形 | 规格/mm |
|---|---|
| 圆形/半圆形浴缸 | |

| 外　观 | 规格/mm |
|---|---|
| 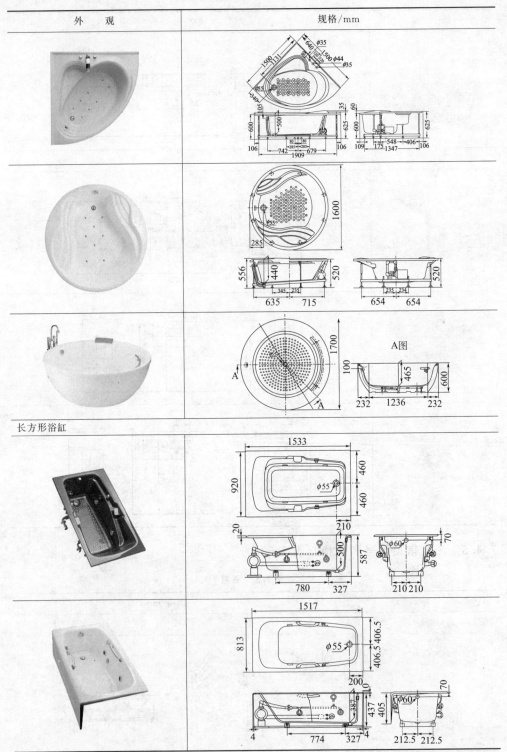 | |
| 长方形浴缸 | |

| 外 观 | 规格/mm |
| --- | --- |
| 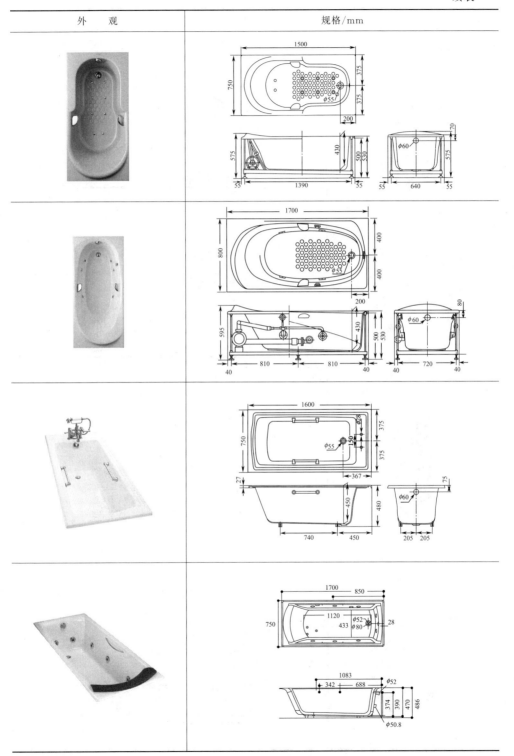 | |

续表

| 外　　观 | 规格/mm |
|---|---|

其他形状浴缸

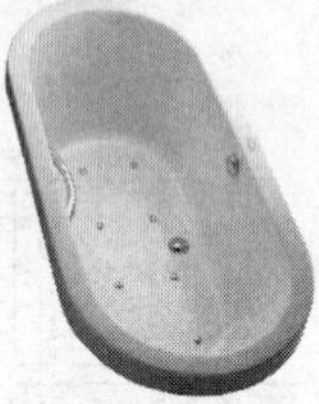

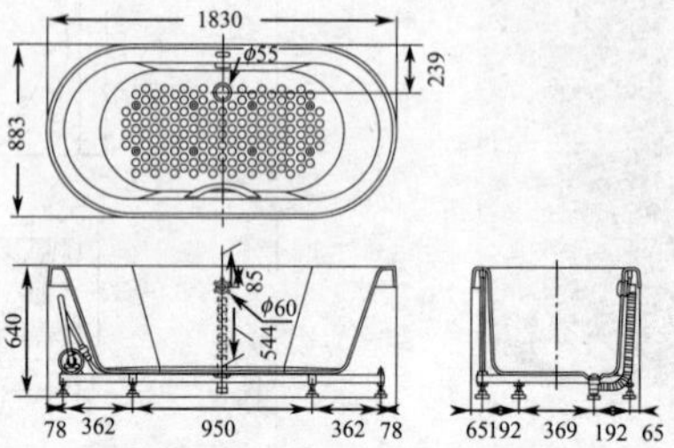

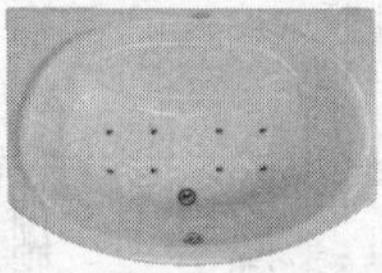

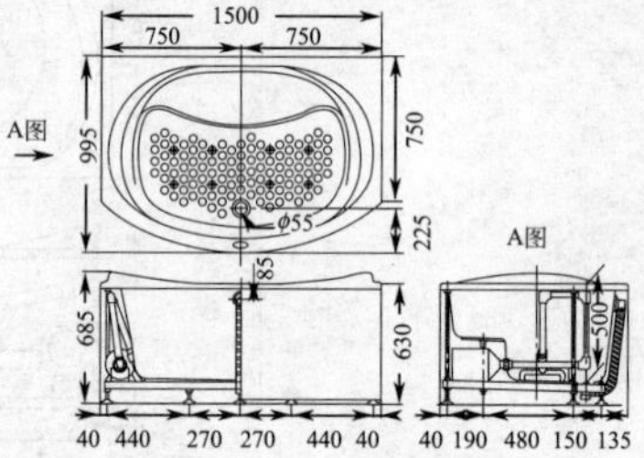

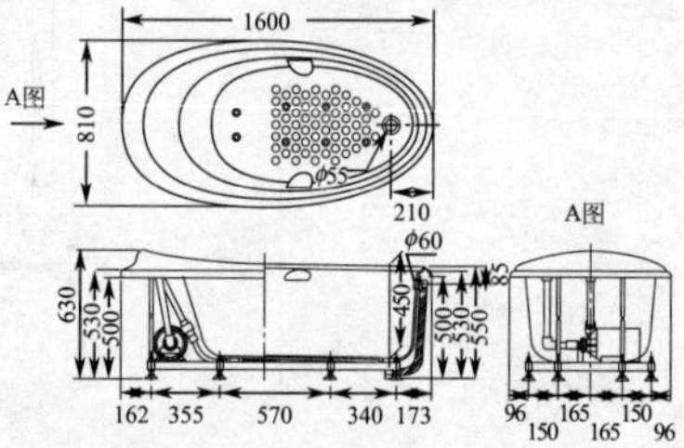

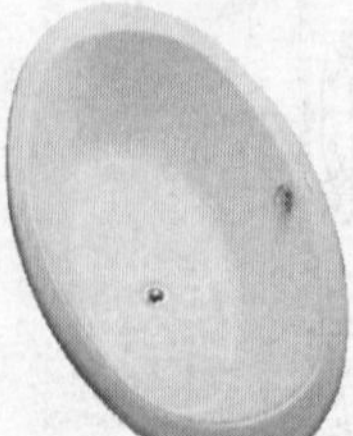

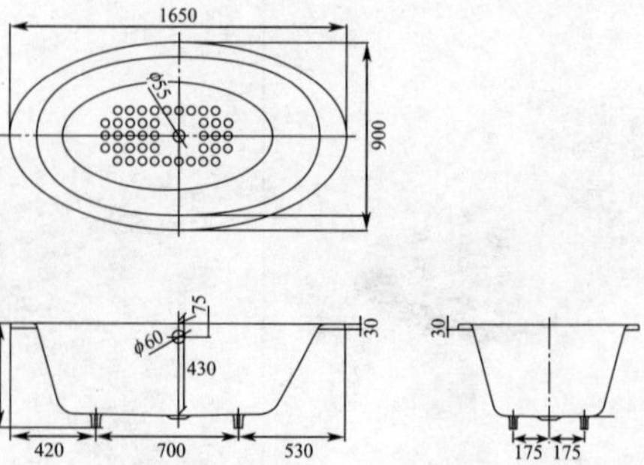

续表

| 外　观 | 规格/mm |
| --- | --- |
| 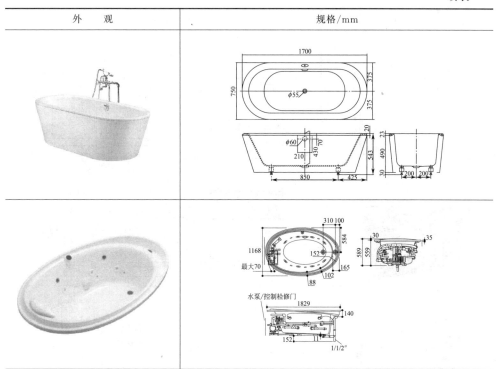 | |

### 7.4.6　洗脸化妆台常见型号和规格（表 7.6）

**表 7.6　洗脸化妆台**

| 外　形 | 规格/mm |
| --- | --- |
| 梳洗台 | |

续表

| 外　观 | 规格/mm |
|---|---|
| 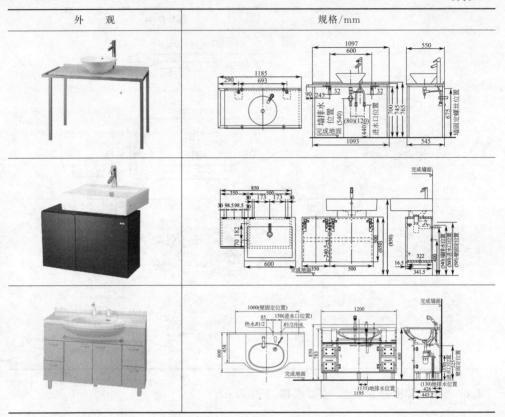 | |

### 7.4.7　淋浴配套器具常见型号和规格（表7.7）

表7.7　淋浴配套器具

| 外　形 | 规格/mm |
|---|---|
| 玻璃杯架 | |

| 外 观 | 规格/mm |
|---|---|

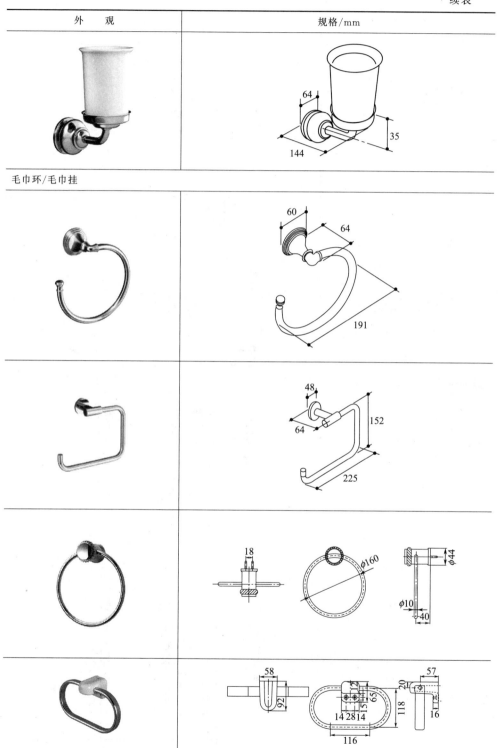

毛巾环/毛巾挂

| 外　观 | 规格/mm |
|---|---|
| 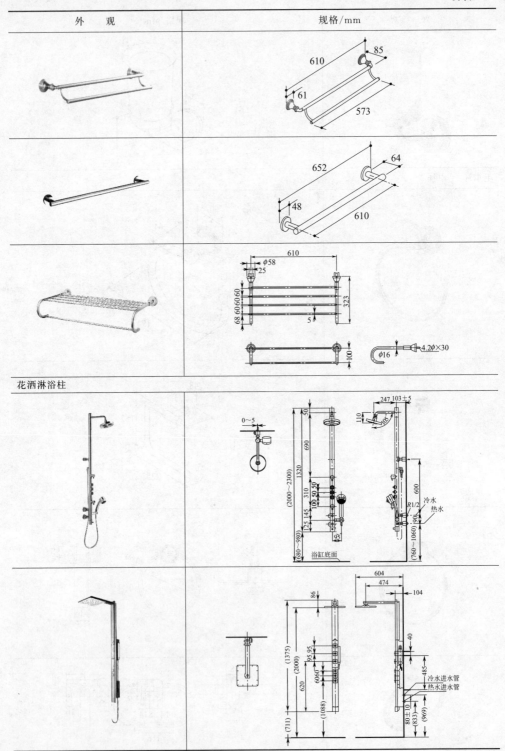 | |

花洒淋浴柱

续表

| 外　观 | 规格/mm |
|---|---|
| 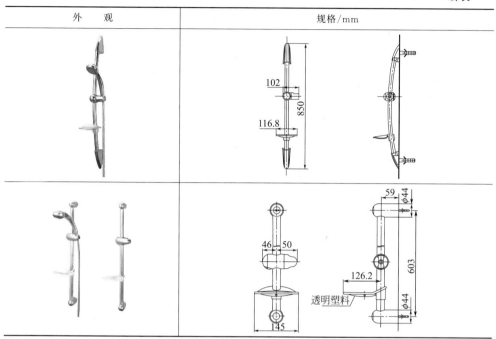 | |

## 7.4.8　电热水器常见型号和规格（表 7.8）

### 表 7.8　电热水器

壁挂式

| | 外形尺寸 | | | | |
|---|---|---|---|---|---|
| | Φ380×655 | Φ380×771 | Φ380×875 | Φ430×898 | Φ430×1058 |
| | 额定容量 | | | | |
| | 40L | 50L | 60L | 80L | 100L |
| | 外形尺寸 | | | | |
| | 353×674 | 353×810 | 450×702 | 450×785 | 450×937 |
| | 额定容量 | | | | |
| | 40L | 55L | 60L | 80L | 100L |
| | 外形尺寸 | | | | |
| | 350×800 | 350×950 | 465×950 | 465×1005 | 465×1105 |
| | 额定容量 | | | | |
| | 40L | 50L | 60L | 80L | 100L |
| | 外形尺寸 | | | | |
| | 365×753 | 365×892 | 470×790 | 470×892 | 470×943 |
| | 额定容量 | | | | |
| | 40L | 50L | 60L | 80L | 100L |

续表

立式

| | 外形尺寸 | | | | |
|---|---|---|---|---|---|
| | Φ337×635 | Φ425×737mm | Φ526×842mm | Φ580×900 | Φ650×1080 |
| | 额定容量 | | | | |
| | 40L | 50L | 60L | 80L | 100L |
| | 外形尺寸 | | | | |
| | Φ900×464 | Φ1060×464 | Φ1210×464 | Φ1440×464 | Φ1818×464 |
| | 额定容量 | | | | |
| | 80L | 100L | 120L | 150L | 200L |
| | 外形尺寸 | | | | |
| | 360×840 | 360×980 | 460×1020 | 460×1200 | 460×1450 |
| | 额定容量 | | | | |
| | 40L | 50L | 60L | 80L | 100L |

小容量

| 外形 | | | | |
|---|---|---|---|---|
| 规格 | 470×350×250 | 550×400×320 | Φ350×407×312 | Φ414×481×374 |
| 容量 | 6.5L | 8L | 15L | 30L |
| 外形 | | | | |
| 规格 | 270×350×240 | 270×350×240 | 320×450 | 450×380 |
| 容量 | 6.5L | 9L | 8L | 10L |

注：电热水器规格尺寸为直径×长度，单位为毫米（mm）。

## 7.4.9　浴霸常见型号和规格（表7.9）

表7.9　浴霸

| | | | |
|---|---|---|---|
| 外形 | | | |
| 规格 | 机体尺寸:350×350×220<br>开孔尺寸:300×300 | 机体尺寸:460×320×250<br>开孔尺寸:400×275 | 机体尺寸:410×340×220<br>开孔尺寸:300×300 |
| 外形 | | | |
| 规格 | 机体尺寸:370×390×190<br>开孔尺寸:300×300 | 机体尺寸:460×380×200<br>开孔尺寸:400×302 | 机体尺寸:480×345×250<br>开孔尺寸:305×395 |
| 外形 | | | |
| 规格 | 机体尺寸:450×350×250<br>开孔尺寸:400×300 | 机体尺寸:420×410×220<br>开孔尺寸:300×300 | 机体尺寸:460×410×240<br>开孔尺寸:400×320 |
| 外形 | | | |
| 规格 | 机体尺寸:450×390×240<br>开孔尺寸:400×330 | 机体尺寸:470×430×240<br>开孔尺寸:400×330 | 机体尺寸:390×410×240<br>开孔尺寸:300×300 |
| 外形 | | | | |
| 规格 | 机体尺寸:490×440×250<br>开孔尺寸:350×350 | | 机体尺寸:460×450×240<br>开孔尺寸:350×350 | |

| 外形 | | |
|---|---|---|
| 规格 | 机体尺寸:490×450×250<br>开孔尺寸:400×350 | 机体尺寸:390×300×250<br>开孔尺寸:300×200 |

注:浴霸规格尺寸为高度×宽度×厚度,单位为毫米(mm)。

### 7.4.10 卫生间水龙头常见型号和规格(表7.10)

表 7.10 卫生间水龙头     mm

| 外观 | | | |
|---|---|---|---|
| 规格 | $H=238$ | $L=110$ | $H=210$ |
| 外观 | | | |
| 规格 | $H=130$ | | |
| 外观 | | | |
| 规格 | $H=180$ | $H=170$ | $H=120$ |
| 外观 | | | |
| 规格 | $H=290$ | | |
| 外观 | | | |
| 规格 | $H=100$ | $H=258$ | $H=159$ |
| 外观 | | | |
| 规格 | $H=126$ | | |
| 外观 | | | |
| 规格 | $H=120$ | $H=250$ | $H=136$ |

## 7.4.11 整体浴室常见型号和规格（表7.11）

表7.11 整体浴室

| 外 观 | 规 格 | 外 观 | 规 格 |
|---|---|---|---|
| | 1000×1000×2200<br> | | 900×900×2200<br> |
| | 1650×1200×2150<br> | | 1200×800×2140（桑拿房）<br> |
| | 1130×900×2185<br> | | 1520×860×2200<br> |
| | 1220×810×2230<br> | | 1480×1480×2200<br> |
| | 990×990×2200<br> | | 950×950×2220<br> |

注：整体浴室规格尺寸为高度×宽度×厚度，单位为毫米（mm）。

## 7.4.12 清洁卫生配套器具常见型号和规格（表 7.12）

表 7.12 清洁卫生配套器具

| 外 观 | 规格/mm |
|---|---|
| 卷纸器 | |

续表

| 外　观 | 规格/mm |
|---|---|
| 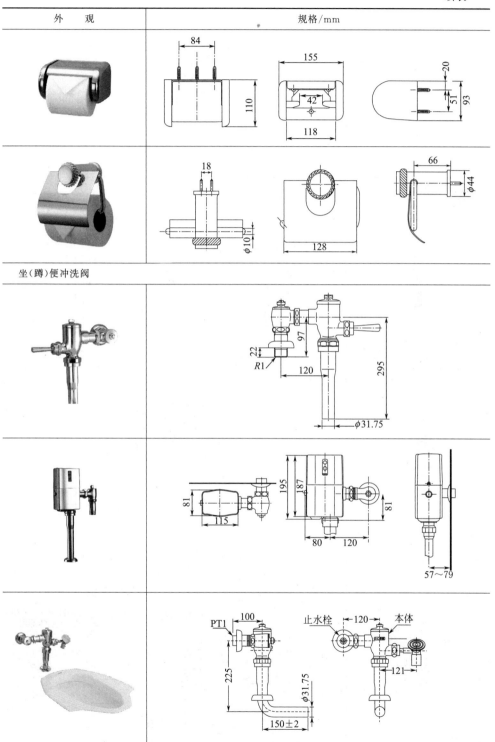 | |

坐（蹲）便冲洗阀

续表

| 外　观 | 规格/mm |
|---|---|

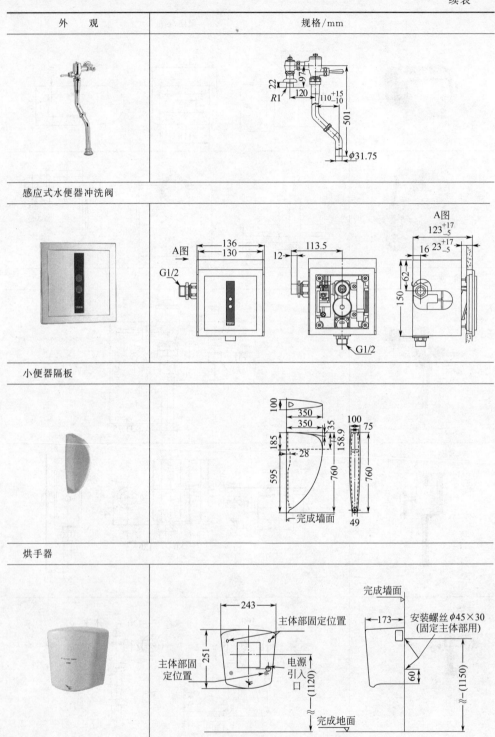

感应式水便器冲洗阀

小便器隔板

烘手器

续表

| 外 观 | 规格/mm |
|---|---|

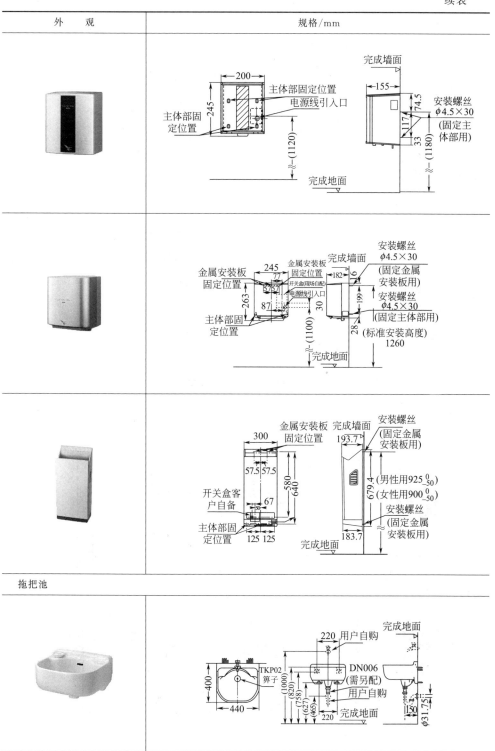

拖把池

| 外　观 | 规格/mm |
|---|---|

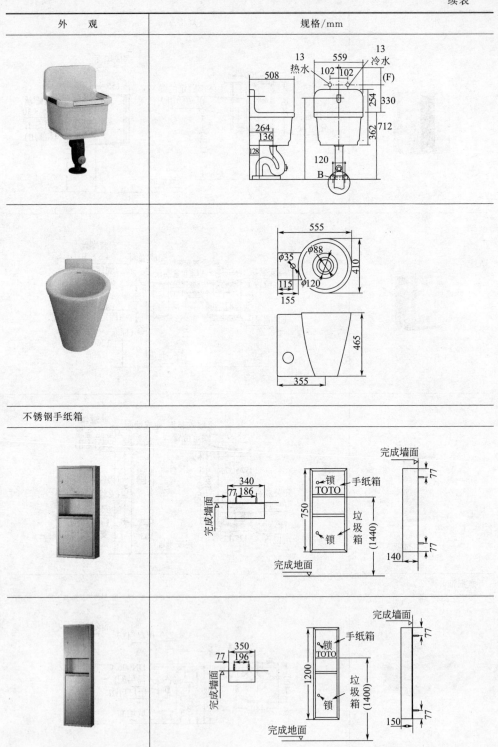

不锈钢手纸箱

## 7.4.13　卫浴整体家具常见型号和规格（表 7.13）

表 7.13　卫浴整体家具　　　　　　　　　　　mm

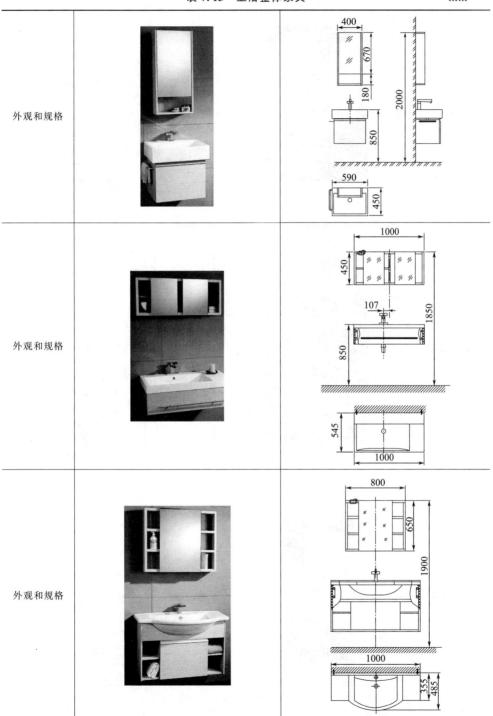

| 外观和规格 | |
| --- | --- |
| 外观和规格 | |
| 外观和规格 | |

| 外观和规格 | 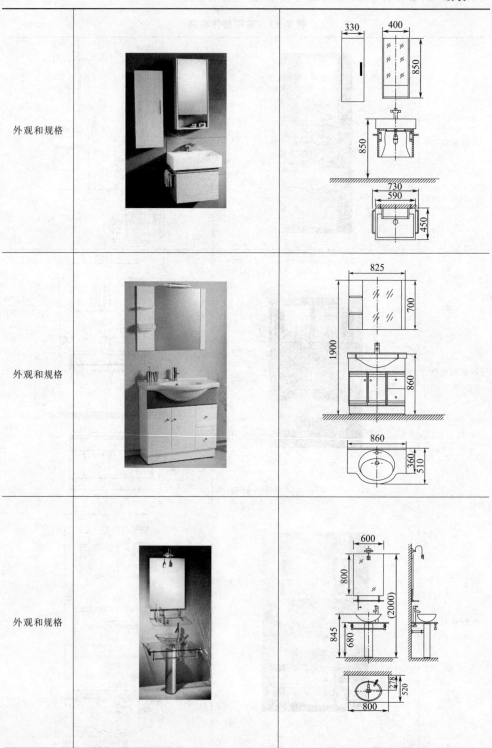 |
|---|---|
| 外观和规格 | |
| 外观和规格 | |

续表

| 外观和规格 | 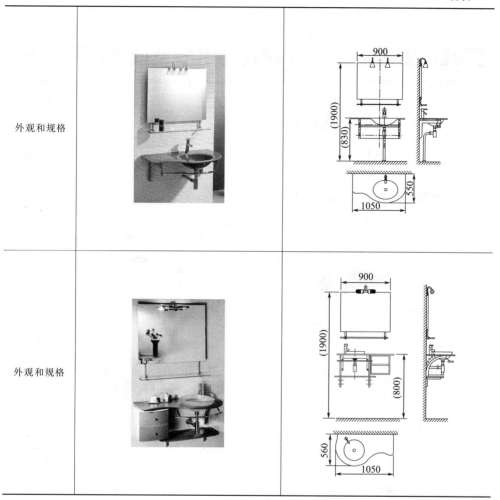 |
| --- | --- |
| 外观和规格 | |

# 第8章 室内常见办公家具、电器及照明灯具规格

## 8.1 常见办公家具规格尺度

本章所列办公家具外形和规格尺寸和样式，仅作为室内装饰设计的学习参考资料。

### 8.1.1 常见办公桌和会议桌（表 8.1）

表 8.1 常见办公桌和会议桌

| | | |
|---|---|---|
| 外形 | | |
| 规格 | 办公桌 1800×1800×750 | 办公桌 1800×1800×750 |
| 外形 | | |
| 规格 | 办公桌 800×1800×750 | 办公桌 800×1800×750 |
| 外形 | | |
| 规格 | 会议桌 1800×900×750 | 会议桌 1800×900×750 |
| 外形 | | |
| 规格 | 办公桌 1800×1800×740 | 小会议桌 φ900 |
| 外形 | | |
| 规格 | 会议桌 2200×1100×740 | 会议桌 2200×1200×730 |

续表

| 外形 | | |
|---|---|---|
| 规格 | 办公桌 1400×700×740 | 会议桌 6900×1400×740 |
| 外形 | | |
| 规格 | 办公桌主桌:1600×700×740<br>办公桌侧桌:1000×450×700 | 办公桌主桌:1400×700×740<br>办公桌侧桌:1000×450×700 |
| 外形 | | |
| 规格 | 会议桌 1600×800×750 | 办公桌 1600×800×750 |
| 外形 | | |
| 规格 | 办公桌 2000×1960×750 | 办公桌 2300×2050×750 |
| 外形 | | |
| 规格 | 会议桌 2400×1800×750 | 会议桌 1970×2000×750 |
| 外形 | | |
| 规格 | 前台 2800×1260×950 | 前台 3000×1560×1050 |

注：办公家具的规格尺寸为长度×宽度×高度，单位为 mm。

## 8.1.2 常见职员办公矮隔间（表8.2）

表 8.2 职员办公矮隔间

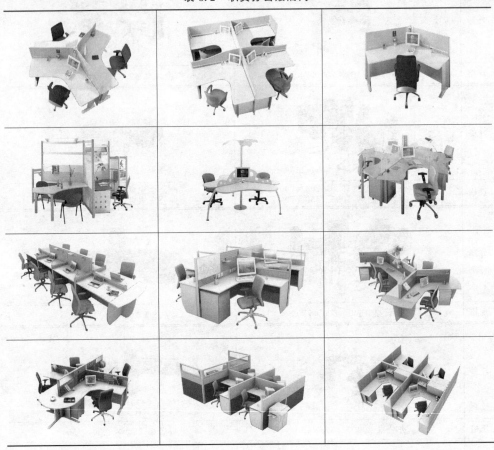

## 8.1.3 常见办公沙发和椅子（表8.3）

表 8.3 办公沙发和椅子

## 8.2　常见电器设备规格尺度

本章所列电器设备规格尺寸和样式，仅作为室内装饰设计的学习参考资料。

### 8.2.1　常见洗衣机规格尺度（表8.4，表8.5）

**表8.4　常见滚筒洗衣机规格尺度**

| 外形 | | | |
|---|---|---|---|
| 规格 | 850×595×535 | 850×595×398 | 850×590×595 |
| 洗涤容量 | 5.0kg | 5.2kg | 6.0kg |
| 外形 | | | |
| 规格 | 850×600×490 | 800×602×565 | 850×520×595 |
| 洗涤容量 | 5.0kg | 6.0kg | 5.5kg |
| 外形 | | | |
| 规格 | 850×600×610 | 850×600×560 | 880×549×537 |
| 洗涤容量 | 6.5kg | 5.2kg | 5.2kg |

注：滚筒洗衣机的规格尺寸为高度×长度×深度，单位：mm。

## 表 8.5　常见波轮洗衣机规格尺度

### 全自动波轮洗衣机

| 外形 | | | | |
|---|---|---|---|---|
| 规格 | 520×530×890 | 327×340×520 | 560×630×890 | 447×438×760 |
| 洗涤容量 | 5.0kg | 4.8kg | 6.0kg | 3.3kg |
| 外形 | | | | |
| 规格 | 510×530×915 | 520×540×956 | 550×640×962 | 610×675×1070 |
| 洗涤容量 | 6.0kg | 5.0kg | 7.0kg | 8.0kg |
| 外形 | | | | |
| 规格 | 520×530×890 | 540×540×920 | 520×530×890 | 500×510×888 |
| 洗涤容量 | 6.0kg | 6.0kg | 5.2kg | 4.5kg |

### 双桶波轮洗衣机

| 外形 | | | |
|---|---|---|---|
| 规格 | 786×455×945 | 760×430×860 | 810×480×950 |
| 洗涤容量 | 8.0kg | 6.5kg | 8.0kg |
| 外形 | | | |
| 规格 | 740×430×890 | 740×438×885 | 740×438×885 |
| 洗涤容量 | 6.0kg | 6.6kg | 6.5kg |

续表

| 烘干机 | |
| --- | --- |
| 外形 | 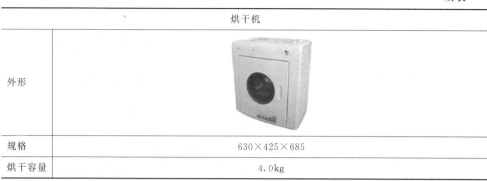 |
| 规格 | 630×425×685 |
| 烘干容量 | 4.0kg |

注：波轮洗衣机的规格尺寸为高度×长度×深度，单位：mm。

## 8.2.2　常见电冰箱规格尺度（表8.6）

表8.6　常见电冰箱规格尺度

| 外形 | | | | |
| --- | --- | --- | --- | --- |
| 容积 | 117L | 130L | 172L | 258L |
| 规格 | 550×500×865 | 535×475×1159 | 620×555×1475 | 646×661×1785 |
| 外形 | | | | |
| 容积 | 500L | 520L | 521L | 586L |
| 规格 | 736×890×1770 | 736×890×1770 | 772×890×1770 | 770×910×1770 |
| 外形 | | | |
| 容积 | 192L | | 215L |
| 规格 | 620×555×1557 | | 620×555×1681 |

续表

| | | | |
|---|---|---|---|
| 外形 | | | |
| 容积 | 212L | | 248L |
| 规格 | 620×555×1681 | | 625×565×1775 |
| 外形 | | | |
| 容积 | 248L | | 239L |
| 规格 | 625×565×1775 | | 638×595×1766 |
| 外形 | | | |
| 容积 | 301L | | 586 |
| 规格 | 650×635×1710 | | 780×910×1770 |
| 外形 | | | |
| 容积 | 280L | | 416L |
| 规格 | 600×790×1765 | | 630×790×1800 |

续表

| 外形 | 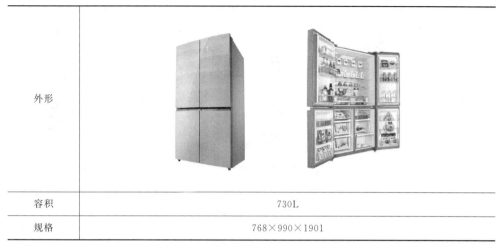 |
|---|---|
| 容积 | 730L |
| 规格 | 768×990×1901 |

注：电冰箱的规格尺寸为宽度×深度×高度，单位：mm。

## 8.2.3 常见空调机规格尺度

**表8.7 常见空调规格尺度**

| 柜式空调机 | | | |
|---|---|---|---|
| 外形 | | | |
| 适用面积 | 23～34 | 23～34 | 23～37 | 23～37 |
| 规格 | 460×285×1580 | 500×295×1775 | 500×250×1685 | 500×260×1760 |
| 外形 | | | |
| 适用面积 | 24～38 | 25～40 | 28～40 | 28～48 |
| 规格 | 500×288×1820 | 480×290×1750 | 500×287×1775 | 510×288×1793 |

续表

| 外形 | | | | |
|---|---|---|---|---|
| 适用面积 | 28～48 | 40～47 | | 54～81 |
| 规格 | 500×268×1750 | 500×285×1775 | | 540×350×1750 |

| 分体式空调机 | | | | |
|---|---|---|---|---|
| 外形 | | | | |
| 适用面积 | 11～17 | 12～17 | 12～17 | 13～20 |
| 规格 | 795×176×265 | 791×186×291 | 780×185×245 | 860×165×285 |
| 外形 | | | | |
| 适用面积 | 13～20 | 13～22 | 16～26 | 28～46 |
| 规格 | 900×200×308 | 860×250×285 | 918×186×291 | 870×235×305 |

注：空调的规格尺寸为宽度×深度×高度，单位为 mm；面积单位为 m²。

## 8.2.4 常见电视机规格尺度

表8.8 常见电视机规格尺度

| 液晶电视及网络电视 | | | | |
|---|---|---|---|---|
| 外形 | | | | |
| 屏幕尺寸 | 19 | 26 | 32 | 32 |
| 规格 | 522×195×422 | 679×246×525 | 含底座尺寸：<br>731.8×490×192<br>单屏尺寸：<br>731.8×440×88 | 含底座尺寸：<br>730×178×469<br>单屏尺寸：<br>730×68×434 |

| 外形 | | | | |
|---|---|---|---|---|
| 屏幕尺寸 | 39 | 39 | 40 | 40 |
| 规格 | 含底座尺寸：<br>884.3×565.8×172<br>单屏尺寸：<br>884.3×513.9×75.2 | 含底座尺寸：<br>894×562×180<br>单屏尺寸：<br>894×519×73 | 含底座尺寸：<br>912.6×581.3×220<br>单屏尺寸：<br>912.6×525×38.5 | 含底座尺寸：<br>936×614×244<br>单屏尺寸：<br>936×569×90 |
| 外形 | | | | |
| 屏幕尺寸 | 42 | 43 | 48 | 49 |
| 规格 | 含底座尺寸：<br>948×593×200<br>单屏尺寸：<br>948×554×69.2 | 含底座尺寸：<br>969×607×192<br>单屏尺寸：<br>969×563×87 | 含底座尺寸：<br>1076.1×683.8×310.5<br>单屏尺寸：<br>1076.1×624.4×67.1 | 含底座尺寸：<br>1103×689×248<br>单屏尺寸：<br>1103×640×86 |
| 外形 | | | | |
| 屏幕尺寸 | 50 | 55 | 58 | 60 |
| 规格 | 含底座尺寸：<br>1124×702×247<br>单屏尺寸：<br>1124×649×82 | 含底座尺寸：<br>1231.6×781.3×46<br>单屏尺寸：<br>1234.6×721.3×46 | 含底座尺寸：<br>1297×809×268<br>单屏尺寸：<br>1297×649×82 | 含底座尺寸：<br>1345.8×849×244<br>单屏尺寸：<br>1345.8×779×36.6 |
| 外形 | | | | |
| 屏幕尺寸 | 60 | 65 | 65 | 75 |
| 规格 | 含底座尺寸：<br>1342.5×833×291<br>单屏尺寸：<br>1342.5×792×41 | 含底座尺寸：<br>1460.3×895.1×335.4<br>单屏尺寸：<br>1460.3×845.8×131.1 | 含底座尺寸：<br>1000.2×897.4×292.9<br>单屏尺寸：<br>1457.9×849.3×89.5 | 含底座尺寸：<br>1685×1037×323<br>单屏尺寸：<br>1685×973×84 |

| 外形 | | | | |
|---|---|---|---|---|
| 屏幕尺寸 | 75 | 85 | 90 | 100 |
| 规格 | 含底座尺寸：<br>1677×1026×286<br>单屏尺寸：<br>1677×969×49 | 含底座尺寸：<br>1903×1149×365<br>单屏尺寸：<br>1903×1090×69 | 含底座尺寸：<br>2054×1185×445<br>单屏尺寸：<br>2054×1121×116 | 含底座尺寸：<br>2504×1568×345<br>单屏尺寸：<br>2504×1488×134 |

**纯平电视**

| 外形 | | | | |
|---|---|---|---|---|
| 屏幕尺寸 | 21 | 21 | 21 | 29 |
| 规格 | 615×330×453 | 594×327×461 | 640×500×500 | 746×546×589 |
| 外形 | | | | |
| 屏幕尺寸 | 29 | 29 | 34 | |
| 规格 | 807×572×504 | 800×444×596.5 | 811×696×547 | |

**等离子电视**

| 外形 | | | | |
|---|---|---|---|---|
| 屏幕尺寸 | 32 | 42 | 42 | 42 |
| 规格 | 794×220×495 | 1020×705×95 | 1020×610×89 | 1134×648×109 |
| 外形 | | | | |
| 屏幕尺寸 | 50 | 50 | 50 | 50 |
| 规格 | 1302.6×872×355.8 | 1210×724×95 | 1240×398×893 | 1253×745×99.5 |
| 外形 | | | | |
| 屏幕尺寸 | 55 | 63 | 65 | 84 |
| 规格 | 1510×840×120 | 1503.4×893.8×99 | 1554×925×99 | 1972×1167×142 |

续表

| 数字电视 | | | |
|---|---|---|---|
| 外形 | | | |
| 屏幕尺寸 | 28 | 29 | |
| 规格 | 830×525×598 | 830×525×598 | |

| 背投电视 | | | |
|---|---|---|---|
| 外形 | | | | |
| 屏幕尺寸 | 42 | 43 | 43 | 44 |
| 规格 | 1274×766×320 | 940×1200×450 | 932×1255×470 | 1210×724×98 |
| 外形 | | | | |
| 屏幕尺寸 | 46 | 47 | 50 | 52 |
| 规格 | 1040×1060×450 | 1222×1222×485 | 1069×1237×656 | 1124×1400×530 |

注：未注明的电视机规格尺寸为宽度×高度×深度，单位为 mm；屏幕尺寸单位为英寸。

## 8.2.5　常见 DVD 机及电视盒子机规格尺度（表 8.9）

表 8.9　常见 DVD 机及电视盒子机规格尺度

| 外形 | | | |
|---|---|---|---|
| 规格 | 420×225×33 | 400×240×33 | 360×240×33 |
| 外形 | | | |
| 规格 | 400×240×33 | 400×240×33 | 360×240×32 |
| 外形 | | | |
| 规格 | 420×235×35 | 450×225×35 | 430×250×35 |

注：DVD 机的规格尺寸为宽度×深度×厚度，单位为 mm。

## 8.2.6 常见吸尘器规格尺度

表 8.10 常见吸尘器规格尺度

| 桶式吸尘器 | | |
|---|---|---|
| 外形 | | |
| 规格 | 340×200×200 | 356×228×260 | 300×270×230 |
| 最大容尘器/L | 3.0 | 1.5 | 2.0 |
| 外形 | | |
| 规格 | 340×265×216 | 340×252×260 | 360×252×260 |
| 最大容尘器/L | 2.0 | 3.0 | 3.5 |

| 卧式吸尘器 | | |
|---|---|---|
| 外形 | | |
| 规格 | 1025×255×215 | 468×300×316 | 356×228×260 |
| 最大容尘器/L | 1.0 | 2.0 | 1.5 |
| 外形 | | |
| 规格 | 405×300×255 | 300×270×230 | 324×220×263 |
| 最大容尘器/L | 2.0 | 2.0 | 2.0 |

| 便携式吸尘器 | | |
|---|---|---|
| 外形 | | |
| 规格 | 245×175×150 | 285×135×175 | |
| 最大容尘器/L | 1.5 | 1.2 | |

注：吸尘器的规格尺寸为长度×宽度×高度，单位为 mm。

## 8.3　常见室内照明灯具形式

本章所列室内照明灯具规格和样式，仅作为室内装饰设计的学习参考资料。

### 8.3.1　常见吸顶灯形式

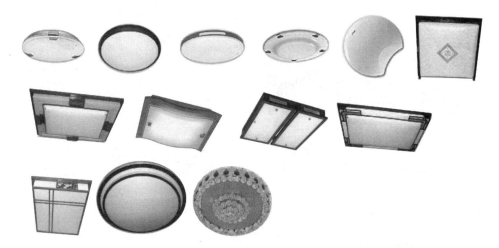

### 8.3.2　常见台灯形式

### 8.3.3　常见落地灯形式

### 8.3.4 常见吊灯形式

### 8.3.5　常见壁灯形式

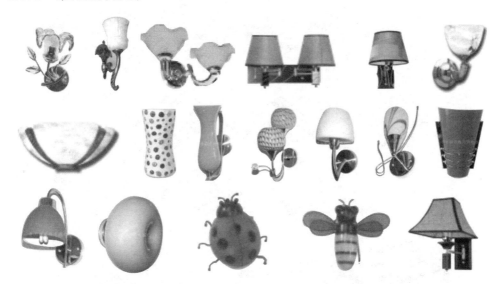

### 8.3.6　常见筒灯形式

### 8.3.7 常见格栅灯形式

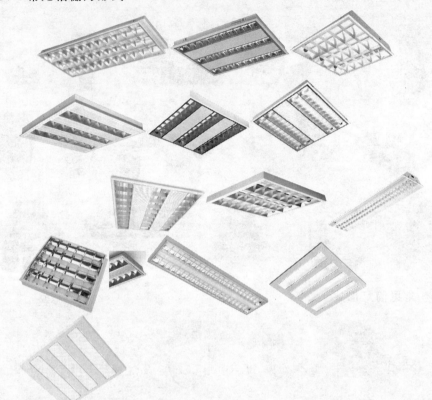

### 8.3.8 常见射灯形式

# 第9章 室内空间绿化植物装饰

## 9.1 室内植物共同基本特性简述

室内的植物选择是双向的，一方面，对室内来说，是选择什么样的植物较为合适；另一方面，对植物来说，应该有什么样的室内环境才能适合生长。因此，在设计之初，就应该和其他功能一样，进行绿化植物布置规划。如图9.1所示是室内常见布置的绿化植物。

(a) 凤尾竹　　　　(b) 蝴蝶兰　　　　(c) 发财树　　　　(d) 滴水观音　　　　(e) 文竹

图9.1　部分常见室内绿化植物

大部分的室内植物，原产南美洲低纬度区、非洲南部和东南亚的热带丛林地区，适应于温暖湿润的半荫或荫蔽的环境下生长，部分植物生长于高原地区，多数植物抗寒和耐高温的性能比较差。当然，像适应于热带沙漠环境的仙人掌类，有极强的耐干旱性。

### 9.1.1　对光照和温度等的要求

不同的植物品类，对光照、温湿度的要求均有差别。一般说来，生长适宜温度为15～34℃，理想生长温度为22～28℃，在日间温度约29.4℃，夜间约15.5℃，对大多数植物最为合适。夏季室内温度不宜超34℃，冬季不宜低于6℃。

室内植物，特别是气生性的附生植物、蕨类等对空气的湿度要求更高。控制室内湿度是最困难的问题，一般采取在植物叶上喷水雾的办法来增加湿度，并应控制使不致形成水滴滴在土上。喷雾时间最好是在早上和午前，因午后和晚间喷雾易使植物产生霉菌而生病害。此外，也可以把植物花盆放在满铺卵石并盛满水的盘中，但不应使水接触花盆盆底。

植物对光照的需要，一般属于相对较低的光照度，约为215～750lx，大多数要求在750～2150lx，即相当于离窗前有一定距离的照度。超过2150lx以上，则为高照度要求，要达到这个照度，则需把植物放在近窗或用荧光灯进行照明。一般说来，观花植物比观叶植物需要更多的光照。

### 9.1.2 对水分和土壤等的要求

植物要求有利于保水、保肥、排水和透气性好的土壤，并按不同品类，要求有一定的酸碱度。大多数植物性喜微酸性或中性，因此常常用不同的土质，经灭菌后，混合配制，如沙土、泥土、沼泥、腐质土、泥炭土以及蛭石、珍珠岩等。

植物在生长期及高温季节，应经常浇水，但应避免水分过多，并选择不上釉的容器。

植物肥料主要是氮，能促进枝叶茂盛；磷，有促进花色鲜艳果实肥大等作用；钾，可促进根系健壮，茎干粗壮挺拔。春夏多施肥，秋季少施，冬季停施。

## 9.2 室内植物对室内环境的作用及影响

### 9.2.1 吸收甲醛和苯的常见植物

芦荟、吊兰、虎尾兰、一叶兰、龟背竹等，是天然的室内空气清道夫。有关研究表明，芦荟、虎尾兰和吊兰等植物，其吸收室内有害气体甲醛的能力超强。此外，常春藤清除甲醛和苯最有效。

### 9.2.2 吸收二氧化碳的常见植物

虎皮兰、虎尾兰、龙舌兰以及褐毛掌、矮兰伽蓝菜、条纹伽蓝菜、肥厚景天、栽培凤梨等，这些植物能在夜间净化空气。10平方米的室内，若有两盆这类植物，如凤梨，就能吸尽一个人在夜间排出的二氧化碳。

仙人掌、令箭荷花、仙人指、量天尺、昙花等，这些植物能增加负离子。当室内有电视机或电脑启动的时候，负氧离子会迅速减少。而这些植物的肉质茎上的气孔白天关闭，夜间打开，在吸收二氧化碳的同时，放出氧气，使室内空气中的负离子浓度增加。

### 9.2.3 具有杀菌功能的常见植物

① 玫瑰、桂花、紫罗兰、茉莉、柠檬、蔷薇、石竹、铃兰、紫薇等，这些芳香花卉产生的挥发性油类具有显著的杀菌作用。

② 紫薇、茉莉、柠檬等植物，5分钟内就可以杀死原生菌，如白喉菌和痢疾菌等。

③ 茉莉、蔷薇、石竹、铃兰、紫罗兰、玫瑰、桂花等植物散发出的香味对结核杆菌、肺炎球菌、葡萄球菌的生长繁殖具有明显的抑制作用。

### 9.2.4 吸收其他有害物质的常见植物

常青铁树、菊花、金橘、石榴、紫茉莉、半支莲、月季、山茶、米兰、雏菊、腊梅、万寿菊等，这些植物可吸收家中电器、塑料制品等散发的有害气体。

去除氨气，表现最出色的是黄金葛。

紫菀属、黄耆、含烟草、黄耆属和鸡冠花等一类植物，能吸收大量的铀等放射性核素。

常青藤、月季、蔷薇、芦荟和万年青等可有效清除室内的三氯乙烯、硫化氢、苯、苯酚、氟化氢和乙醚等。

#### 9.2.5 一些植物对人体的其他影响

兰花、桂花、腊梅、花叶芋、红北桂等，这些植物纤毛能吸收空气中的飘浮微粒及烟尘。丁香、茉莉、玫瑰、紫罗兰、田菊、薄荷等，这些植物可使人放松，有利于睡眠。此外，过于浓艳刺目、有异味或香味过浓的植物，都不宜在室内放置。

① 夹竹桃、黄花夹竹桃、洋金花（曼陀罗花）。这些花草有毒，对人体健康不利。

② 夜来香香味对人的嗅觉有较强的刺激作用，夜晚还会排出大量废气，对人体不利。

③ 万年青茎叶含有哑棒酶和草酸钙，触及皮肤会奇痒，误食还会引起中毒。

④ 其他植物，如郁金香，含毒碱；含羞草，经常接触会引起毛发脱落；水仙花，接触花叶和花的汁液，可导致皮肤红肿。

## 9.3 室内常见植物种类及其特性简述

室内植物种类繁多，大小不一，形态各异。常用的室内观叶、观花植物包括如下所述的一些类型。

#### 9.3.1 常见木本植物

（1）印度橡胶树 喜温湿，耐寒，叶密厚而有光泽，终年常绿。树型高大，3℃以上可越冬，应置于室内明亮处。原产印度、马来西亚等地，现在我国南方已广泛栽培。

（2）垂榕 喜温湿，枝条柔软，叶互生，革质，卵状椭圆形，丛生常绿。自然分枝多，盆栽成灌木状，对光照要求不严，常年置于室内也能生长，5℃以上可越冬。原产印度，我国已有引种。

（3）蒲葵 常绿乔木，性喜温暖，耐阴，耐肥，干粗直，无分枝，叶硕大，呈扇形，叶前半部开裂，形似棕榈。我国广东、福建广泛栽培。

（4）假槟榔 喜温湿，耐阴，有一定耐寒抗旱性，树体高大，干直无分枝，叶呈羽状复叶。在我国广东、海南、福建、台湾广泛栽培。

（5）苏铁 名贵的盆栽观赏植物，喜温湿，耐阴，生长异常缓慢，茎高3米，需生长100年，株精壮、挺拔，叶簇生茎顶，羽状复叶，寿命在200年以上。原产我国南方，现各地均有栽培。

（6）诺福克南洋杉 喜阳耐旱，主干挺秀，枝条水平伸展，呈轮生，塔式树形，叶秀繁茂。室内宜放近窗明亮处。原产澳大利亚。

（7）三药槟榔 喜温湿，耐阴，丛生型小乔木，无分枝，羽状复叶。植株4年可达1.5～2.0m，最高可达6m以上。我国亚热带地区广泛栽培。

（8）棕竹 耐阴，耐湿，耐旱，耐瘠，株丛挺拔翠秀。原产我国和日本，现我国南方广泛栽培。

（9）金心香龙血树 喜温湿，干直，叶群生，呈披针形，绿色叶片，中央有金黄色宽纵条纹。宜置于室内明亮处，以保证叶色鲜艳，常截成树段种植，长根后上盆，独具风格。原产亚洲、非洲热带地区，5℃可越冬，我国已引种，普及。

（10）银线龙血树　喜温湿，耐阴，株低矮，叶群生，呈披针形，绿色叶片上分布几条白色纵纹。

（11）象脚丝兰　喜温，耐旱耐阴，圆柱形干茎，叶密集于茎干上，叶绿色呈披针形。截段种植培养。原产墨西哥、危地马拉地区，我国近年引种。

（12）山茶花　喜温湿，耐寒，常绿乔木，叶质厚亮，花有红、白、紫或复色。是我国传统的名花，花叶俱佳，备受人们喜爱。

（13）鹅掌木　常绿灌木，耐阴喜湿，多分枝，叶为掌状复叶，一般在室内光照下可正常生长。原产我国南部热带地区及日本等地。

（14）棕榈　常绿乔木，极耐寒、耐阴，圆柱形树干，叶簇生于茎顶，掌状深裂达中下部，花小黄色，根系浅而须根发达，寿命长，耐烟尘，抗二氧化硫及氟的污染，有吸收有害气体的能力。室内摆设时间，冬季可1～2个月轮换一次，夏季半个月就需要轮换一次。棕榈在我国分布很广。

（15）广玉兰　常绿乔木，喜光，喜温湿，半耐阴，叶长椭圆形，花白色，大而香。室内可放置1～2个月。

（16）海棠　落叶小乔木，喜阳，抗干旱，耐寒，叶互生，花簇生，花红色转粉红。品种有贴梗海棠、垂丝海棠、西府海棠、木瓜海棠，为我国传统名花。可制作成桩景、盆花等观花效果，宜置室内光线充足、空气新鲜之处。我国广泛栽种。

（17）桂花　常绿乔木，喜光，耐高温，叶有柄，对生，椭圆形，边缘有细锯齿，革质深绿色，花黄白或淡黄，花香四溢。树性强健，树龄长。我国各地普遍种植。

（18）栀子　常绿灌木，小乔木，喜光，喜温湿，不耐寒，吸硫，净化大气，叶对生或三枚轮生，花白香浓郁。宜置室内光线充足、空气新鲜处。我国中部、南部、长江流域均有分布。

### 9.3.2　常见草本植物

（1）龟背竹　多年生草本，喜温湿、半耐阴，耐寒耐低温，叶宽厚，羽裂形，叶脉间有椭圆形孔洞。在室内一般采光条件下可正常生长。原产墨西哥等地，现已很普及。

（2）海芋　多年生草本，喜湿耐阴，茎粗叶肥大，四季常绿。我国南方各地均有培植。

（3）金皇后　多年生草本，耐阴，耐湿，耐旱，叶呈披针形，绿叶面上嵌有黄绿色斑点。原产于热带非洲及菲律宾等地。

（4）银皇帝　多年生草本，耐湿，耐旱，耐阴，叶呈披针形，暗绿色叶面嵌有银灰色斑块。

（5）广东万年青　喜温湿，耐阴，叶卵圆形，暗绿色。原产我国广东等地。

（6）白掌　多年生草本，观花观叶植物，喜湿耐阴，叶柄长，叶色由白转绿，夏季抽出长茎，白色苞片，乳黄色花序。原产美洲热带地区，我国南方均有栽植。

（7）火鹤花　喜温湿，叶暗绿色，红色单花顶生，叶丽花美。原产中、南美洲。

（8）菠叶斑马　多年生草本观叶植物，喜光耐旱，绿色叶上有灰白色横纹斑，花红色，花茎有分枝。

（9）金边五彩　多年生观叶植物，喜温，耐湿，耐旱，叶厚亮，绿叶中央镶白色条纹，开花时茎部逐渐泛红。

（10）斑背剑花　喜光耐旱，叶长，叶面呈暗绿色，叶背有紫黑色横条纹，花茎绿色，由中心直立，红色似剑。原产南美洲的圭亚那。

（11）虎尾兰　多年生草本植物，喜温耐旱，叶片多肉质，纵向卷曲成半筒状，黄色边缘上有暗绿横条纹似虎尾巴，称金边虎尾兰。原产美洲热带，我国各地普遍栽植。

（12）文竹　多年生草本观叶植物，喜温湿，半耐阴，枝叶细柔，花白色，浆果球状，紫黑色。原产南非，现世界各地均有栽培。

（13）蟆叶秋海棠　多年生草本观叶植物，喜温耐湿，叶片茂密，有不同花纹图案。原产印度，我国已有栽培。

（14）非洲紫罗兰　草本观花观叶植物，与紫罗兰特征完全不同，株矮小，叶卵圆形，花有红、紫、白等色。我国已有栽培。

（15）白花呆竹草　草本悬垂植物，半耐阴，耐旱，茎半蔓性，叶肉质呈卵形，银白色，中央边缘为暗绿色，叶背紫色，开白花。原产墨西哥，我国近年已引种。

（16）水竹草　草本观叶植物，植株匍匐，绿色叶片上满布黄白色纵向条纹，吊挂观赏。

（17）兰花　多年生草本，喜温湿，耐寒，叶细长，花黄绿色，香味清香。品种繁多，为我国历史悠久的名花。

（18）吊兰　常绿缩根草本，喜温湿，叶基生，宽线形，花茎细长，花白色。品种多，原产非洲，现我国各地已广泛培植。

（19）水仙　多年生草本，喜温湿，半耐阴，秋种，冬长，春开花，花白色芳香。我国东南沿海地区及西南地区均有栽培。

（20）春羽　多年生常绿草本植物，喜温湿，耐阴，茎短，丛生，宽叶羽状分裂。在室内光线不过于微弱之地，均可盆养。原产巴西、巴拉圭等地。

### 9.3.3　常见藤本植物

（1）大叶蔓绿绒　蔓性观叶植物，喜温湿，耐阴，叶柄紫红色，节上长气生根，叶戟形，质厚绿色，攀缘观赏。原产美洲热带地区。

（2）黄金葛（绿萝）　蔓性观叶植物，耐阴，耐湿，耐旱，叶互生，长椭圆形，绿色上有黄斑，攀缘观赏。

（3）薜荔　常绿攀缘植物，喜光，贴壁生长。生长快，分枝多。我国已广泛栽培。

（4）绿串珠　蔓性观叶植物，喜温，耐阴，茎蔓柔软，绿色珠形叶，悬垂观赏。

### 9.3.4 常见肉质植物

（1）仙人掌　多年生肉质植物，喜光，耐旱，品种繁多，茎节有圆柱形、鞭形、球形、长圆形、扇形、蟹叶形等，千姿百态，造型独特，茎叶艳丽，在植物中别具一格。培植养护都很容易。原产墨西哥、阿根廷、巴西等地，我国已有少数品种。

（2）彩云阁　多肉类观叶植物，喜温，耐旱，茎干直立，斑纹美丽。宜近窗设置。

（3）长寿花　多年生肉质观花观叶植物，喜暖，耐旱，叶厚呈银灰色，花细密成簇形，花色有红、紫、黄等，花期甚长。原产马达加斯加，我国早有栽培。

## 9.4　室内绿化植物装饰布置方法

### 9.4.1 室内绿化布置基本原则

植物的绿色是生命与和平的象征，具有生命的活力，给人一种柔和安定的感觉。利用植物装饰房间已经是当今室内装饰设计不可缺少的素材，它不但可以使人们获得绿色的享受，而且由于价格便宜，品种多，更简便易行，已成为室内装饰中一项重要的内容。

（1）绿化点缀原则　根据居室面积和陈设空间的大小来选择绿化植物。客厅是家庭活动的中心，面积较大，宜在角落里或沙发旁边放置大型的植物，一般以大盆观叶植物为宜。而窗边可摆设四季花卉，或在壁面悬吊小型植物作装饰。门厅和其他房间面积较小，只宜放小型植物，或利用空间来悬吊植物作装饰。如图 9.2 所示为客厅不同绿化布置装饰效果。

图 9.2　客厅不同绿化布置

（2）最佳视觉原则　一般最佳的视觉效果，是在距地面约 2 米的视线位置，这个位置从任何角度看都有美好的视觉效果。在饭厅用餐时，椅子和坐的位置中视觉最容易集中的某一个点，便是最佳配置点。如图 9.3 所示为餐厅的不同绿化装饰布置效果。

若想集中配合几种植物来欣赏，就要从距离排列的位置来考虑，在前面的植

图 9.3 餐厅的不同绿化布置

物，以选择细叶而株小、颜色鲜明的为宜，而深入角落的植物，就应是大型且颜色深绿的。放置时应有一定的倾斜度，视觉效果才有美感。而盆吊植物的高度，尤其是以视线仰望的，其位置和悬挂方向一定要讲究，以直接靠墙壁的吊架、盆架置放小型植物效果最佳。

（3）空间层次原则 植物随意摆放，会使居室显得狭小。如果把植物按层次集中放置在居室的角落里，就会显得井井有条并具有深度感。处理方法是把最大的植物放在最深度的位置，矮的植物放在前面，或利用架台放置植物，使之变得更高，更有立体感。如图9.4、图9.5所示分别是不同空间的绿化布置效果和不同植物空间层次的绿化植物搭配布置效果。

图 9.4 不同空间的绿化布置

图 9.5 不同植物搭配布置

（4）与灯光互补原则 晚间用灯光照明显出奇特的构图及剪影效果，利用灯光反射出的逆光照明，可使居室变得较为宽阔。还有一种办法，就是利用镜子与植物的巧妙搭配，制造出梦幻、奇妙的空间感觉。花盆与花盆之间摆放不留空隙，就可变成花叶密集繁茂的花圃了，花卉根据季节变化和自己的喜好来更换。

### 9.4.2 室内植物选择基本原则

在选择室内植物时，一般应考虑以下几个方面因素对室内空间的影响。

（1）给室内创造怎样的气氛和印象　不同的植物形态、色泽、造型等都表现出不同的性格、情调和气氛，如庄重感、雄伟感、潇洒感、抒情感、华丽感、淡泊感、幽静感等，应和室内要求的气氛达到一致。

现代室内为引人注目的宽叶植物提供了理想的背景，而古典传统的室内可以与小叶植物更好地结合。不同的植物形态和不同室内风格有着密切的联系。

（2）根据空间的大小选择植物的尺度　一般把室内植物分为大、中、小三类：小型植物在0.30m以下；中型植物为0.30～1.0m；大型植物在1.0m以上。如图9.6所示为高度各异的植物类型。

图9.6　高度各异的植物类型

植物的大小应和室内空间尺度以及家具有良好的比例关系，小的植物并没有组成群体时，对大的开敞空间，影响不大，而茂盛的乔木会使一般房间变小，但对高大的中庭又能增强其雄伟的风格，有些乔木也可抑制其生长速度或采取树桩盆景的方式，使其能适于室内观赏。

（3）根据室内不同环境选择相应色彩的植物　鲜艳美丽的花叶，可为室内增色不少，植物的色彩选择应和整个室内色彩取得协调。

由于可选用的植物多种多样，对多种不同的叶形、色彩、大小应予以组织和简化，过多的对比会使室内显得凌乱。

（4）利用不占室内面积之处布置绿化　如利用柜架、壁龛、窗台、角隅、楼梯背部、外侧以及各种悬挂方式。如图9.7所示为室内植物不同悬挂布置方式。

图9.7　植物不同悬挂布置方式

（5）注意室内植物与室外环境的联系　如面向室外花园的开敞空间，被选择的植物应与室外植物取得协调。植物的容器、室内地面材料应与室外取得一致，使室内空间有扩大感和整体感。

（6）及时对植物进行养护　对植物进行养护包括修剪、绑扎、浇水、施肥。对悬挂植物更应注意采取相应供水的办法，避免冷气和穿堂风对植物的伤害，对观花植物予以更多的照顾。如图9.8所示为部分常用的植物护理工具。

图 9.8　部分植物护理工具

（7）考虑植物对人的影响　在选择植物时，应注意少数人对某种植物的过敏性影响因素。

（8）选择合适的植物容器　种植植物容器的选择，应按照花形选择其大小、质地，不宜突出花盆的釉彩，以免遮掩了植物本身的美。玻璃瓶养花，可利用化学烧瓶，简捷、大方、透明、耐用，适合于任何场所，并透过玻璃观赏到美丽的须根、卵石。如图 9.9 所示为不同的植物采用不同的花盆形式。

图 9.9　不同的植物采用不同的花盆

为了适应室内条件，应选择能忍受低光照、低湿度、耐高温的植物。一般说来，观花植物比观叶植物需要更多的细心照料。在室内选用植物时，应首先考虑如何更好地为室内植物创造良好的生长环境，如加强室内外空间联系，尽可能创造开敞和半开敞空间，提供更多的日照条件，采用多种自然采光方式，尽可能挖掘和开辟更多的地面或楼层的绿化种植面积，布置花园、增设阳台，选择在适当的墙面上悬置花槽等等，创造具有绿色空间特色的建筑体系。

### 9.4.3　室内不同空间细部植物摆放方法

从观赏的角度讲，室内绿化不外乎赏花、赏叶、赏果和散香四种，有的兼而有之。具体考虑时还要注意色彩与室内主调是否相配，植物的形态、气味是否合适，尺寸大小是否适宜等。

阳台光照好、通风好，可种一些观花为主的月季、石榴、菊花，也可选种观叶为主的松、柏、杉树。室外光照不够好的地方，可选种一些喜阳耐阴的植物，如铁树、万年青、黄杨、常春藤等，可以使这些地方绿叶葱郁、婀娜多姿。室内很少日照，应选种喜阴的植物，如龟背竹、棕竹、文竹、水竹、君子兰等。

① 小型或微型的花卉盆景可以随意陈设。

② 书桌、梳妆台和床头柜等处可以选择茉莉、米兰之类的盆花或插花，馥郁芬芳，有利于学习和休息。

③ 餐桌上可以摆放插花，清淡素净，浓艳鲜明，能促进人的食欲。

④ 一般在书柜、杂物柜上可以摆放少量花卉盆景，装饰美化、丰富空间。

⑤ 传统的花几架一般使用范围较窄，只能陈设一两盆花卉。

## 9.5 常见室内绿化植物图谱

### 9.5.1 适宜客厅摆放的室内植物图谱

客厅是一家人日常生活最为频繁的区域，是家居共用的休闲与娱乐场所，因此客厅的美化非常关键，需讲究聚气生财。宜摆枝叶茂盛、不断生长（尤其是以叶大或叶厚、叶圆）的常绿植物最佳，例如，黄金葛、橡胶树、金钱树、福禄桐、摇钱树、招财盆架子、发财树、巴西铁、金钱榕等。需要特别指出，空间较小的客厅，不宜放过多的大中型盆景以免显得拥挤，给日常生活带来压抑感，同时可能影响采光和通风。

常见的适宜客厅摆放的室内植物详见表 9.1 所列，表中所列植物仅供作为设计和学习的参考资料。除了表中所列植物之外，还有其他一些植物根据不同情况，同样可以摆放在室内客厅空间，具体名称在此从略。

（对本章所列植物的名称，全国各地习惯叫法或有不同，以各地习惯叫法为准，后同此。）

**表 9.1 室内客厅常见布置植物**（名称为俗称）

| 外观 | | | |
|---|---|---|---|
| 名称 | 滴水观音 | 开心果 | 金边虎皮兰 |
| 外观 | | | |
| 名称 | 粉掌 | 龟背竹 | 文竹 |
| 外观 | | | |
| 名称 | 金枝玉叶 | 芦荟 | 一帆风顺 |

续表

| 外观 | | | |
|---|---|---|---|
| 名称 | 龙血树 | 皇帝竹 | 大花蕙兰 |
| 外观 | | | |
| 名称 | 孔雀竹芋 | 长寿花(梅红) | 金边兰 |
| 外观 | | | |
| 名称 | 青苹果(心叶树) | 绿萝 | 散尾葵 |
| 外观 | | | |
| 名称 | 发财树 | 金边巴西铁树 | 观音竹 |
| 外观 | | | |
| 名称 | 火炬 | 仙客来 | 金麒麟 |
| 外观 | | | |
| 名称 | 西瓜皮 | 矮牵牛 | 凤梨(红星) |

| | | | |
|---|---|---|---|
| 外观 | | | |
| 名称 | 豆瓣绿 | 碧玉 | 观叶花烛 |
| 外观 | | | |
| 名称 | 绿宝石 | 猪笼草 | 蝴蝶兰（白色） |
| 外观 | | | |
| 名称 | 佛珠 | 黄金橘 | 蝎尾空凤 |
| 外观 | | | |
| 名称 | 驱蚊草 | 竹柏 | 黑天鹅 |
| 外观 | | | |
| 名称 | 铜钱草 | 牡丹吊兰 | 米兰 |
| 外观 | | | |
| 名称 | 金钻 | 瑞典常春藤 | 小叶榕树头 |

续表

| 外观 | | | |
|------|------|------|------|
| 名称 | 凤梨(黄星) | 八角金盘 | 红掌 |
| 外观 | | | |
| 名称 | 孔雀木 | 百合(黄色) | 富贵竹(双层) |
| 外观 | | | |
| 名称 | 富贵竹 | 富贵竹(腰鼓形) | 琴叶榕 |
| 外观 | | | |
| 名称 | 牡丹 | 风信子(紫色) | 百合竹 |
| 外观 | | | |
| 名称 | 君子兰 | 白雪公主 | 一品红 |
| 外观 | | | |
| 名称 | 组合红箭 | 红莺歌 | 黄莺歌 |

续表

| 外观 |  | | |
|---|---|---|---|
| 名称 | 百合 | 福禄桐 | 花叶蝶 |
| 外观 | | | |
| 名称 | 金钱树 | 青苹果竹芋 | 银皇后 |
| 外观 | | | |
| 名称 | 鸭脚木 | 绿宝石 | |

## 9.5.2　适宜卧室摆放的室内植物

　　卧室的绿化主要起点缀作用。卧室是晚上休息的场所，是温馨的空间，人的一生约一半时光在卧室摄气养神，休息休闲。追求雅洁、宁静、舒适，提升休息与睡眠质量，宜选择茉莉花、米兰、四季桂花等植物，令满屋飘香，使人在自然芬芳气息中醺然入睡。另外，君子兰、黄金葛、文竹等植物，能松弛神经、舒畅心情；薰衣草有助于促进睡眠，阵阵微风吹过，就能感觉到它清雅的淡香。芳香类的花卉，浓郁的香味会使人的中枢过度兴奋而引起失眠。

　　常见的适宜卧室摆放的室内植物详见表 9.2 所列，表中所列植物仅供作为设计和学习的参考资料。除了表中所列植物之外，还有其他一些植物根据不同情况，同样可以摆放在室内卧室空间，具体名称在此从略。

**表 9.2　室内卧室常见布置植物**（名称为俗称）

| 外观 | | | |
|---|---|---|---|
| 名称 | 薰衣草 | 耳朵荠 | 小发财树 |

续表

| | | | |
|---|---|---|---|
| 外观 | | | |
| 名称 | 富贵椰子 | 小叶榕 | 吊兰 |
| 外观 | | | |
| 名称 | 春羽 | 太阳神 | 吊兰 |
| 外观 | | | |
| 名称 | 万年青 | 芦荟 | 小叶绿萝 |
| 外观 | | | |
| 名称 | 金边尔兰 | 铁兰 | 短叶虎尾兰 |
| 外观 | | | |
| | 小森林 | 黄金葛 | 千年木 |

### 9.5.3 适宜书房摆放的室内植物

书房多为读书、写字、绘画的房间，一般比较雅致，因此种植的花草也需要有某种韵味，以营造出别有情趣的室内书房空间，减少思想疲劳。根据书房的空间大小及其主人的爱好与情趣，可以种植与之相应的花草，但花色、树形要充满朝气为佳。例如，各种盆花或小山石盆景是书房常见摆放的花草，包括红掌、兰花等高雅植物；玫瑰花、菊花、杜鹃花、仙客来、君子兰、风信子等盛开的鲜花；文竹、小叶绿萝、黑美人、吊兰、常春藤等文静高雅的叶类植物。

常见的适宜书房摆放的室内植物详见表 9.3 所列，表中所列植物仅供作为设计和学习的参考资料。除了表中所列植物之外，还有其他一些植物根据不同情况，同样可以摆放在室内书房空间，具体名称在此从略。

表 9.3　室内书房常见布置植物（名称为俗称）

| 外观 | | | |
|---|---|---|---|
| 名称 | 白雪公主 | 仙人球 | 清香木 |
| 外观 | | | |
| 名称 | 狐尾藻 | 滴水观音 | 心型富贵竹 |
| 外观 | | | |
| 名称 | 鸭掌树 | 银脉爵床 | 粉掌 |
| 外观 | | | |
| 名称 | 吊兰 | 蟹爪兰 | 猴脑 |
| 外观 | | | |
| 名称 | 吊钟海棠(宝莲灯) | 黑美人 | 绿霸王 |
| 外观 | | | |
| 名称 | 铁线蕨 | 仙人球 | 虹之玉 |

续表

| 外观 |  |  |  |
|---|---|---|---|
| 名称 | 琉璃殿 | 雅丽皇后 | 铁线蕨 |
| 外观 |  |  |  |
| 名称 | 玉米景天 | 虎皮兰（圆叶） | 也门铁树 |
| 外观 |  |  |  |
| 名称 | 卷柏 | 丹尼斯 | 一片心 |
| 外观 |  |  |  |
| 名称 | 筒叶花 | 马尾铁 | 合果芋 |

## 9.5.4　适宜阳台摆放的室内植物

一般而言，居室中阳台是光线最好、通风效果最佳的室内空间之一，比较适合花草的养殖。根据阳台的特点，适宜种植喜光、怕阴类植物，同时阳台也较为适合种植作为观赏的植物，例如观花为主的月季、石榴、菊花等，观叶为主的松、柏、杉树等。

常见的适宜阳台摆放的室内植物详见表9.4所列，表中所列植物仅供作为设计和学习的参考资料。除了表中所列植物之外，还有其他一些植物根据不同情况，同样可以摆放在室内阳台空间，具体名称在此从略。

表9.4　室内阳台常见布置植物（名称为俗称）

| 外观 |  |  |  |
|---|---|---|---|
| 名称 | 黄金果 | 万寿果 | 芍药 |

续表

| 外观 | | | |
|---|---|---|---|
| 名称 | 变叶木 | 石竹 | 蝴蝶花 |
| 外观 | | | |
| 名称 | 珍珠菊 | 月季 | 万寿菊 |
| 外观 | | | |
| 名称 | 康平寿(青寿鸟) | 口红吊兰 | 石竹(红色) |
| 外观 | | | |
| 名称 | 鸡冠花 | 一品黄 | 报春花 |
| 外观 | | | |
| 名称 | 红菊 | 仙人掌 | 福禄桐 |
| 外观 | | | |
| 名称 | 蟹爪菊 | 形变叶木 | 马蹄莲 |

| | | | |
|---|---|---|---|
| 外观 | | | |
| 名称 | 玫瑰 | 报春花 | 雏菊 |
| 外观 | | | |
| 名称 | 吉祥草 | 六倍利 | 黄菊花 |
| 外观 | | | |
| 名称 | 荷包花 | 朝天椒 | 长寿花 |
| 外观 | | | |
| 名称 | 三角梅 | 南洋杉 | 非洲菊 |
| 外观 | | | |
| 名称 | 凤仙 | 紫罗兰 | 杜鹃花 |
| 外观 | | | |
| 名称 | 太阳花 | 清香木 | 五彩菊 |

续表

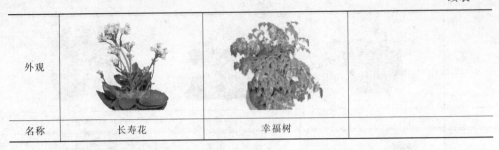

| 外观 | | |
|---|---|---|
| 名称 | 长寿花 | 幸福树 |

### 9.5.5　适宜办公室内空间摆放的室内植物

办公室是日常办公的场所，其特点是人员多、空间多、物品多。因此，对办公室内的绿化植物选择，应优先考虑株高叶大、四季常青、大众化的观叶植物类型。观叶植物可以用来分隔空间，又能装点环境。尤其当寒冷的季节，放置室内植物，则满眼绿色，在太阳的金辉之中，树叶扶疏，更给人以温暖、舒适的感觉；在炎热的夏天，则浓荫浮动，给人以幽雅、恬静之感，随着清风徐来，使人顿生凉意，别有一番情趣。办公室选择陈设的观叶花卉多为热带、亚热带植物，包括文竹、万年青、天冬草、苏铁、棕竹、棕榈、橡皮树、龟背竹、蒲葵、凤尾葵、发财树、绿萝、巴西铁等。这些植物叶形潇洒，姿态幽雅，其长势强健，病虫害少，便于护理。

常见的适宜办公空间摆放的室内植物详见表 9.5 所列，表中所列植物仅供作为设计和学习的参考资料。除了表中所列植物之外，还有其他一些植物根据不同情况，同样可以摆放在室内办公空间，具体名称在此从略。

**表 9.5　室内办公空间常见布置植物**（名称为俗称）

| 外观 | | |
|---|---|---|
| 名称 | 富贵竹 | 发财树（单树） | 金钱榕树 |
| 外观 | | |
| 名称 | 夏威夷竹 | 发财树（三树） | 黄金果 |

续表

| 外观 | | | |
|---|---|---|---|
| 名称 | 黑叶芋 | 卷柏 | 绒叶 |
| 外观 | | | |
| 名称 | 滴水观音 | 多仔斑马 | 鱼尾凤 |
| 外观 | | | |
| 名称 | 金帝王 | 青扇缀化 | 绿帝王 |
| 外观 | | | |
| 名称 | 神仙指 | 四季兰 | 招财树（鸭脚树） |
| 外观 | | | |
| 名称 | 绿宝石 | 非洲茉莉 | 铁树头 |
| 外观 | | | |
| 名称 | 苏铁 | 黄金宝玉 | 银边铁 |

续表

| | | | |
|---|---|---|---|
| 外观 | | | |
| 名称 | 蔓绿榕 | 五彩竹芋 | 金山棕 |
| 外观 | | | |
| 名称 | 老板树 | 荷兰铁柱 | 荷兰铁树 |
| 外观 | | | |
| 名称 | 金边也门铁树 | 万年青 | |

# 第10章 室内中式古典家具和藤制家具

## 10.1 中国古典家具知识简述

在这里主要介绍的是明清时期中国古典家具。需要说明的是本章所列各种古典家具及藤制家具的样式图，仅作为室内设计和学习的参考资料。

### 10.1.1 中国古典家具简介

中国古典家具不仅是艺术品，它更为有价值的地方在于它是中国文化的重要组成部分，和中国文学、中国书法、中国绘画等一样自成体系，历史悠久，民族特点鲜明，风格突出。中国家具和西方家具有明显区别，中国家具强调线条，突出抽象色彩，西方家具强调功能性，实用，舒适。中国古典家具是中华民族的优秀遗产，是全人类的共同财富，是中国文化极为重要的一部分。

人们的生活方式决定家具的式样。中国魏、晋时期人们习惯席地而坐，因此对家具的要求不高。直到唐朝，人们的生活方式发生变革，人们开始坐在椅子上，双足悬起，中国家具才逐渐兴起，到宋代家具才定型，室内陈设（桌、椅、几、案等）开始讲究起来，制作工艺也基本成熟，到明清时期中国古典家具达到鼎盛时期。

红木家具始于明代。现代红木家具继承了明清古典家具的传统，保持了古代的优美造型和艺术风格；另一方面，又吸收了西方家具的特点，采用了较先进的科学技术。因其雍容华贵，典雅精美而备受消费者的宠爱。

自古以来中国人都有红木情结，红木文化一直影响中国人的生活，认为红木代表高贵，因此使用红木家具也是财富和地位的象征，是成功人士的标志。在古代更是一种社会阶级的象征。

### 10.1.2 中国古典家具品种

中国古典家具品种主要有：椅凳、桌几案、床榻、柜架、门窗、楹联和其他用途各异的小件。

（1）桌案类

① 炕桌、炕几、炕案　炕桌、炕几、炕案是在炕上使用的矮形家具。炕桌放在炕或床的中间；炕几、炕案由于较窄通常放在炕或床的两侧端。如图 10.1 所示为炕桌型式之一。

② 香几　香几因承置香炉而得名，香几多为圆形少方形，腿足弯曲较为夸张。不论在室内还是在室外香几多居中放置，四无旁依，应面面宜人欣赏，体圆而委婉多姿者较佳。如图 10.2 所示为香几型式之一。

图 10.1　炕桌　　　　　　　　图 10.2　香几　　　　　　　　图 10.3　小酒桌

③ 酒桌、半桌　酒桌、半桌是两种形制较小的长方形桌案。酒桌远承五代、北宋，常用于酒宴。桌面边缘多起阳线一道，名曰"拦水线"。半桌约相当于半张八仙桌的大小，故名。它又叫"接桌"，每当一张八仙桌不够用时，用它来拼接。如图 10.3 所示为酒桌型式之一。

④ 方桌　方桌是传世较多的一种家具，分为"八仙"、"六仙"和"四仙"，在条桌、面桌上都可以找到同样的做法。如图 10.4 所示为方桌型式之一。

⑤ 条几、条桌、条案　条案的形式按照北京匠师的分法是：案面两端平齐的叫"平头案"，两端高起的叫"翘头案"。它们的结构不是用夹头榫，就是用插肩榫，否则便是变体。共分有琴几、炕几、方几、茶几、架几案、棋桌、月牙桌、三屉桌等。如图 10.5 所示为条案型式之一。

图 10.4　方桌　　　　　　　　　　　　　图 10.5　条案

⑥ 书桌、书案、画桌、画案　这是四种比较宽而大的长方形家具，就是较小型的，也大于半桌。其结构、造型，往往与条桌、条案相同，只是在宽度上要增加不少，北京匠师均有明确的概念。画桌、画案，为了便于站起来绘画，都不应有抽屉，其为桌形结构的称画桌，案形结构的称画案。书桌、书案则都有抽屉，也依其结构的不同，分别称之为桌或案。如图 10.6 所示为画案型式之一。

图 10.6　画案　　　　　　　　　　　　　图 10.7　其他桌案

⑦ 其他桌案　对于其他桌案,桌和案一般不好区分,尤其是条案和条桌。案在中国古典家具中的地位比较特殊,其前有俎、几,其后才有案、桌。在席地而坐的年代,几是人们坐时的侧靠之具,多为长者、老者而设,到春秋战国时期,几不仅可以倚靠凭伏而且可以承托各种器物。如图10.7所示为画案型式之一。

（2）椅凳类

① 杌凳　杌字的本义是树无枝,杌凳往往被作为无靠背坐具的名称。无束腰杌凳是直足直杌式,有束腰杌凳是直腿内翻马蹄,腿间安直或罗锅枨式,直腿外有略具S形的三弯腿。如图10.8所示为杌凳型式之一。

② 坐墩　坐墩又名肃墩,由于其上多覆一方丝织物而得名。在明代及前清时期的坐墩上还保留着藤墩和木腔鼓的痕迹。如图10.9所示为坐墩型式之一。

图 10.8　杌凳　　　　　　图 10.9　坐墩　　　　　　图 10.10　交杌

③ 交杌　交杌俗称马扎,和古代胡床类似,自东汉从西域传至中土,千百年来流传甚广,基本制式是由8根直木构成,长期没有变化。如图10.10所示为交杌型式之一。

④ 长凳　明清时期,长凳式样繁多。小条凳是民间日用品,二人凳宜两人并坐,至今江南地区仍在使用。如图10.11所示为长凳型式之一。

⑤ 椅和宝座等　明式椅子大致分为圈椅、宝座、交椅、扶手椅和靠背椅五种。

圈椅是明式家具中最具有文化品位的坐具,它暗合中国古典哲学天圆地方。亦称罗圈椅,是指椅子后背搭脑与扶手由一整条圆润流畅的曲线组成。以其上罗圈而得名,据考证中国五代时期就有圈椅,那时的圈椅和明朝风行的圈椅是有区别的,到宋代出现了天圆地方的圈椅,元朝圈椅所见不多,到明朝圈椅渐成风尚。如图10.12所示为圈椅型式之一。

图 10.11　长凳

宝座是皇室中特制大椅,是皇帝专用坐具,大多单独陈设,因其造型结构似床榻而得名床式椅。是在大型椅子的基础上加装饰来显示统治者的威严,北京故宫中收藏颇多,但明代制品目前仅能列出一件。如图10.13所示为宝座型式之一。

元代出现了一种带圈靠的交椅，交椅源自南北朝时期的折叠凳，时称胡床，后来经过发展加了靠背和脚踏，到宋、元时期直背交椅和圈背交椅式样基本成形，这一点可从这两代文献中得到确认。表现为前后两腿交叉，上为弧形圈，正中背板支撑，外出可随身携带。如图 10.14 所示为交椅型式之一。

图 10.12　圈椅　　　　　　　　图 10.13　宝座　　　　　　　　图 10.14　交椅

靠背椅指的是只有靠背，不带两侧扶手的椅子。靠背椅分为灯挂式和一统碑式，灯挂式的靠背搭脑向两侧挑出；一统碑式的椅背和南官帽的靠背相似，搭脑两端不出头。如图 10.15 所示为靠背椅型式之一。

图 10.15　靠背椅　　　　　　　　　　　　　图 10.16　扶手椅

扶手椅指的是有靠背的又带两侧扶手的除了宝座、交椅、圈椅外的统称。扶手椅有两种形制，其一是南官帽椅，北方地区称为玫瑰椅，南方地区称为文椅，形制矮小，后背和扶手与椅座垂直；其二是四出头官帽椅，官帽椅是以其造型类似古代官员的帽子而得名。如图 10.16 所示为扶手椅型式之一。

（3）床榻类

① 榻　北京匠师称只有床身，上无任何装置的卧具曰"榻"。如图 10.17 所示为榻的型式之一。

② 罗汉床　床上后背及左右两侧安装"围子"的，北京匠师称之为"罗汉床"。罗汉床身有多种做法，分有无束腰两种。其做法不仅与榻相同，和炕桌、杌凳亦复相通。罗汉床更显著的变化表现在围子上。床上三面各有一块围子的为"三屏风式"，由五块组成的（后三，左右各一）为"五屏风式"，更多的还有"七屏风式"。如图 10.18 所示为罗汉床型式之一。

图 10.17 榻

图 10.18 罗汉床

③ 架子床等 架子床是对有柱床顶的床的统称。进一步细分，架子床还可以分为只有四角有立柱的"四柱床"和四柱之外正面还有两柱的"六柱床"。

明式的床前多设脚踏，罗汉床前的脚踏短而成对，架子床和拔步床（床塌的一种，或称八步床、踏步床。外形与架子床相仿）前的脚踏独一而修长。尔后传世既久，脚踏大多已与床分离。如图 10.19 所示为架子床型式之一。

（4）柜架类

① 架格 书格即书柜、架格、书架，不是专门用来放置书籍。架格或称"书格"或"书架"。因其用途非为专放图书，故不如称之为架格。它的基本特征是以立木为四足，用横板将空间分隔为若干层。

如图 10.20 所示为架格型式之一。

图 10.19 架子床

图 10.20 架格

图 10.21 亮格柜

② 亮格柜 亮格柜是亮格和柜子相结合的家具，明式的亮格都在上，柜子在下，兼备陈置与收藏两种功能。如图 10.21 所示为亮格柜型式之一。

③ 圆角柜 圆角柜又名"面条柜"，其意费解。

圆角柜柜顶前、左、右三面有小檐喷出，名曰"柜帽"。柜帽转角处多削方棱，遂成圆角。故圆角柜亦称为"木轴门柜"。圆角柜有的两扇门之间无闩杆，名曰"硬挤门"。如图 10.22 所示为圆角柜型式之一。

④ 方角柜 方角柜四角见方，上下同大，腿足垂直无侧脚。柜门同样有硬挤门。"顶箱立柜"，又叫"四件柜"，两具由四件组成。如图 10.23 所示为方角柜型式之一。

（5）屏风类 屏风是屏具的总称，包括由多扇组成，可以折叠或向前兜转的

图 10.22　圆角柜

图 10.23　方角柜

图 10.24　屏风

"围屏"和下有底座的"座屏风"。可以折叠或向前兜转的传世围屏中，尚未发现清中期以前制作精美的硬木实例。如图 10.24 所示为屏风型式之一。

古代屏风分为地屏、床屏、梳头屏、灯屏、挂屏。

① 地屏　地屏主要分为座屏和落地屏。地屏形体大，多设在厅堂，一般不会移动；座屏即插屏式屏风，是把单独屏风插在一个特制的底座上。座屏有独扇、三扇、五扇等奇数规格，独扇座屏与底座可连可卸，可卸的称为"插屏式座屏风"。

② 床屏　床屏形体较小，多与床榻结合使用。

③ 梳头屏　梳头屏是用于梳妆用的小型屏镜。

④ 灯屏　灯屏多是为灯遮风的小屏风。

⑤ 挂屏　挂屏为明末才开始出现的一种挂在墙上作装饰用的屏牌，大多成双成对，四扇为四条屏等，到清朝后期此种挂屏十分流行，至今仍为人们喜爱。

⑥ 楹联及其他类　凡不宜归入以上几大类的家具只能放在其他类，故品种颇繁，有笔筒、闷户橱、提盒、都承盘、镜台、官皮箱、微型家具等。

笔筒出现于明朝嘉靖、隆庆、万历时期，大都造型简单实用，口底上下相似呈筒状，是案头工具必不可少的装饰实用品，极具观赏和艺术价值，深得文人墨客的喜爱。笔筒源自笔架和笔船，笔架至今仍在使用，笔船由于笨拙被笔筒所代替。笔筒先后有竹木制、牙雕、玉雕、铜制、瓷制等形式。明代的匠师能把造型和结构尽善尽美，在选料及装饰线脚、雕刻、镶嵌上创造出完美的风格，为清代家具和以后的现代家具建立了完美的表现形式。因此，明式家具乃是收藏家们的首选珍藏品。

## 10.2　桌子和条案类古典家具样式图谱

## 10.3　椅子和凳子类古典家具样式图谱

## 10.4 箱柜和架子类古典家具样式图谱

## 10.5　台类古典家具样式图谱

## 10.6　床类古典家具样式图谱

## 10.7　工艺品类古典家具样式图谱

## 10.8　仿古瓷器类古典家具样式图谱

## 10.9　藤制家具样式图谱

# 第11章 室内装修国家规范及法规相关规定

本章是根据国家现行相关法规对室内装修的主要规定，从设计、施工及材料等各个方面进行综述。

## 11.1 室内装修相关的国家标准及规范法规

### 11.1.1 国家标准规范

现行室内装修相关的国家标准及规范法规主要如下（注意标准规范的版本在更新，按最新版本执行），如图11.1所示。

① 住宅装饰装修工程施工规范（附条文说明），GB 50327—2001。
② 住宅室内装饰装修设计规范（附条文说明），JGJ 367—2015。
③ 住宅室内装饰装修工程质量验收规范（附条文说明），JGJ/T 304—2013。
④ 房屋建筑室内装饰装修制图标准（附条文说明），JGJ/T 244—2011。
⑤ 建筑内部装修防火施工及验收规范（附条文说明），GB 50354—2005。
⑥ 建筑内部装修设计防火规范，GB 50222—2015。
⑦ 建筑装饰装修工程质量验收规范（附条文说明），GB 50210—2016。
⑧ 室内装饰装修材料 水性木器涂料中有害物质限量，GB 24410。
⑨ 室内装饰装修材料 溶剂型木器涂料中有害物质限量，GB 18581。
⑩ 室内装饰装修材料 胶黏剂中有害物质限量，GB 18583。
⑪ 室内装饰装修材料 内墙涂料中有害物质限量，GB 18582。
⑫ 室内装饰装修材料 壁纸中有害物质限量，GB 18585。
⑬ 室内装饰装修材料 聚氯乙烯卷材地板中有害物质限量，GB 18586。
⑭ 室内装饰装修材料 地毯、地毯衬垫及地毯胶黏剂有害物质释放限量，GB 18587。
⑮ 室内装饰装修材料 木家具中有害物质限量，GB 18584。
⑯ 室内装饰装修材料 人造板及其制品中甲醛释放限量，GB 18580。
⑰ 装饰装修材料售后服务管理规范，SB/T 10971—2013。
⑱ 室内装修用木方，LY/T 2057—2012。
⑲ 全国统一建筑装饰装修工程消耗量定额，GYD 901—2002。
⑳ 室内空气质量标准，GB/T 18883。

### 11.1.2 省市地方标准规范

全国部分省市制定了装修有关的地方标准规范（注意标准规范的版本在更新，按最新版本执行），目前包括：

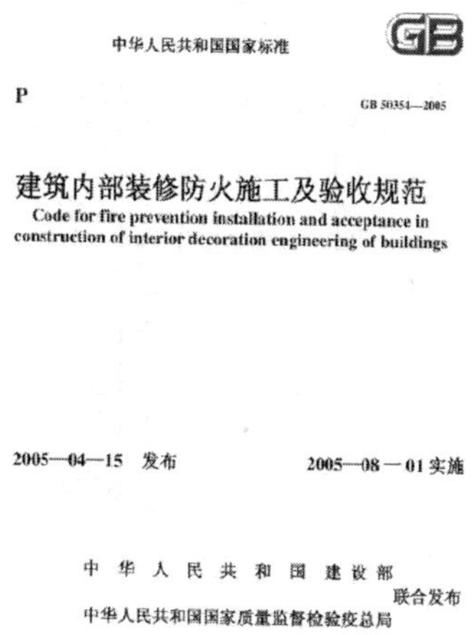

中华人民共和国国家标准 GB

P

GB 50354—2005

建筑内部装修防火施工及验收规范

Code for fire prevention installation and acceptance in construction of interior decoration engineering of buildings

2005—04—15 发布　2005—08—01 实施

中华人民共和国建设部
中华人民共和国国家质量监督检验检疫总局
联合发布

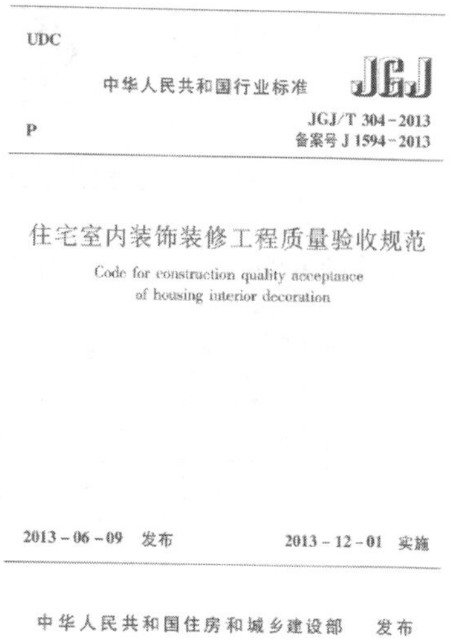

UDC

中华人民共和国行业标准 JGJ

P

JGJ/T 304-2013
备案号 J 1594-2013

住宅室内装饰装修工程质量验收规范

Code for construction quality acceptance of housing interior decoration

2013-06-09 发布　2013-12-01 实施

中华人民共和国住房和城乡建设部 发布

图 11.1 部分国家标准规范（封面）

① 湖南省，住宅装饰装修工程质量验收规范，DB43/T 262—2014。

② 广西壮族自治区，住宅内部装饰装修质量验收规范，DB45/T 853—2012。

③ 辽宁省，住宅装饰装修服务规范，DB21/T 2185—2013。

④ 黑龙江省，家庭装饰装修施工与验收规范，DB23/T 1536—2013。

⑤ 黑龙江省，建设工程施工操作技术规程装饰装修工程，DB23/T 1621.19—2015。

⑥ 上海市，住宅装饰装修服务规范，DB31/T 5000—2012。

⑦ 上海市，住宅装饰装修验收标准，DB31/30—2003。

⑧ 浙江省，家庭装饰装修工程质量规范，DB33/1022—2005（2015）。

## 11.2 室内装修设计相关规定

① 建筑装饰装修工程必须进行设计，并出具完整的施工图设计文件，还应符合城市规划、消防、环保、节能等有关规定。如图 11.2 所示。

② 承担建筑装饰装修工程设计的单位应具备相应的资质，并应建立质量管理体系。由于设计原因造成的质量问题应由设计单位负责。

③ 建筑装饰装修工程设计必须保证建筑物的结构安全和主要使用功能。当涉及主体和承重结构改动或增加荷载时，必须由原结构设计单位或具备相应资质的设计单位核查有关原始资料，对既有建筑结构的安全性进行核验、确认。

④ 当墙体或吊顶内的管线可能产生冰冻或结露时，应进行防冻或防结露设计。

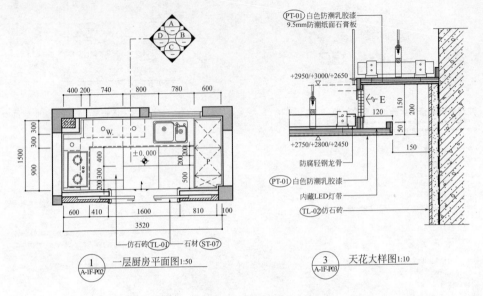

图 11.2 装修施工图案例示意

## 11.3 室内装修材料相关规定

① 建筑装饰装修工程所用材料的品种、规格和质量应符合设计要求和国家现行标准的规定。当设计无要求时应符合国家现行标准的规定。严禁使用国家明令淘汰的材料。

② 所有材料进场时应对品种、规格、外观和尺寸进行验收。材料包装应完好，应有产品合格证书、中文说明书及相关性能的检测报告；进口产品应按规定进行商品检验。

③ 建筑装饰装修工程所用材料应符合国家有关建筑装饰装修材料有害物质限量标准的规定。

④ 建筑装饰装修工程所使用的材料应按设计要求进行防火、防腐和防虫处理。

⑤ 承担建筑装饰装修材料检测的单位应具备相应的资质，并应建立质量管理体系。

⑥ 现场配制的材料，如砂浆、胶黏剂等，应按设计要求或产品说明书配制。

## 11.4 室内装修施工相关规定

### 11.4.1 室内装修施工许可及其资质

根据中国住建部"建筑工程施工许可管理办法"等相关法规文件规定，装修施工需按下列要求执行。

① 在中华人民共和国境内从事各类房屋建筑及其附属设施的建造、装修装饰和与其配套的线路、管道、设备的安装，以及城镇市政基础设施工程的施工，建设

单位在开工前应当依照本办法的规定，向工程所在地的县级以上地方人民政府住房城乡建设主管部门申请领取施工许可证。

　　a. 工程投资额在 30 万元以下或者建筑面积在 300 平方米以下的建筑工程，可以不申请办理施工许可证。省、自治区、直辖市人民政府住房城乡建设主管部门可以根据当地的实际情况，对限额进行调整，并报国务院住房城乡建设主管部门备案。

　　b. 按照国务院规定的权限和程序批准开工报告的建筑工程，不再领取施工许可证。

　　c. 法规规定应当申请领取施工许可证的建筑工程未取得施工许可证的，一律不得开工。任何单位和个人不得将应当申请领取施工许可证的工程项目分解为若干限额以下的工程项目，规避申请领取施工许可证。如图 11.3 所示．

图 11.3　施工许可证和安全生产许可证

　　② 建筑装修装饰工程专业承包资质分为一级、二级 2 个级别，如图 11.4 所示。

图 11.4　建筑装修装饰工程专业承包资质证书（样式）

装修装饰工程专业一级资质标准如下：

a. 企业资产要求净资产 1500 万元以上；

b. 企业主要人员包括：

ⅰ. 建筑工程专业一级注册建造师不少于 5 人；

ⅱ. 技术负责人具有 10 年以上从事工程施工技术管理工作经历，且具有工程序列高级职称或建筑工程专业一级注册建造师（或一级注册建筑师或一级注册结构工程师）执业资格；建筑美术设计、结构、暖通、给排水、电气等专业中级以上职称人员不少于 10 人；

ⅲ. 持有岗位证书的施工现场管理人员不少于 30 人，且施工员、质量员、安全员、材料员、造价员、劳务员、资料员等人员齐全；

ⅳ. 经考核或培训合格的木工、砌筑工、镶贴工、油漆工、石作业工、水电工等中级工以上技术工人不少于 30 人。

c. 企业工程业绩：包括近 5 年承担过单项合同额 1500 万元以上的装修装饰工程 2 项，工程质量合格。

装修装饰工程专业二级资质标准如下。

a. 企业资产要求净资产 200 万元以上。

b. 企业主要人员包括：

ⅰ. 建筑工程专业注册建造师不少于 3 人；

ⅱ. 技术负责人具有 8 年以上从事工程施工技术管理工作经历，且具有工程序列中级以上职称或建筑工程专业注册建造师（或注册建筑师或注册结构工程师）执业资格；建筑美术设计、结构、暖通、给排水、电气等专业中级以上职称人员不少于 5 人；

ⅲ. 持有岗位证书的施工现场管理人员不少于 10 人，且施工员、质量员、安全员、材料员、造价员、劳务员、资料员等人员齐全；

ⅳ. 经考核或培训合格的木工、砌筑工、镶贴工、油漆工、石作业工、水电工等专业技术工人不少于 15 人。

ⅴ. 技术负责人（或注册建造师）主持完成过本类别工程业绩不少于 2 项。

③ 不同专业承包资质等级的企业可承包工程范围如下。

a. 一级资质可承担各类建筑装修装饰工程，以及与装修工程直接配套的其他工程的施工。与装修工程直接配套的其他工程是指在不改变主体结构的前提下的水、暖、电及非承重墙的改造。

b. 二级资质可承担单项合同额 2000 万元以下的建筑装修装饰工程，以及与装修工程直接配套的其他工程的施工。与装修工程直接配套的其他工程是指在不改变主体结构前提下的水、暖、电及非承重墙的改造。

## 11.4.2　室内装修施工基本规定

① 建筑装饰装修工程的承包合同、设计文件及其他技术文件对工程质量验收的要求不得低于国家规范的规定。

② 承担建筑装饰装修工程施工的单位应具备相应的资质，并应建立质量管理体系。施工单位应编制施工组织设计并应经过审查批准；施工单位应按有关的施工工艺标准或经审定的施工技术方案施工，并应对施工全过程实行质量控制。

③ 承担建筑装饰装修工程施工的人员应有相应岗位的资格证书。

④ 建筑装饰装修工程施工中，严禁违反设计文件擅自改动建筑主体、承重结构或主要使用功能；严禁未经设计确认和有关部门批准擅自拆改水、暖、电、燃气、通讯等配套设施。

⑤ 建筑装饰装修工程的施工质量应符合设计要求和本规范的规定。由于违反设计文件和本规范的规定施工造成的质量问题应由施工单位负责。

⑥ 施工单位应遵守有关环境保护的法律法规，并应采取有效措施控制施工现场的各种粉尘、废气、废弃物、噪声、振动等对周围环境造成的污染和危害。

⑦ 建筑装饰装修工程的电器安装应符合设计要求和国家现行标准的规定，严禁不经穿管直接埋设电线。

⑧ 施工环境温度不应低于5℃，当必须在低于5℃气温下施工时，应采取保证工程质量的有效措施。

⑨ 建筑装饰装修工程施工过程中，应做好半成品、成品的保护，防止污染和损坏。

### 11.4.3 室内装修抹灰工程相关规定

① 抹灰工程应对水泥的凝结时间和安定性进行复验。

② 室内墙面柱面和门洞口的阳角做法应符合设计要求。无要求时应采用1：2水泥砂浆做暗护角，其高度不应低于2m，每侧宽度不应小于50mm。

③ 当要求抹灰层具有防水防潮功能时，应采用防水砂浆。

④ 各种砂浆抹灰层，在凝结前应防止快干、水冲、撞击、振动和受冻，在凝结后应采取措施防止沾污和损坏。水泥砂浆抹灰层应在湿润条件下养护。

⑤ 外墙和顶棚的抹灰层与基层之间及各抹灰层之间必须粘接牢固。

⑥ 抹灰工程应对下列隐蔽工程项目进行验收：抹灰总厚度大于或等于35mm时的加强措施；不同材料基体交接处的加强措施。

⑦ 抹灰前基层表面的尘土、污垢、油渍等应清除干净，并应洒水润湿。

⑧ 抹灰工程应分层进行。当抹灰总厚度大于或等于35mm时，应采取加强措施；不同材料基体交接处表面的抹灰，应采取防止开裂的加强措施；当采用加强网时加强网与各基体的搭接宽度不应小于100mm。

⑨ 抹灰层与基层之间及各抹灰层之间必须粘接牢固，抹灰层应无脱层、空鼓，面层应无爆灰和裂缝。

⑩ 水泥砂浆不得抹在石灰砂浆层上，罩面石膏灰不得抹在水泥砂浆层上。

⑪ 有排水要求的部位应做滴水线（槽），滴水线（槽）应整齐顺直，滴水线应内高外低，滴水槽的宽度和深度均不应小于10mm。

⑫ 一般抹灰的允许偏差和检验方法见表11.1。

**表 11.1　一般抹灰的允许偏差和检验方法**

| 项　次 | 项　目 | 允许偏差/mm | | 检验方法 |
|---|---|---|---|---|
| | | 普通抹灰 | 高级抹灰 | |
| 1 | 立面垂直度 | 4 | 3 | 用 2m 垂直检测尺检查 |
| 2 | 表面平整度 | 4 | 3 | 用 2m 靠尺和塞尺检查 |
| 3 | 阴阳角方正 | 4 | 3 | 用直角检测尺检查 |
| 4 | 分格条(缝)直线度 | 4 | 3 | 拉 5m 线,不足 5m 拉通线,用钢直尺检查 |
| 5 | 墙裙、勒脚上口直线度 | 4 | 3 | 用 5m 线,不足 5m 拉通线,用钢直尺检查 |

注：1. 普通抹灰,本表第 3 项阴角方正可不检查;

2. 顶棚抹灰,本表第 2 项表面平整度可不检查,但应平顺。

⑬ 装饰抹灰的允许偏差和检验方法见表 11.2。

**表 11.2　装饰抹灰的允许偏差和检验方法**

| 项　次 | 项　目 | 允许偏差/mm | | | | 检验方法 |
|---|---|---|---|---|---|---|
| | | 水刷石 | 斩假石 | 干粘石 | 假面砖 | |
| 1 | 立面垂直度 | 5 | 4 | 5 | 5 | 用 2m 垂直检测尺检查 |
| 2 | 表面平整度 | 3 | 3 | 3 | 3 | 用 2m 靠尺和塞尺检查 |
| 3 | 阳角方正 | 3 | 3 | 4 | 4 | 用直角检测尺检查 |
| 4 | 分格条(缝)直线度 | 3 | 3 | 3 | 3 | 拉 5m 线,不足 5m 拉通线,用钢直尺检查 |
| 5 | 墙裙、勒脚上口直线度 | 3 | 3 | — | — | 拉 5m 线,不足 5m 拉通线,用钢直尺检查 |

### 11.4.4　室内装修门窗工程相关规定

① 门窗工程应对下列材料及其性能指标进行复验：人造木板的甲醛含量；建筑外墙金属窗塑料窗的抗风压性能、空气渗透性能和雨水渗漏性能。

② 门窗工程应对下列隐蔽工程项目进行验收：预埋件和锚固件；隐蔽部位的防腐填嵌处理。

③ 金属门窗和塑料门窗安装应采用预留洞口的方法施工,不得采用边安装边砌口或先安装后砌口的方法施工。

④ 木门窗与砖石砌体、混凝土或抹灰层接触处应进行防腐处理并应设置防潮层,埋入砌体或混凝土中的木砖应进行防腐处理。

⑤ 建筑外门窗的安装必须牢固,在砌体上安装门窗严禁用射钉固定。

⑥ 木门窗门窗框和厚度大于 50mm 的门窗扇应用双榫连接；榫槽应采用胶料严密嵌合并应用胶楔加紧。

⑦ 铝合金门窗推拉门窗扇开关力应不大于 100N。

⑧ 金属门窗框与墙体之间的缝隙应填嵌饱满,并采用密封胶密封。

⑨ 门窗工程中单块玻璃大于 1.5m² 时应使用安全玻璃。

⑩ 门窗工程中带密封条的玻璃压条，其密封条必须与玻璃全部贴紧，压条与型材之间应无明显缝隙，压条接缝应不大于 0.5mm。

⑪ 木门窗安装的留缝限值允许偏差和检验方法，如表 11.3 所示。

表 11.3　木门窗安装的留缝限值允许偏差和检验方法

| 项　次 | 项　目 | | 留缝限值/mm | | 允许偏差/mm | | 检 验 方 法 |
|---|---|---|---|---|---|---|---|
| | | | 普通 | 高级 | 普通 | 高级 | |
| 1 | 门窗槽口对角线长度差 | | — | — | 3 | 2 | 用钢尺检查 |
| 2 | 门窗框的正、侧面垂直度 | | — | — | 2 | 1 | 用 1m 垂直检测尺检查 |
| 3 | 框与扇、扇与扇接缝高低差 | | — | — | 2 | 1 | 用钢直尺和塞尺检查 |
| 4 | 门窗扇对口缝 | | 1～2.5 | 1.5～2 | — | — | 用塞尺检查 |
| 5 | 工业厂房双扇大门对口缝 | | 2～5 | | — | — | |
| 6 | 门窗扇与上框间留缝 | | 1～2 | 1～1.5 | — | — | |
| 7 | 门窗扇与侧框间留缝 | | 1～2.5 | 1～1.5 | — | — | |
| 8 | 窗扇与下框间留缝 | | 2～3 | 2～2.5 | — | — | |
| 9 | 门扇与下框间留缝 | | 3～5 | 3～4 | — | — | |
| 10 | 双层门窗内外框间距 | | — | — | 4 | 3 | 用钢尺检查 |
| 11 | 无下框时门扇与地面间留缝 | 外门 | 4～7 | 5～6 | — | — | 用塞尺检查 |
| | | 内门 | 5～8 | 6～7 | — | — | |
| | | 卫生间门 | 8～12 | 8～10 | — | — | |
| | | 厂房大门 | 10～20 | | — | — | |

⑫ 门窗玻璃中单面镀膜玻璃的镀膜层及磨砂玻璃的磨砂面应朝向室内；中空玻璃的单面镀膜玻璃应在最外层镀膜层，应朝向室内。

### 11.4.5　室内装修吊顶工程相关规定

① 吊顶工程的木吊杆、木龙骨和木饰面板必须进行防火处理，并应符合有关设计防火规范的规定。

② 吊顶工程中的预埋件、钢筋吊杆和型钢吊杆应进行防锈处理。

③ 吊杆距主龙骨端部距离不得大于 300mm，当大于 300mm 时应增加吊杆。当吊杆长度大于 1.5m 时，应设置反支撑；当吊杆与设备相遇时应调整并增设吊杆。

④ 重型灯具、电扇及其他重型设备严禁安装在吊顶工程的龙骨上。

⑤ 安装双层石膏板时，面层板与基层板的接缝应错开，并不得在同一根龙骨上接缝。

### 11.4.6　室内装修轻质隔墙工程相关规定

① 轻质隔墙与顶棚和其他墙体的交接处应采取防开裂措施。

② 轻质隔墙工程应对人造木板的甲醛含量进行复验。

### 11.4.7　室内装修饰面板（砖）工程相关规定

① 饰面板安装工程的预埋件（或后置埋件）连接件的数量、规格、位置、连接方法和防腐处理必须符合设计要求。后置埋件的现场拉拔强度必须符合设计要求，饰面板安装必须牢固。

② 室内装修饰面板（砖）工程应对下列材料及其性能指标进行复验：

a. 室内用的花岗石的放射性；

b. 粘贴用水泥的凝结时间、安定性和抗压强度；

c. 外墙陶瓷面砖的吸水率；

d. 寒冷地区外墙陶瓷面砖的抗冻性能。

③ 满粘法施工的饰面砖工程应无空鼓、裂缝。

④ 有排水要求的部位应做滴水槽（线）。

### 11.4.8　室内装修幕墙工程相关规定

① 隐框、半隐框幕墙所采用的结构粘结材料必须是中性硅酮（系指聚硅氧烷，下同）结构密封胶，其性能必须符合《建筑用硅酮结构密封胶》的规定，硅酮结构密封胶必须在有效期内使用。

② 立柱和横梁等主要受力构件，其截面受力部分的壁厚应经计算确定，且铝合金型材壁厚不应小于 3.0mm，钢型材壁厚不应小于 3.5mm。

③ 隐框、半隐框幕墙构件中板材与金属框之间硅酮结构密封胶的粘接宽度，应分别计算风荷载标准值和板材自重标准值作用下硅酮结构密封胶的粘接宽度，并取其较大值，且不得小于 7.0mm。

④ 硅酮结构密封胶应打注饱满，并应在温度 15～30℃，相对湿度 50% 以上。应在洁净的室内进行，不得在现场墙上打注。

⑤ 防火层应采取隔离措施，防火层的衬板应采用经防腐处理且厚度不小于 1.5mm 的钢板，不得采用铝板；防火层的密封材料应采用防火密封胶；防火层与玻璃不应直接接触，一块玻璃不应跨两个防火分区。

⑥ 单元幕墙连接处和吊挂处的铝合金型材的壁厚应通过计算确定，并不得小于 5.0mm。

⑦ 立柱应采用螺栓与角码连接，螺栓直径应经过计算，并不应小于 10mm。不同金属材料接触时应采用绝缘垫片分隔。

⑧ 幕墙玻璃的厚度不应小于 6.0mm，全玻幕墙肋玻璃的厚度不应小于 12mm。

⑨ 幕墙的中空玻璃应采用双道密封。明框幕墙的中空玻璃应采用聚硫密封胶及丁基密封胶；隐框和半隐框幕墙的中空玻璃应采用硅酮结构密封胶及丁基密封胶；镀膜面应在中空玻璃的第二或第三面上。

⑩ 幕墙的夹层玻璃应采用聚乙烯醇缩丁醛（PVB）胶片干法加工合成的夹层玻璃；点支承玻璃幕墙夹层玻璃的夹层胶片（PVB）厚度不应小于 0.76mm。

⑪ 钢化玻璃表面不得有损伤，8.0mm 以下的钢化玻璃应进行引爆处理。

⑫ 所有幕墙玻璃均应进行边缘处理。

⑬ 点支承玻璃幕墙应采用带万向头的活动不锈钢爪，其钢爪间的中心距离应大于 250mm。

⑭ 玻璃幕墙的防雷装置必须与主体结构的防雷装置可靠连接。

⑮ 石材幕墙的铝合金挂件厚度不应小于 4.0mm，不锈钢挂件厚度不应小于 3.0mm。石材的弯曲强度不应小于 8.0MPa，吸水率应小于 0.8%。

### 11.4.9 室内装修涂饰工程相关规定

① 新建筑物的混凝土或抹灰基层在涂饰涂料前应涂刷抗碱封闭底漆。

② 旧墙面在涂饰涂料前应清除疏松的旧装修层，并涂刷界面剂。

③ 厨房、卫生间墙面必须使用耐水腻子。

④ 水性涂料涂饰工程施工的环境温度应在 5～35℃ 之间。

### 11.4.10 室内装修护栏工程相关规定

① 阳台、外廊、室内回廊、内天井、上人屋面及室外楼梯等临空处应设置防护栏杆。临空高度在 24m 以下时，栏杆高度不应低于 1.05m，临空高度在 24m 及 24m 以上（包括中高层住宅）时，栏杆高度不应低于 1.10m。栏杆离楼面或屋面 0.10m 高度内不宜留空。住宅、托儿所、幼儿园、中小学及少年儿童专用活动场所的栏杆必须采用防止少年儿童攀登的构造，当采用垂直杆件做栏杆时，其杆件净距不应大于 0.11m。

② 护栏玻璃应使用公称厚度不小于 12mm 的钢化玻璃或钢化夹层玻璃，当护栏一侧距楼地面高度为 5m 及以上时，应使用钢化夹层玻璃。

## 11.5 室内装修其他相关规定

### 11.5.1 室内装修材料防火性能等级

① 装修材料按其燃烧性能应划分为四级，并应符合表 11.4 的规定。

**表 11.4 装修材料燃烧性能等级**

| 等级 | 装修材料燃烧性能 | 等级 | 装修材料燃烧性能 |
|---|---|---|---|
| A | 不燃性 | B2 | 可燃性 |
| B1 | 难燃性 | B3 | 易燃性 |

② 常用建筑内部装修材料燃烧性能等级划分见表 11.5。

**表 11.5 常用建筑内部装修材料燃烧性能等级划分**

| 材料类别 | 级别 | 材 料 举 例 |
|---|---|---|
| 各部位材料 | A | 花岗石、大理石、水磨石、水泥制品、混凝土制品、石膏板、石灰制品、黏土制品、玻璃、瓷砖、马赛克、钢铁、铝合金、铜合金等 |
| 顶棚材料 | B1 | 纸面石膏板、纤维石膏板、水泥刨花板、矿棉装饰吸声板、玻璃棉装饰吸声板、珍珠岩装饰吸声板、难燃胶合板、难燃中密度纤维板、岩棉装饰板、难燃木材、铝箔复合材料、难燃酚醛胶合板、铝箔玻璃钢复合材料等 |

| 材料类别 | 级别 | 材 料 举 例 |
|---|---|---|
| 墙面材料 | B1 | 纸面石膏板、纤维石膏板、水泥刨花板、矿棉板、玻璃棉板、珍珠岩板、难燃胶合板、难燃中密度纤维板、防火塑料装饰板、难燃双面刨花板、多彩涂料、难燃墙纸、难燃墙布、难燃仿花岗岩装饰板、氯氧镁水泥装配式墙板、难燃玻璃钢平板、PVC 塑料护墙板、轻质高强复合墙板、阻燃模压木质复合板材、彩色阻燃人造板、难燃玻璃钢等 |
| | B2 | 各类天然木材、木制人造板、竹材、纸制装饰板、装饰微薄木贴面板、印刷木纹人造板、塑料贴面装饰板、聚酯装饰板、复塑装饰板、塑纤板、胶合板、塑料壁纸、无纺贴墙布、墙布、复合壁纸、天然材料壁纸、人造革等 |
| 地面材料 | B1 | 硬 PVC 塑料地板、水泥刨花板、水泥木丝板、氯丁橡胶地板等 |
| | B2 | 半硬质 PVC 塑料地板、PVC 卷材地板、木地板、氯纶地毯等 |
| 装饰织物 | B1 | 经阻燃处理的各类难燃织物等 |
| | B2 | 纯毛装饰布、纯麻装饰布、经阻燃处理的其他织物等 |
| 其他装饰材料 | B1 | 聚氯乙烯塑料、酚醛塑料、聚碳酸酯塑料、聚四氟乙烯塑料、三聚氰胺、脲醛塑料、硅树脂塑料装饰型材、经阻燃处理的各类织物等。另见顶棚材料和墙面材料中的有关材料 |
| | B2 | 经阻燃处理的聚乙烯、聚丙烯、聚氨酯、聚苯乙烯、玻璃钢、化纤织物、木制品等 |

注：安装在钢龙骨上燃烧性能达到 B1 级的纸面石膏板、矿棉吸声板、可作为 A 级装修材料使用。

## 11.5.2 各种建筑类型室内装修材料防火性能要求

① 单层、多层民用建筑内部各部位装修材料的燃烧性能等级见表 11.6。

表 11.6 单层、多层民用建筑内部各部位装修材料的燃烧性能等级

| 建筑物及场所 | 建筑规模、性质 | 装修材料燃烧性能等级 | | | | | 装饰织物 | | 其他装饰材料 |
|---|---|---|---|---|---|---|---|---|---|
| | | 顶棚 | 墙面 | 地面 | 隔断 | 固定家具 | 窗帘 | 帷幕 | |
| 候机楼的候机大厅、商店、餐厅、贵宾候机室、售票厅等 | 建筑面积＞10000m² 的候机楼 | A | A | B1 | B1 | B1 | B1 | | B1 |
| | 建筑面积≤10000m² 的候机楼 | A | B1 | B1 | B1 | B2 | B2 | | B2 |
| 汽车站、火车站、轮船客运站的候车(船)室、餐厅、商场等 | 建筑面积＞10000m² 的车站、码头 | A | A | B1 | B1 | B1 | B2 | | B2 |
| | 建筑面积≤10000m² 的车站、码头 | B1 | B1 | B1 | B2 | B2 | B2 | | B2 |
| 影院、会堂、礼堂、剧院、音乐室 | ＞800 座位 | A | A | B1 | B1 | B1 | B1 | B1 | B1 |
| | ≤800 座位 | A | B1 | B1 | B1 | B2 | B2 | B1 | B2 |
| 体育馆 | ＞3000 座位 | A | A | B1 | B1 | B1 | B2 | B1 | B2 |
| | ≤3000 座位 | A | B1 | B1 | B1 | B2 | B2 | B1 | B2 |

| 建筑物及场所 | 建筑规模、性质 | 装修材料燃烧性能等级 | | | | | | | |
|---|---|---|---|---|---|---|---|---|---|
| | | 顶棚 | 墙面 | 地面 | 隔断 | 固定家具 | 装饰织物 | | 其他装饰材料 |
| | | | | | | | 窗帘 | 帷幕 | |
| 商场营业厅 | 每层建筑面积>3000m² 或总建筑面积 9000m² 的营业厅 | A | B1 | A | A | B1 | B1 | | B2 |
| | 每层建筑面积 1000～3000m² 或总建筑面积为 3000～9000m² 的营业厅 | A | B1 | B1 | B1 | B2 | B1 | | B2 |
| | 每层建筑面积<1000m² 或总建筑面积<3000m² 营业厅 | B1 | B1 | B1 | B2 | B2 | B2 | | |
| 饭店、旅馆的客房及公共活动用房等 | 设有中央空调系统的饭店、旅馆 | A | B1 | B1 | B2 | B2 | B2 | | B2 |
| | 其他饭店、旅馆 | B1 | B1 | B2 | B2 | B2 | B2 | | |
| 歌舞厅、餐馆等娱乐、餐饮建筑 | 营业面积>100m² | A | B1 | B1 | B1 | B2 | B2 | | B2 |
| | 营业面积≤100m² | B1 | B1 | B1 | B2 | B2 | B2 | | |
| 幼儿园、托儿所、中小学、医院病房楼、疗养院、养老院 | | A | B1 | B2 | B2 | B2 | B2 | | B2 |
| 纪念馆、展览馆、博物馆、图书馆、档案馆、资料馆等 | 国家级、省级 | A | B1 | B1 | B2 | B2 | B2 | | B2 |
| | 省级以下 | B1 | B1 | B1 | B2 | B2 | B2 | | |
| 办公楼、综合楼 | 设有中央空调系统的办公楼、综合楼 | A | B1 | B1 | B2 | B2 | B2 | | B2 |
| | 其他办公楼、综合楼 | B1 | B1 | B2 | B2 | B2 | | | |
| 住宅 | 高级住宅 | B1 | B1 | B1 | B2 | B2 | B2 | | B2 |
| | 普通住宅 | B1 | B2 | B2 | B2 | B2 | | | |

注：1. 单层、多层民用建筑内面积小于 100m² 的房间，当采用防火墙和甲级防火门窗与其他部位分隔时，其装修材料的燃烧性能等级可在表 11.6 的基础上降低一级。

2. 除特别规定外，当单层、多层民用建筑需做内部装修的空间内装有自动灭火系统时，除顶棚外，其内部装修材料的燃烧性能等级可在表 11.6 规定的基础上降低一级；当同时装有火灾自动报警装置和自动灭火系统时，其顶棚装修材料的燃烧性能等级可在表 11.6 规定的基础上降低一级，其他装修材料的燃烧性能等级可不限制。

② 高层民用建筑内部各部位装修材料的燃烧性能等级，不应低于表 11.7 的规定。

表 11.7　高层民用建筑内部各部位装修材料的燃烧性能等级

| 建　筑　物 | 建筑规模、性质 | 装修材料燃烧性能等级 | | | | | | | | | |
|---|---|---|---|---|---|---|---|---|---|---|---|
| | | 顶棚 | 墙面 | 地面 | 隔断 | 固定家具 | 装饰织物 | | | | 其他装饰材料 |
| | | | | | | | 窗帘 | 帷幕 | 床罩 | 家具包布 | |
| 高级旅馆 | >800 座位的观众厅、会议厅、顶层餐厅 | A | B1 | B1 | B1 | B1 | B1 | B1 | | B1 | B1 |
| | ≤800 座位的观众厅、会议厅 | A | B1 | B1 | B2 | B1 | B1 | B1 | | B2 | B1 |
| | 其他部位 | A | B1 | B1 | B2 | B2 | B1 | B2 | B1 | B2 | B1 |

续表

| 建 筑 物 | 建筑规模、性质 | 装修材料燃烧性能等级 | | | | | | | | | |
|---|---|---|---|---|---|---|---|---|---|---|---|
| | | 顶棚 | 墙面 | 地面 | 隔断 | 固定家具 | 装饰织物 | | | | 其他装饰材料 |
| | | | | | | | 窗帘 | 帷幕 | 床罩 | 家具包布 | |
| 商业楼、展览楼、综合楼、商住楼、医院病房楼 | 一类建筑 | A | B1 | B1 | B1 | B2 | B1 | B1 | | B2 | B1 |
| | 二类建筑 | B1 | B1 | B2 | B2 | B2 | B2 | B2 | | B2 | B2 |
| 电信楼、财贸金融楼、邮政楼、广播电视楼、电力调度楼、防灾指挥调度楼 | 一类建筑 | A | A | B1 | B1 | B1 | B1 | B1 | | B2 | B1 |
| | 二类建筑 | B1 | B1 | B2 | B2 | B2 | B2 | B2 | | B2 | B2 |
| 教学楼、办公楼、科研楼、档案楼、图书馆 | 一类建筑 | A | B1 | B1 | B1 | B1 | B1 | B1 | | B2 | B1 |
| | 二类建筑 | B1 | B1 | B2 | B2 | B2 | B2 | B2 | | B2 | B2 |
| 住宅、普通旅馆 | 一类普通旅馆高级住宅 | A | B1 | B1 | B1 | B1 | B1 | | B1 | | B1 |
| | 二类普通旅馆普通住宅 | B1 | B1 | B2 | B2 | B2 | B2 | | B2 | | B2 |

注：1．"顶层餐厅"包括在高空的餐厅、观光厅等；建筑物的类别、规模、性质应符合国家现行标准《高层民用建筑设计防火规范》的有关规定。

2．除特别规定的场所和100m以上的高层民用建筑及大于800座位的观众厅、会议厅，顶层餐厅外，当设有火灾自动报警装置和自动灭火系统时，除顶棚外，其内部装修材料的燃烧性能等级可在表11.7规定的基础上降低一级。

3．高层民用建筑的裙房内面积小于500m²的房间，当设有自动灭火系统，并且采用耐火等级不低于2h的隔墙、甲级防火门、窗。与其他部位分隔时，顶棚、墙面、地面的装修材料的燃烧性能等级可在表11.7规定的基础上降低一级。

③ 地下民用建筑内部各部位装修材料的燃烧性能等级，不应低于表11.8的规定。

表 11.8　地下民用建筑内部各部位装修材料的燃烧性能等级

| 建筑物及场所 | 装修材料燃烧性能等级 | | | | | | |
|---|---|---|---|---|---|---|---|
| | 顶棚 | 墙面 | 地面 | 隔断 | 固定家具 | 装饰织物 | 其他装饰材料 |
| 休息室和办公室等、旅馆的客房及公共活动用房等 | A | B1 | B1 | B1 | B1 | B1 | B2 |
| 娱乐场所、旱冰场等、舞厅、展览厅等、医院的病房、医疗用房等 | A | A | B1 | B1 | B1 | B1 | B2 |
| 电影院的观众厅、商场的营业厅 | A | A | A | B1 | B1 | B1 | B2 |
| 停车库、人行通道、图书资料库、档案库 | A | A | A | A | A | | |

注：1．地下民用建筑系指单层、多层、高层民用建筑的地下部分，单独建造在地下的民用建筑以及平战结合的地下人防工程。

2．地下民用建筑的疏散走道和安全出口的门厅，其顶棚、墙面和地面的装修材料应采用A级装修材料。

3．单独建造的地下民用建筑的地上部分，其门厅、休息室、办公室等内部装修材料的燃烧性能等级可在表11.8的基础上降低一级要求。

4．地下商场、地下展览厅的售货柜台、固定货架、展览台等，应采用A级装修材料。

④ 厂房内部（包括厂房附设的办公室、休息室等）各部位装修材料的燃烧性能等级，不应低于表11.9的规定。

表 11.9　工业厂房内部各部位装修材料的燃烧性能等级

| 工业厂房分类 | 建筑规模 | 装修材料燃烧性能等级 | | | |
|---|---|---|---|---|---|
| | | 顶棚 | 墙面 | 地面 | 隔断 |
| 甲、乙类厂房,有明火的丁类厂房 | | A | A | A | A |
| 丙类厂房 | 地下厂房 | A | A | A | B1 |
| | 高层厂房 | A | B1 | B1 | B2 |
| | 高度>24m 的单层厂房 高度≤24m 的单层、多层厂房 | B1 | B1 | B2 | B2 |
| 无明火的丁类厂房、戊类厂房 | 地下厂房 | A | A | B1 | B1 |
| | 高层厂房 | B1 | B1 | B2 | B2 |
| | 高度>24m 的单层厂房 高度≤24m 的单层、多层厂房 | B1 | B2 | B2 | B2 |

## 11.5.3　建筑内部防火分区相关规定

① 民用建筑分类应符合表 11.10 的规定。

表 11.10　民用建筑分类

| 名称 | 高层民用建筑 | | 单、多层 民用建筑 |
|---|---|---|---|
| | 一类 | 二类 | |
| 住宅 建筑 | 建筑高度大于 54m 的住宅建筑(包括设置 商业服务网点的住宅建筑) | 建筑高度大于 27m,但不 大于 54m 的住宅建筑(包 括设置商业服务网点的住 宅建筑) | 建筑高度不大于 27m 的 住宅建筑(包括设置商业服 务网点的住宅建筑) |
| 公共 建筑 | ①建筑高度大于 50m 的公共建筑 ②任一楼层建筑面积大于 1000m² 的商店、 展览、电信、邮政、财贸金融建筑和其他多种功 能组合的建筑 ③医疗建筑、重要公共建筑 ④省级及以上的广播电视和防灾指挥调度 建筑、网局级和省级电力调度建筑 ⑤藏书超过 100 万册的图书馆、书库 | 除一类高层公共建筑外 的其他高层公共建筑 | ①建筑高度大于 24m 的 单层公共建筑 ②建筑高度不大于 24m 的其他公共建筑 |

② 民用建筑的耐火等级可分为一、二、三、四级。民用建筑的耐火等级应根据其建筑高度、使用功能、重要性和火灾扑球难度等确定,并应符合下列规定:

a. 地下或半地下建筑(室)和一类高层建筑的耐火等级不应低于一级;

b. 单、多层重要公共建筑和二类高层建筑的耐火等级不应低于二级。

③ 不同耐火等级建筑允许建筑高度或层数、防火分区最大允许建筑面积应符合表 11.11 的规定。

表 11.11　不同耐火等级建筑允许建筑高度或层数、防火分区最大允许建筑面积

| 名称 | 耐火等级 | 允许建筑高度或层数 | 防火分区的最大允许建筑面积/m² | 备　注 |
|---|---|---|---|---|
| 高层民用建筑 | 一、二级 | 按建筑设计防火规范确定 | 1500 | 对于体育馆、剧场的观众厅，防火分区的最大允许建筑面积可适当增加 |
| 单、多层民用建筑 | 一、二级 | 按建筑设计防火规范确定 | 2500 | |
| | 三级 | 5 层 | 1200 | — |
| | 四级 | 2 层 | 600 | — |
| 地下或半地下建筑(室) | 一级 | — | 500 | 设备用房的防火分区最大允许建筑面积不应大于 1000m² |

注：表中规定的防火分区最大允许建筑面积，当建筑内设置自动灭火系统时，可按本表增加 1.00 倍；局部设置时，防火分区的增加面积可按该局部面积的 1.00 倍计算。

④ 一、二级耐火等级建筑内的营业厅、展览厅，当设置自动灭火系统和火灾自动报警系统并采用不燃或难燃装修材料时，其每个防火分区的最大允许建筑面积应符合下列规定。

a. 设置在高层建筑内时，不应大于 4000m²。

b. 设置在单层建筑或仅设置在多层建筑的首层内时，不应大于 10000m²。

c. 设置在地下或半地下时，不应大于 2000m²。

### 11.5.4　住宅室内装饰装修管理相关规定

① 住宅室内装饰装修活动，禁止下列行为：

a. 未经原设计单位或者具有相应资质等级的设计单位提出设计方案，变动建筑主体和承重结构；

b. 将没有防水要求的房间或者阳台改为卫生间、厨房间；

c. 扩大承重墙上原有的门窗尺寸，拆除连接阳台的砖、混凝土墙体；

d. 损坏房屋原有节能设施，降低节能效果；

e. 其他影响建筑结构和使用安全的行为。

② 装修人从事住宅室内装饰装修活动，未经批准，不得有下列行为：

a. 搭建建筑物、构筑物；

b. 改变住宅外立面，在非承重外墙上开门、窗；

c. 拆改供暖管道和设施；

d. 拆改燃气管道和设施。

本条所列第 a 项、第 b 项行为，应当经城市规划行政主管部门批准；第 c 项行为，应当经供暖管理单位批准；第 d 项行为应当经燃气管理单位批准。

③ 住宅室内装饰装修不得存在擅自拆除和破坏承重墙体、损坏受力钢筋、擅自拆改水暖电燃气通信等配套设施的现象。

④ 改动卫生间、厨房间防水层的，应当按照防水标准制订施工方案，并做闭水试验。

⑤ 装修人在住宅室内装饰装修工程开工前，应当向物业管理企业或者房屋管

理机构（简称物业管理单位）申报登记。

### 11.5.5 住宅室内装饰装修工程质量验收主要规定

① 墙面基层工程：

a. 墙面基层处理不同材料交接处不应有裂缝，基层与基体之间必须粘接牢固，无脱层。每处空鼓面积不应大于 $0.04m^2$，且每自然间不应多于 2 处。

b. 墙面基层表面应平整，阴阳角应顺直，表面无爆灰。护角、空洞、槽、盒周围的抹灰表面应整齐、光滑；管道后面的抹灰应表面平整。

c. 墙面基层工程质量的允许偏差和检验方法应符合表 11.12 的规定。

**表 11.12 墙面基层工程质量的允许偏差和检验方法**

| 项次 | 项 目 | 允许偏差/mm | 检验方法 |
|------|--------|-------------|----------|
| 1 | 立面垂直度 | 4 | 用2m垂直检测尺检查 |
| 2 | 表面平整度 | 4 | 用2m靠尺和塞尺检查 |
| 3 | 阴阳角方正 | 4 | 用直角检测尺检查 |

② 地面基层工程：

a. 地面基层与结构层之间、分层施工的基层各层之间，应结合牢固，无裂纹，每处空鼓面积不应大于 $0.04m^2$，且每自然间不应多于 2 处。

b. 地面基层表面不应有裂纹、脱皮、麻面、起砂等缺陷。地面基层表面平整度的允许偏差不宜大于 4mm。

③ 顶棚基层工程：抹灰顶棚基层与基体之间以及分层施工的基层，各层之间应粘结牢固、无裂纹。基层表面应顺平、接槎平整，无爆灰和裂缝。

④ 住宅室内基层净距和净高检验要求：

a. 住宅室内自然间墙面之间的净距允许偏差不宜大于 15mm，房间对角线基层净距差允许偏差不宜大于 20mm。

b. 住宅室内自然间的基层净高允许偏差不宜大于 15mm，同一平面的相邻基层净高允许偏差不宜大于 15mm。

⑤ 吊顶工程：超过 3kg 的灯具、电扇及其他设备应设置独立吊挂结构。

⑥ 厨房工程：

a. 室内燃气管道应明敷，燃气表位置应便于抄表、开关及检修。

b. 户内燃气管道与燃具应采用软管连接，长度不应大于 2m，中间不得有接口，不得有弯折、拉伸、龟裂、老化等现象。燃具的连接应严密，安装应牢固，不渗漏。

c. 燃气热水器排气管应直接通至户外。

⑦ 室内布线工程：

a. 室内布线应穿管敷设，不得在住宅顶棚内、墙体及顶棚的抹灰层、保温层及饰面板内直敷布线。

b. 开关应断在相线上，并应接触可靠。

c. 卫生间、非封闭阳台应采用防护等级为 IP54 电源插座；分体空调、洗衣机、电热水器应采的插座应带开关。

d. 安装高度在 1.8m 及以下电源插座均应为安全型插座。

## 11.6 室内装修主要施工工艺介绍

### 11.6.1 一般抹灰工程施工工艺（图 11.5）

（1）基层清理

① 砖砌体：应清除表面杂物、残留灰浆、舌头灰、尘土等。

② 混凝土基体：表面凿毛或在表面洒水润湿后涂刷 1:1 水泥砂浆（加适量胶黏剂或界面剂）。

③ 加气混凝土基体：应在湿润后边涂刷界面剂，边抹强度不大于 M5 的水泥混合砂浆。

图 11.5　内墙抹灰工程

（2）浇水湿润　一般在抹灰前一天，用软管或胶皮管或喷壶顺墙自上而下浇水湿润，每天宜浇两次。

（3）吊垂直、套方、找规矩、做灰饼（图 11.6）

① 根据设计图纸要求的抹灰质量，根据基层表面平整垂直情况，用一面墙做基准，吊垂直、套方、找规矩，确定抹灰厚度，抹灰厚度不应小于 7mm。当墙面凹度较大时应分层衬平。

② 每层厚度不大于 7～9mm。操作时应先抹上灰饼，再抹下灰饼。抹灰饼时应根据室内抹灰要求确定灰饼的正确位置，再用靠尺板找好垂直与平整。灰饼宜用 1:3 水泥砂浆抹成 5cm 见方形状。

③ 房间面积较大时应先在地上弹出十字中心线，然后按基层面平整度弹出墙角线，随后在距墙阴角 100mm 处吊垂线并弹出铅垂线，再按地上弹出的墙角线往墙上翻引弹出阴角两面墙上的墙面抹灰层厚度控制线，以此做灰饼，然后根据灰饼充筋。

（4）抹水泥踢脚（或墙裙）

① 根据已抹好的灰饼充筋（此筋可以充的宽一些，8～10cm 为宜，因此筋即

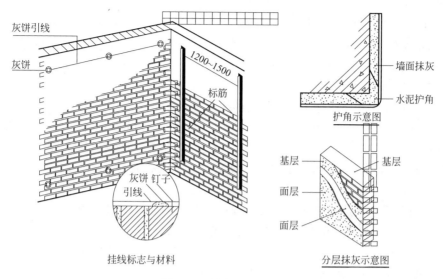

图 11.6 抹灰操作示意

为抹踢脚或墙裙的依据，同时也作为墙面抹灰的依据），底层抹 1:3 水泥砂浆，抹好后用大杠刮平，木抹搓毛，常温第二天用 1:2.5 水泥砂浆抹面层并压光，抹踢脚或墙裙厚度应符合设计要求，无设计要求时凸出墙面 5～7mm 为宜。

② 凡凸出抹灰墙面的踢脚或墙裙上口必须保证光洁顺直，踢脚或墙面抹好将靠尺贴在大面与上口平，然后用小抹子将上口抹平压光，凸出墙面的棱角要做成钝角，不得出现毛茬和飞棱。

（5）做护角 墙、柱间的阳角应在墙、柱面抹灰前用 1:2 水泥砂浆做护角，其高度自地面以上 2m。然后将墙、柱的阳角处浇水湿润（图 11.7）。

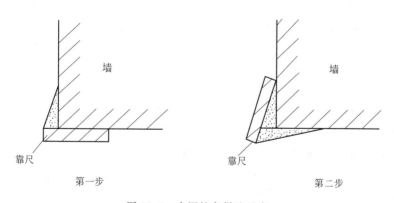

图 11.7 水泥护角做法示意

① 第一步在阳角正面立上八字靠尺，靠尺突出阳角侧面，突出厚度与成活抹灰面平。然后在阳角侧面，依靠尺边抹水泥砂浆，并用铁抹子将其抹平，按护角宽度（不小于 5cm）将多余的水泥砂浆铲除。

② 第二步待水泥砂浆稍干后，将八字靠尺移至抹好的护角面上（八字坡向外）。在阳角的正面，依靠尺边抹水泥砂浆，并用铁抹子将其抹平，按护角宽度将多余的水泥砂浆铲除。抹完后去掉八字靠尺，用素水泥浆涂刷护角尖角处，并用捋角器自上而下捋一遍，使形成钝角。

（6）抹水泥窗台

① 先将窗台基层清理干净，松动的砖要重新补砌好。

② 砖缝划深，用水润透，然后用 1：2：3 豆石混凝土铺实，厚度宜大于 2.5cm，次日刷胶黏性素水泥一遍，随后抹 1：2.5 水泥砂浆面层，待表面达到初凝后，浇水养护 2～3d，窗台板下口抹灰要平直，没有毛刺。

（7）墙面充筋

① 当灰饼砂浆达到七八成干时，即可用与抹灰层相同砂浆充筋，充筋根数应根据房间的宽度和高度确定，一般标筋宽度为 5cm。

② 两筋间距不大于 1.5m。当墙面高度小于 3.5m 时宜做立筋。大于 3.5m 时宜做横筋，做横向充筋时，灰饼的间距不宜大于 2m。

（8）抹底灰

① 一般情况下充筋完成 2h 左右开始抹底灰为宜，抹前应先抹一层薄灰，要求将基体抹严，抹时用力压实使砂浆挤入细小缝隙内，接着分层装档、抹与充筋平，用木杠刮找平整，用木抹子搓毛。然后全面检查底子灰是否平整，阴阳角是否方直、整洁，管道后与阴角交接处、墙顶板交接处是否光滑平整、顺直，并用托线板检查墙面垂直与平整情况。

② 散热器后边的墙面抹灰，应在散热器安装前进行，抹灰面接茬应平顺，地面踢脚板或墙裙，管道背后应及时清理干净，做到活完底清。

（9）修抹预留孔洞，配电箱、槽、盒

① 当底灰抹平后，要随即由专人把预留孔洞，配电箱、槽、盒周边 5cm 宽的石灰砂刮掉，并清除干净，用大毛刷沾水沿周边刷水湿润。

② 然后用 1：1：4 水泥混合砂浆，把洞口、箱、槽、盒周边压抹平整、光滑。

（10）抹罩面灰

① 应在底灰六七成干时开始抹罩面灰（抹时如底灰过干应浇水湿润），罩面灰两遍成活，厚度约 2mm，操作时最好两人同时配合进行，一人先刮一遍薄灰，另一人随即抹平。

② 依先上后下的顺序进行，然后赶实压光，压时要掌握火候，既不要出现水纹，也不可压活，压好后随即用毛刷蘸水将罩面灰污染处清理干净。

③ 施工时整面墙不宜甩破活，如遇有预留施工洞时，可甩下整面墙待为宜。

## 11.6.2 墙面干挂石材施工工艺（图 11.8）

（1）工地收货

① 收货要设专人负责管理，要认真检查材料的规格、型号是否正确，与料单是否相符，发现石材颜色明显不一致的，要单独码放，以便退还给厂家，如有裂

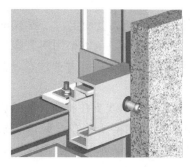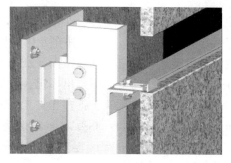

图 11.8　墙面干挂石材

纹、缺棱掉角的，要修理后再用，严重的不得使用。

② 还要注意石材堆放地要夯实，垫 10cm×10cm 通长方木，让其高出地面 8cm 以上，方木上最好钉上橡胶条，让石材按 75°立放斜靠在专用的钢架上，每块石材之间要用塑料薄膜隔开靠紧码放，防止粘在一起和倾斜。

（2）石材表面处理　石材表面充分干燥（含水率应小于 8%）后，用石材护理剂进行石材六面体防护处理，此工序必须在无污染的环境下进行，将石材平放于木方上，用羊毛刷蘸上防护剂，均匀涂刷于石材表面，涂刷必须到位，第一遍涂刷完间隔 24h 后用同样的方法涂刷第二遍石材防护剂，间隔 48h 后方可使用。

（3）石材准备

① 首先用比色法对石材的颜色进行挑选分类；安装在同一面的石材颜色应一致，并根据设计尺寸和图纸要求，将专用模具固定在台钻上，进行石材打孔，为保证位置准确垂直，要钉一个定型石材托架，使石板放在托架上，要打孔的小面与钻头垂直，使孔成型后准确无误，孔深为 22～23mm，孔径为 7～8mm，钻头为 5～6mm。

② 随后在石材背面刷不饱和树脂胶，主要采用一布二胶的做法，布为无碱、无捻 24 目的玻璃丝布，石板在刷头遍胶前，先把编号写在石板上，并将石板上的浮灰及杂污清除干净，如锯锈、铁抹子，用钢丝刷、粗纱子将其除掉再刷胶，胶要随用随配，防止固化后造成浪费。要注意边角地方一定要刷好。特别是打孔部位是个薄弱区域，必须刷到。布要铺满，刷完头遍胶，在铺贴玻璃纤维网格布时要从一边用刷子赶平，铺平后再刷二遍胶，刷子沾胶不要过多，防止流到石材小面给嵌缝带来困难，出现质量问题。

（4）基层准备　清理预做饰面石材的结构表面，同时进行吊直、套方、找规矩；弹出垂直线水平线。并根据设计图纸和实际需要弹出安装石材的位置线和分块线。

（5）挂线

① 按设计图纸要求，石材安装前要事先用经纬仪打出大角两个面的竖向控制线，最好弹在离大角 20cm 的位置上，以便随时检查垂直挂线的准确性，保证顺利

安装。

② 竖向挂线宜用 1.0～1.2 的钢丝为好，下边沉铁随高度而定，一般 40m 以下高度沉铁质量为 8～10kg，上端挂在专用的挂线角钢架上，角钢架用膨胀螺栓固定在建筑大角的顶端，一定要挂在牢固、准确、不易碰动的地方，并要注意保护和经常检查。并在控制线的上、下作出标记。

（6）支底层饰面板托架　把预先加工好的支托按上平线支在将要安装的底层石板上面。支托要支承牢固，相互之间要连接好，也可和架子接在一起，支架安好后，顺支托方向铺通长 50mm 厚木板，木板上口要在同一水平面上，以保证石材上下面处在同一水平面上。

（7）在围护结构上打孔、下膨胀螺栓　在结构表面弹好水平线，按设计图纸及石材钻孔位置，准确地弹在围护结构墙上并作好标记，然后按点打孔，打孔可使用冲击钻，上 12.5 的冲击钻头，打孔时先用尖錾子在预先弹好的点上凿一个点，然后用钻打孔，孔深在 60～80mm，若遇结构里的钢筋时，可以将孔位在水平方向移动或往上抬高，要连接铁件时利用可调余量调回。成孔要求与结构表面垂直，成孔后把孔内的灰粉用小勺勺掏出，安放膨胀螺栓，宜将本层所需的膨胀螺栓全部安装就位。

（8）上连接铁件　用设计规定的不锈钢螺栓固定角钢和平钢板。调整平钢板的位置，使平钢板的小孔正好与石板的插入孔对正，固定平钢板，用力矩扳子拧紧。

（9）底层石材安装　把侧面的连接铁件安好，便可把底层面板靠角上的一块就位。方法是用夹具暂时固定，先将石材侧孔抹胶，调整铁件，插固定钢针，调整面板固定。依次按顺序安装底层面板，待底层面板全部就位后，检查一下各板水平是否在一条线上，如有高低不平的要进行调整；低的可用木楔垫平；高的可轻轻适当退出点木楔，退出面板上口在一条水平线上为止；先调整好面板的水平与垂直度，再检查板缝，板缝宽应按设计要求，板缝均匀，将板缝嵌紧被衬条，嵌缝高度要高于 25cm。其后用 1：2.5 的白水泥配制的砂浆，灌于底层面板内 20cm 高，砂浆表面上设排水管。

（10）石板上孔抹胶及插连接钢针　把 1：1.5 的白水泥环氧树脂倒入固化剂、促进剂，用小棒将配好的胶抹入孔中，再把长 40mm 的 4 连接钢针通过平板上的小孔插入直至面板孔，上钢针前检查其有无伤痕，长度是否满足要求，钢针安装要保证垂直。

（11）调整固定　面板暂时固定后，调整水平度，如板面上口不平，可在板底一端下口的连接平钢板上垫一相应的双股铜丝垫，若铜丝粗，可用小锤砸扁，若高，可把另一端下口用以上方法垫一下。调整垂直度，并调整面板上口的不锈钢连接件的距墙空隙，直至面板垂直。

（12）顶部面板安装　顶部最后一层面板除了一般石材安装要求外，安装调整后，在结构与石板缝隙里吊一通长的 20mm 厚木条，木条上平为石板上口下250mm，吊点可设在连接铁件上，可采用铅丝吊木条，木条吊好后，即在石板与墙面之间的空隙里塞放聚苯板，聚苯板条要略宽于空隙，以便填塞严实，防止灌浆时漏浆，造成蜂窝、孔洞等，灌浆至石板口下 20mm 作为压顶盖板之用。

（13）贴防污条、嵌缝　沿面板边缘贴防污条，应选用 4cm 左右的纸带型不干胶带，边沿要贴齐、贴严，在大理石板间缝隙处嵌弹性泡沫填充（棒）条，填充（棒）条也可用 8mm 厚的高发泡片剪成 10mm 宽的条，填充（棒）条嵌好后离装修面 5mm，最后在填充（棒）条外用嵌缝枪把中性硅胶打入缝内，打胶时用力要均，走枪要稳而慢。如胶面不太平顺，可用不锈钢小勺刮平，小勺要随用随擦干净，嵌底层石板缝时，要注意不要堵塞流水管。根据石板颜色可在胶中加适量矿物质颜料。

（14）清理大理石、花岗石表面，刷罩面剂　把大理石、花岗石表面的防污条掀掉，用棉丝将石板擦净，若有胶或其他粘接牢固的杂物，可用开刀轻轻铲除，用棉丝蘸丙酮擦至干净。在刷罩面剂施工前，应掌握、了解天气趋势，阴雨天和 4 级以上风天不得施工，防止污染漆膜；冬季、雨季可在避风条件好的室内操作，刷在板块面上。罩面剂按配合比在刷前半小时兑好，注意区别底漆和面漆，最好分阶段操作。配制罩面剂要搅匀，防止成膜时不均，涂刷要用 3in（1in＝2.54cm）羊毛刷，沾漆不宜过多，防止流挂，尽量少回刷，以免有刷痕，要求无气泡、不漏刷，刷平整有光泽。

（15）亦可参考金属饰面板安装工艺中的固定骨架的方法，来进行大理石、花岗石饰面板等干挂工艺的结构连接法的施工，尤其是室内干挂饰面板安装工艺。

### 11.6.3　室内贴面砖施工工艺（图 11.9）

图 11.9　室内贴面砖

① 在施工过程中应符合《民用建筑工程室内环境污染控制规定》。

② 在施工过程中应防止噪声污染，在施工场界噪声敏感区域宜选择使用低噪声的设备，也可以采取其他降低噪声的措施。

③ 基体为混凝土墙面时的操作方法：

a. 基层处理：先检查墙面原有抹灰层是否存在空鼓并及时修复，将凸出墙面的砂浆凿平，然后进行清扫冲洗。基层为砖墙应清理干净墙面上残存的废余砂浆块、灰尘、油污等，并提前一天浇水湿润。基层为混凝土墙应剔凿胀模的地方清洗油污、太光滑的墙面要凿毛或用掺107胶的水泥细砂浆做小拉毛墙或刷界面处理剂。

b. 找规矩、贴灰饼冲筋：墙面及四角找规矩时，竖向必须从顶层用大线锤吊全高垂直，并在墙面的阴阳角、门窗两侧以及凸出墙面的柱、垛等部位，根据垂直线，分层设点或以每一步脚手架设点，用1:3水泥砂浆贴50mm×50mm灰饼。

c. 基层抹灰：厚度一般为15mm，用1:3水泥砂浆分遍抹成。第一遍抹灰厚约6～7mm，用铁抹子压实，待稍干后，即可进行第二遍抹灰。第二遍抹灰应按冲筋抹满，用靠尺刮平，低凹处补足，然后用木抹子搓毛，终凝后注意保养。

d. 待底层灰六七成干时，按图纸要求，釉面砖规格及结合实际条件进行排砖、弹线。

e. 排砖：根据大样图及墙面尺寸进行横竖向排砖，以保证面砖缝隙均匀，符合设计图纸要求，注意大墙面、柱子和垛子要排整砖，以及在同一墙面上的横竖排列，均不得有小于1/4砖的非整砖。非整砖行应排在次要部位，如窗间墙或阴角处等。但亦注意一致和对称。如遇有突出的卡件，应用整砖套割吻合，不得用非整砖随意拼凑镶贴。

f. 用废釉面砖贴标准点，用做灰饼的混合砂浆贴在墙面上，用以控制贴釉面砖的表面平整度。

g. 垫底尺、计算准确最下一皮砖下口标高，底尺上皮一般比地面低1cm左右，以此为依据放好底尺，要水平、安稳。

h. 选砖、浸泡：面砖镶贴前，应挑选颜色、规格一致的砖；浸泡砖时，将面砖清扫干净，放入净水中浸泡2h以上，取出待表面晾干或擦干净后方可使用。

i. 粘贴面砖：粘贴应自下而上进行。抹8mm厚1:0.1:2.5水泥石灰膏砂浆结合层，要刮平，随抹随自上而下粘贴面砖，要求砂浆饱满，亏灰时，取下重贴，并随时用靠尺检查平整度，同时保证缝隙宽度一致。

j. 贴完经自检无空鼓、不平、不直后，用棉丝擦干净，用勾缝胶、白水泥或拍干白水泥擦缝，用布将缝的素浆擦匀，砖面擦净。

另外一种做法是，用1:1水泥砂浆加水重20%的界面剂胶或专用瓷砖胶在砖背面抹3～4mm厚粘贴即可。但此种做法其基层灰必须抹得平整，而且沙子必须用窗纱筛后使用。另外也可用胶粉来粘贴面砖，其厚度为2～3mm，有此种做法其基层灰必须更平整。

④ 基体为砖墙面时的操作方法：

a. 基层处理：抹灰前，墙面必须清扫干净，浇水湿润。

b. 12mm厚1:3水泥砂浆打底，打底要分层涂抹，每层厚度宜5～7mm，随即抹平搓毛。

c. f～j同基层为混凝土墙面的做法。

## 11.6.4　室内地砖施工工艺 （图11.10）

① 基层处理：把沾在基层上的浮浆、落地灰等用錾子或钢丝刷清理掉，再用扫帚将浮土清扫干净。

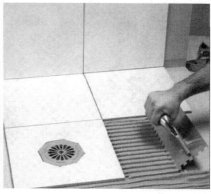

图 11.10　室内地砖施工

② 找标高：根据水平标准线和设计厚度，在四周墙、柱上弹出面层的上平标高控制线。

③ 排砖：将房间依照砖的尺寸留缝大小，排出砖的放置位置，并在基层地面弹出十字控制线和分格线。排砖应符合设计要求，当设计无要求时，宜避免出现板块小于 1/4 边长的边角料。

④ 铺设结合层砂浆：铺设前应将基底湿润，并在基底上刷一道素水泥浆或界面结合剂，随刷随铺设搅拌均匀的干硬性水泥砂浆。

⑤ 铺砖：将砖放置在干拌料上，用橡皮锤找平，之后将砖拿起，在干拌料上浇适量素水泥浆，同时在砖背面涂厚度约 1mm 的素水泥膏，再将砖放置在找过平的干拌料上，用橡皮锤按标高控制线和方正控制线坐平坐正。

⑥ 铺砖时应先在房间中间按照十字线铺设十字控制砖，之后按照十字控制砖向四周铺设，并随时用 2m 靠尺和水平尺检查平整度。大面积铺贴时应分段、分部位铺贴。

⑦ 如设计有图案要求时，应按照设计图案弹出准确分格线，并做好标记，防止差错。

⑧ 养护：当砖面层铺贴完 24h 内应开始浇水养护，养护时间不得小于 7d。

⑨ 勾缝：当砖面层的强度达到可上人的时候，进行勾缝，用同种、同强度等级、同色的水泥膏或 1∶1 水泥砂浆，要求缝清晰、顺直、平整、光滑、深浅一致，缝应低于砖面 0.5～1mm。

⑩ 冬季施工时，环境温度不应低于 5℃。

### 11.6.5　强化复合地板施工工艺（图 11.11）

① 基底清理：基层表面应平整、坚硬、干燥、密实、洁净、无油脂及其他杂质，不得有麻面、起砂、裂缝等缺陷。条件允许时，用自流平水泥将地面找平为佳。

② 铺衬垫：将衬垫铺平，用胶黏剂点涂固定在基底上。

图 11.11　复合地板施工

③ 铺强化复合地板：从墙的一边开始铺粘企口强化复合地板，靠墙的一块板应离开墙面 10mm 左右，以后逐块排紧。板间企口应满涂胶，挤紧后溢出的胶要立刻擦净。强化复合地板面层的接头应按设计要求留置。

④ 铺强化复合地板时应从房间内退着往外铺设。

⑤ 不符合模数的板块，其不足部分在现场根据实际尺寸将板块切割后镶补，并应用胶黏剂加强固定。

### 11.6.6　轻钢龙骨纸面石膏板顶棚施工工艺（图 11.12）

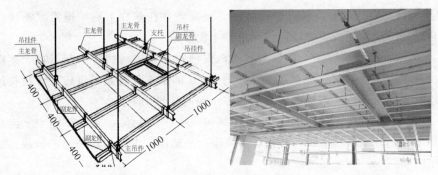

图 11.12　轻钢龙骨纸面石膏板顶棚施工

（1）弹线　用水准仪在房间内每个墙（柱）角上找出水平点（若墙体较长，中间也应适当找几个点），弹出水准线（水准线距地面一般为 500mm），从水准线量至吊顶设计高度加上 12mm（一层石膏板的厚度），用粉线沿墙（柱）弹出水准线，即为吊顶次龙骨的下皮线。同时，按吊顶平面图，在混凝土顶板弹出主龙骨的位置。主龙骨应从吊顶中心向两边分，最大间距为 1000mm，并标出吊杆的固定点，吊杆的固定点间距 900～1000mm，如遇到梁和管道固定点大于设计和规程要求，应增加吊杆的固定点。

（2）固定吊挂杆件　采用膨胀螺栓固定吊挂杆件。不上人的吊顶，吊杆长度小于 1000mm，可以采用 $\phi6$ 的吊杆，如果大于 1000mm，应采用 $\phi8$ 的吊杆，还应设置反向支撑。吊杆可以采用冷拔钢筋和盘圆钢筋，但采用盘圆钢筋应采用机械将其拉直。上人的吊顶，吊杆长度等于 1000mm，可以采用 $\phi8$ 的吊杆；如果大于

1000mm，应采用 $\phi$10 的吊杆，吊杆的一端同 L30×30×3 角码焊接（角码的孔径应根据吊杆和膨胀螺栓的直径确定），另一端可以用攻丝套出大于 100mm 的丝杆，也可以买成品丝杆焊接。制作好的吊杆应做防锈处理，吊杆用膨胀螺栓固定在楼板上，用冲击电钻打孔，孔径应稍大于膨胀螺栓的直径。

（3）在梁上设置吊挂杆件

① 吊挂杆件应通直并有足够的承载能力。当预埋的杆件需要接长时，必须搭接焊牢，焊缝要均匀饱满。

② 吊杆距主龙骨端部不得超过 300mm，否则应增加吊杆。

③ 吊顶灯具、风口及检修口等应设附加吊杆。

（4）安装边龙骨 边龙骨的安装应按设计要求弹线，沿墙（柱）上的水平龙骨线把 L 形镀锌轻钢条用自攻螺丝固定在预埋木砖上，如为混凝土墙（柱）上可用射钉固定，射钉间距应不大于吊顶次龙骨的间距。

（5）安装主龙骨

① 主龙骨应吊挂在吊杆上，主龙骨间距 900～1000mm。主龙骨分为不上人 UC38 小龙骨，上人 UC60 大龙骨二种。主龙骨宜平行房间长向安装，同时应起拱，起拱高度为房间跨度的 1/300～1/200。主龙骨的悬臂段不应大于 300mm，否则应增加吊杆。主龙骨的接长应采取对接，相邻龙骨的对接接头要相互错开。主龙骨挂好后应基本调平。

② 跨度大于 15m 以上的吊顶，应在主龙骨上，每隔 15m 加一道大龙骨，并垂直主龙骨焊接牢固。

③ 如有大的造型顶棚，造型部分应用角钢或扁钢焊接成框架，并应与楼板连接牢固。

④ 吊顶如设检修走道，应另设附加吊挂系统，用 10mm 的吊杆与长度为 1200mm 的 L15×5 角钢横担用螺栓连接，横担间距为 1800～2000mm，在横担上铺设走道，可以用 6 号槽钢两根间距 600mm，之间用 10mm 的钢筋焊接，钢筋的间距为 @100，将槽钢与横担角钢焊接牢固，在走道的一侧设有栏杆，高度为 900mm 可以用 L50×4 的角钢做立柱，焊接在走道槽钢上，之间用 30×4 的扁钢连接。

（6）安装次龙骨 次龙骨应紧贴主龙骨安装。次龙骨间距 300～600mm。用 T 形镀锌铁片连接件把次龙骨固定在主龙骨上时，次龙骨的两端应搭在 L 形边龙骨的水平翼缘上。墙上应预先标出次龙骨中心线的位置，以便安装罩面板时找到次龙骨的位置。当用自攻螺丝钉安装板材时，板材接缝处必须安装在宽度不小于 40mm 的次龙骨上。次龙骨不得搭接。在通风、水电等洞口周围应设附加龙骨，附加龙骨的连接用拉铆钉铆固。吊顶灯具、风口及检修口等应设附加吊杆和补强龙骨。

（7）罩面板安装 吊挂顶棚罩面板常用的板材有纸面石膏板、埃特板、防潮板等。选用板材应考虑牢固可靠，装饰效果好，便于施工和维修，也要考虑重量轻、防火、吸声、隔热、保温等要求。

（8）纸面石膏板安装

① 饰面板应在自由状态下固定，防止出现弯棱、凸鼓的现象；还应在棚顶四周封闭的情况下安装固定，防止板面受潮变形。

② 纸面石膏板的长边（既包封边）应沿纵向次龙骨铺设；自攻螺丝与纸面石膏板边的距离，用面纸包封的板边以 10～15mm 为宜，切割的板边以 15～20mm 为宜；固定次龙骨的间距，一般不应大于 600mm，在南方潮湿地区，间距应适当减小，以 300mm 为宜。

③ 钉距以 150～170mm 为宜，螺丝应与板面垂直，已弯曲、变形的螺丝应剔除，并在相隔 50mm 的部位另安螺丝。

④ 安装双层石膏板时，面层板与基层板的接缝应错开，不得在一根龙骨上。

⑤ 石膏板的接缝，应按设计要求进行板缝处理。

⑥ 纸面石膏板与龙骨固定，应从一块板的中间向板的四边进行固定，不得多点同时作业。

⑦ 螺丝钉头宜略埋入板面，但不得损坏纸面，钉眼应作防锈处理并用石膏腻子抹平。

⑧ 拌制石膏腻子时，必须用清洁水和清洁容器。

### 11.6.7 木饰面施涂混色油漆施工工艺

① 在施工过程中应符合《民用建筑工程室内环境污染控制规定》GB 50325。

② 每天收工后应尽量不剩油漆材料，剩余油漆不准乱倒，应收集后集中处理。废弃物（如废油桶、油刷、棉纱等）按环保要求分类消纳。

③ 刮底腻子：将裂缝、钉孔、边棱残缺处嵌批平整，要刮平刮到。腻子的重量配合比为石膏：熟桐油：松香水：水＝16：5：1：6。待涂刷的清漆干透后进行批刮。上下冒头，榫头等处均应批刮到。

④ 磨砂纸：腻子要干透，磨砂纸时不要将涂膜磨穿，保护好棱角，注意不要留松散腻子痕迹。磨完后应打扫干净，并用潮布将散落的粉尘擦净。

⑤ 刷第一遍混色漆：调和漆黏度较大，要多刷、多理，涂刷油灰时要等油灰有一定强度后进行，并要盖过油灰 0.5～1.0mm，以起到密封作用。门、窗及木饰面刷完后要仔细检查，看有无漏刷处，最后将活动扇做好临时固定。

⑥ 刮腻子：待第一遍油漆干透后，对底腻子收缩处或有残缺处，需再用腻子仔细批刮一次。具体要求见施工工艺要点③。

⑦ 打砂纸、安装玻璃：待腻子干透后，用 1 号砂纸打磨，其操作方法及要求同施工工艺要点④。然后安装玻璃。

⑧ 刷第二遍调和漆：刷漆同施工工艺要点⑤。如木门窗有玻璃，用潮布或废报纸将玻璃内外擦干净，应注意不得损坏玻璃四角油灰和八字角（如打玻璃胶应待胶干透）。

打砂纸要求同施工工艺要点④。使用新砂纸时，需将两张砂纸对磨，把粗大砂粒磨掉，防止划破油漆膜。

⑨ 刷最后一遍油漆：要注意油漆不流不坠、光亮均匀、色泽一致。油灰（玻璃胶）要干透，要仔细检查，固定活动门（窗）扇，注意成品保护。

⑩ 冬季施工：室内应在采暖条件下进行，室温保持均衡，温度不宜低于+10℃，相对湿度不宜大于60%。设专人负责开、关门、窗以利排湿通风。

### 11.6.8 大理石面层和花岗岩面层施工工艺

① 试拼编号：在正式铺设前，对每一房间的石材板块按图案、颜色、纹理试拼，将非整块板对称排放在房间靠墙部位，试拼后按两个方向编号排列，然后按编号码放整齐。

② 找标高：根据水平标准线和设计厚度，在四周墙、柱上弹出面层的上平标高控制线。

③ 基层处理：把沾在基层上的浮浆、落地灰等用錾子或钢丝刷清理掉，再用扫帚将浮土清扫干净。

④ 排大理石和花岗岩：将房间依照大理石或花岗岩的尺寸，排出大理石或花岗岩的放置位置，并在地面弹出十字控制线和分格线。

⑤ 铺设结合层砂浆：铺设前应将基底湿润，并在基底上刷一道素水泥浆或界面结合剂，随刷随铺设搅拌均匀的干硬性水泥砂浆。

⑥ 铺大理石或花岗岩：将大理石或花岗岩放置在干拌料上，用橡皮锤找平，之后将大理石或花岗岩拿起，在干拌料上浇适量素水泥浆，同时在大理石或花岗岩背面涂厚度约1mm的素水泥膏，再将大理石或花岗岩放置在找过平的干拌料上，用橡皮锤按标高控制线和方正控制线坐平坐正。

⑦ 铺大理石或花岗岩时应先在房间中间按照十字线铺设十字控制板块，之后按照十字控制板块向四周铺设，并随时用2m靠尺和水平尺检查平整度。大面积铺贴时应分段、分部位铺贴。

⑧ 如设计有图案要求时，应按照设计图案弹出准确分格线，并做好标记，防止差错。

⑨ 养护：当大理石或花岗岩面层铺贴完应养护，养护时间不得小于7d。

⑩ 勾缝：当大理石或花岗岩面层的强度达到可上人的时候（结合层抗压强度达到1.2MPa），进行勾缝，使用同种、同强度等级、同色的掺色水泥膏或专用勾缝膏。颜料应使用矿物颜料，严禁使用酸性颜料。缝要求清晰、顺直、平整、光滑、深浅一致，缝色与石材颜色一致。

⑪ 冬季施工时，环境温度不应低于5℃。

# 第12章 室内空气质量和环境污染相关规定

## 12.1 室内空气质量相关知识

（1）室内环境污染　是指室内空气中混入有害人体健康的氡、甲醛、苯、氨、总挥发性有机物（TVOC）等气体的现象。

（2）室内空气环境指标　是指室内空气中有害污染物含量的限值。

（3）民用建筑工程根据控制室内环境污染的不同要求，划分为以下两类（表12.1）：

表 12.1　民用建筑工程按不同的室内环境要求分类

| 类别 | 建筑类型 |
| --- | --- |
| Ⅰ类民用建筑工程 | 住宅、医院、老年建筑、幼儿园、学校教室等民用建筑工程。如图12.1所示 |
| Ⅱ类民用建筑工程 | 办公楼、旅馆、文化娱乐场所、书店、图书馆、展览馆、体育馆、商场（店）、公共交通等候室、餐厅、饭馆、理发店等民用建筑工程 |

(a) 住宅　　　　　　　　(b) 幼儿园　　　　　　　　(c) 医院

图 12.1　Ⅰ类民用建筑工程（部分）

（4）人造木板　以植物纤维为原料，经机械加工分离成各种形状的单元材料，再经组合并加入胶黏剂压制而成的板材，包括胶合板、纤维板或刨花板等板材。

（5）饰面人造木板　以人造木板为基材，经涂饰或复合各种装饰材料面层的板材。

（6）游离甲醛释放量　在环境测试舱法或干燥器法的测试条件下，材料释放游离甲醛的量。

（7）游离甲醛含量　在穿孔法的测试条件下，材料单位质量中含有游离甲醛的量。

（8）总挥发性有机物（Total Volatile Organic Compounds，TVOC）　在规范

规定的检测条件下，所测得材料中挥发性有机化合物的总量。

## 12.2　常见的室内空气污染物

### 12.2.1　室内环境空气污染物类型

室内环境，可能存有多类空气污染物，最受关注的几类空气污染物包括（如图12.2所示）：

a. 从建筑装修材料中释放出的甲醛、总挥发性有机化合物（TVOC）、苯、甲苯、氨和氡气；

b. 日用品（如化妆品、杀虫剂、清洁剂等）所含的挥发性有机化合物；

c. 办公职场新风量、菌落总数和可吸入颗粒物等职业卫生安全关键指标；

d. 二氧化碳及从人类、宠物和植物排出的生物污染物。

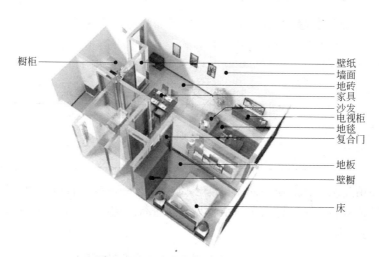

图 12.2　室内装修主要污染来源示意

### 12.2.2　室内环境空气污染物特点及其危害性

（1）氡气　氡气是一种无色无味的放射性气体，是由含花岗石的混凝土建筑物料释放出来的。如居所的通风系统不佳，氡气可以积聚至一个很高的浓度；接触高浓度的氡气及其衰变产品，可能会增加患肺癌的机会。

（2）挥发性有机化合物　有些日用品含有如苯、甲苯和二甲苯一类的挥发性有机化合物。使用这类物品来为墙壁扫漆或脱漆，挥发性有机化合物可以积聚至一个很高的浓度，这样会使人感到不适，更严重的可能会引致癌病。

（3）甲醛　室内所排放的甲醛，主要来自一些用甲醛树脂作黏合或外层物料的木制家私；其他来源则包括用气体燃料煮食、烧香、铺地毡等活动。高浓度的甲醛会引致眼睛、鼻子和喉咙不适。

（4）二氧化碳　所有生物均会呼出二氧化碳；如室内含有高浓度的二氧化碳，即表示没有足够的新鲜空气。这情况通常由楼宇间隔不适当及过度挤迫、窗户不常打开、通风系统并无妥善维修或使用不当因素引致。上述情况会使人感到困倦，并作为一个警号，提醒室内可能已聚积其他空气污染物。

（5）生物污染物　生物污染物包括细菌、真菌和体积极微小但可引致过敏反应的物质如尘埃等；这类污染物可能会因通风不足、湿度高、冷气或通风系统的隔尘网和管道系统积尘因素而加快增长。它们可能引致打喷嚏、眼睛不适、咳嗽、气喘、眩晕和精神不振；有些更可能会触发过敏反应或哮喘。

（6）香烟　包括从点燃着的香烟、烟斗或雪茄飘散出来的烟雾及吸烟者抽烟时呼出之气体。它是一种含有超过 4000 种化学物的复杂混合物。香烟是一种令人产生强烈反应及公认的致癌物质。它可引致眼睛、鼻子或喉咙不适，亦可能大幅增加患癌和其他呼吸疾病的机会。

## 12.3　民用建筑工程室内环境污染控制相关国家规定

### 12.3.1　民用建筑工程室内材料污染控制指标限量国家标准（GB 50325）

（1）民用建筑工程所使用的砂、石、砖、水泥、混凝土、混凝土预制构件等无机非金属建筑材料的放射性指标限量，应符合表 12.2 的规定。

表 12.2　无机非金属建筑主体材料放射性指标限量

| 测定项目 | 限　　量 |
| --- | --- |
| 内照射指数 $I_{Ra}$ | $\leqslant 1.0$ |
| 外照射指数 $I_\gamma$ | $\leqslant 1.0$ |

（2）民用建筑工程所使用的无机非金属装修材料，包括石材、建筑卫生陶瓷、石膏板、吊顶材料、无机瓷质砖粘结材料等，进行分类时，其放射性指标限量应符合表 12.3 的规定。

表 12.3　无机非金属装修材料放射性指标限量

| 测定项目 | 限　　量 | |
| --- | --- | --- |
| | A | B |
| 内照射指数 $I_{Ra}$ | $\leqslant 1.0$ | $\leqslant 1.3$ |
| 外照射指数 $I_\gamma$ | $\leqslant 1.3$ | $\leqslant 1.9$ |

（3）民用建筑工程室内用人造木板及饰面人造木板，必须测定游离甲醛含量或游离甲醛释放量，应符合表 12.4 的规定。

表 12.4　环境测试舱法测定游离甲醛释放量限量

| 级　　别 | 限量/(mg/m³) |
| --- | --- |
| $E_1$ | $\leqslant 0.12$ |

（4）民用建筑工程室内用水性涂料和水性腻子，应测定游离甲醛含量，其限量应符合表 12.5 的规定。

表 12.5　内用水性涂料和水性腻子中游离甲醛限量

| 测定项目 | 水性涂料 | 水性腻子 |
|---|---|---|
| 游离甲醛/(mg/kg) | ≤100 | |

（5）民用建筑工程室内用溶剂型涂料和木器用溶剂型腻子，应按其规定的最大稀释比例混合后，测定挥发性有机化合物（VOC）和苯、甲苯＋二甲苯＋乙苯的含量，其限量应符合表 12.6 的规定。

表 12.6　室内用溶剂型涂料和木器用溶剂型腻子中挥发性
有机化合物（VOC）和苯＋二甲苯＋乙苯限量

| 涂料名称 | VOC/(g/L) | 苯/% | 甲苯＋二甲苯＋乙苯/% |
|---|---|---|---|
| 醇酸类涂料 | ≤500 | ≤0.3 | ≤5 |
| 硝基类涂料 | ≤720 | ≤0.3 | ≤30 |
| 聚氨酯类涂料 | ≤670 | ≤0.3 | ≤30 |
| 酚醛防锈漆 | ≤270 | ≤0.3 | — |
| 其他溶剂型涂料 | ≤600 | ≤0.3 | ≤30 |
| 木器用溶剂型腻子 | ≤550 | ≤0.3 | ≤30 |

（6）民用建筑工程中所使用的能释放氨的阻燃剂、混凝土外加剂，氨的释放量不应大于 0.10%。

（7）新建、扩建的民用建筑工程设计前，应进行建筑工程所在城市区域土壤中氡浓度或土壤表面氡析出率调查，并提交相应的调查报告。未进行过区域土壤中氡浓度或土壤表面氡析出率测定的，应进行建筑场地土壤中氡浓度或土壤氡析出率测定，并提供相应的检测报告。如图 12.3 所示。

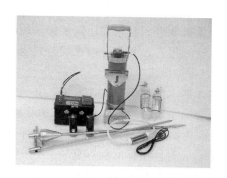

图 12.3　土壤中氡浓度部分检测设备及检测

## 12.3.2　民用建筑装修材料选用要求

（1）民用建筑工程室内不得使用国家禁止使用、限制使用的建筑材料。

（2）民用建筑装修材料基本要求

a. Ⅰ类民用建筑工程室内装修采用的无机非金属装修材料必须为A类。

b. Ⅱ类民用建筑工程宜采用A类无机非金属建筑材料和装修材料,当A类和B类无机非金属装修材料混合使用时,应根据国家规范规定按计算确定每种材料的使用量。

c. Ⅰ类民用建筑工程的室内装修,采用的人造木板及饰面人造木板必须达到E1级要求。

d. Ⅱ类民用建筑工程的室内装修,采用的人造木板及饰面人造木板宜达到E1级要求;当采用E2级人造木板时,直接暴露于空气的部位应进行表面涂覆密封处理。

(3) 民用建筑工程的室内装修,所采用的涂料、胶黏剂、水性处理剂,其苯、甲苯、二甲苯、游离甲醛、游离甲醛二异氰酸酯(TDI)、挥发性有机化合物(VOC)的含量,应符合国家规范要求。

(4) 民用建筑工程室内装修时,不应采用聚乙烯醇水玻璃内墙涂料、聚乙烯醇缩甲醛内墙涂料和树脂以硝化纤维素为主、溶剂以二甲苯为主的水包型(O/W)多彩内墙涂料;不应采用聚乙烯醇缩甲醛类胶黏剂。

(5) 民用建筑工程中,不应在室内采用脲醛树脂泡沫塑料作为保温、隔热和吸声材料。

(6) Ⅰ类民用建筑工程室内装修粘贴塑料地板时,不应采用溶剂型胶黏剂。Ⅱ类民用建筑工程中地下室及不与室外直接自然通风的房间粘贴塑料地板时,不宜采用溶剂型胶黏剂。

### 12.3.3　民用建筑装修施工要求

(1) 当建筑材料和装修材料进场检验,发现不符合设计要求及国家规范的有关规定时,严禁使用。

(2) 民用建筑工程室内装修,当多次重复使用同一设计时,宜先做样板间,并对其室内环境污染物浓度进行检测。

(3) 民用建筑工程中,建筑主体采用的无机非金属材料和建筑装修采用的花岗岩、瓷质砖、磷石膏制品必须有放射性指标检测报告,并符合国家规范规定。如图12.4所示。

(4) 民用建筑工程室内装修中所采用的人造木板及饰面人造木板,必须有游离甲醛含量或游离甲醛释放量检测报告,并符合国家规范规定。如图12.5所示。

(5) 民用建筑工程室内饰面采用的天然花岗石石材或瓷质砖使用面积大于200m² 时,应对不同产品、不同批次分别进行放射性指标的抽查复验。

(6) 民用建筑工程室内装修时,严禁使用苯、工业苯、石油苯、重质苯及混苯作为稀释剂和溶剂。

(7) 民用建筑工程室内装修施工时,不应采用苯、甲苯、二甲苯和汽油进行除油和清除旧油漆作业。

(8) 涂料、胶黏剂、水性处理剂、稀释剂和溶剂等使用后,应及时封闭存放,废料应及时清出。

图 12.4 建材放射性检测报告（部分）　　　图 12.5 人造板甲醛检测报告（部分）

（9）民用建筑工程室内严禁使用有机溶剂清洗施工用具。

（10）采暖地区的民用建筑工程，室内装修施工不宜在采暖期内进行。

（11）民用建筑工程室内装修中进行饰面人造木板拼接施工时，对达不到 E1 级的芯板，应对其断面及无饰面部位进行密封处理。

（12）民用建筑工程室内装修中所采用的水性涂料、水性胶黏剂、水性处理剂必须有同批次产品的挥发性有机化合物（VOC）和游离甲醛含量检测报告；溶剂型涂料、溶剂型胶黏剂必须有同批次产品的挥发性有机化合物（VOC）、苯、甲苯、二甲苯、游离甲醛、游离甲醛二异氰酸酯（TDI）含量检测报告，并应符合设计要求和国家规范有关规定。

（13）建筑材料和装修材料的检测项目不全或对检测结果有疑问时，必须将材料送有资格的检测机构进行检验，检验合格后方可使用。

（14）民用建筑工程室内装修中采用的人造木板及饰面人造木板面积大于 $500m^2$ 时，应对不同产品、不同批次材料的游离甲醛含量或游离甲醛释放量的分别进行抽查复验。

## 12.3.4 民用建筑装修验收要求

（1）民用建筑工程室内装修工程的室内环境质量验收，应在工程完工至少 7 天以后、工程交付使用前进行。

（2）民用建筑工程验收时，必须进行室内环境污染物浓度的检测，其限量应符合有关国家规范要求。如图 12.6 所示。

（3）民用建筑工程验收时，采用集中中央空调的工程，应进行室内新风量的检测，检测结果应符合设计要求和有关国家规范要求。

（4）民用建筑工程验收时，应抽查每个建筑单体有代表性的房间室内环境污染物浓度，氡、甲醛、氨、苯、TVOC 的抽检量不得少于房间总数的 5%，每个建筑

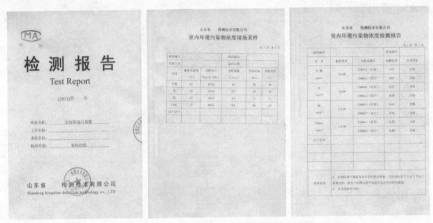

图 12.6　室内环境污染物检测报告示意

单体不得少于 3 间，当房间总数少于 3 间时，应全数检测。

（5）民用建筑工程验收时，凡进行了样板间室内环境污染物浓度检测且检测结果合格的，抽检量减半，并不得少于 3 间。

### 12.3.5　民用建筑工程室内环境污染物浓度限量国家标准（GB 50325）

（1）民用建筑工程验收时，必须进行室内环境污染物浓度检测，如图 12.7 所示。其限量应符合表 12.7 的规定。

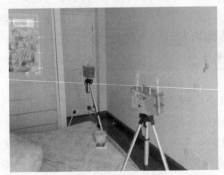

图 12.7　室内环境污染物浓度检测示意

**表 12.7　民用建筑工程室内环境污染物浓度限量**

| 污染物 | I 类民用建筑工程 | II 类民用建筑工程 |
|---|---|---|
| 氡/(Bq/m³) | ≤200 | ≤400 |
| 甲醛/(mg/m³) | ≤0.08 | ≤0.1 |
| 苯/(mg/m³) | ≤0.09 | ≤0.09 |
| 氨/(mg/m³) | ≤0.2 | ≤0.2 |
| TVOC/(mg/m³) | ≤0.5 | ≤0.6 |

注：1. 表中污染物浓度测量值，除氡外均指室内测量值扣除同步测定的室外上风向空气测量值（本底值）后的测量值。

2. 表中污染物浓度测量值的极限值判定，采用全数值比较法。

（2）民用建筑工程验收时，室内环境污染物浓度检测点数应按表12.8设置。

表 12.8  室内环境污染物浓度检测点数设置

| 房间使用面积 $A/m^2$ | 检测点数/个 |
| --- | --- |
| $A<50$ | 1 |
| $50\leqslant A<100$ | 2 |
| $100\leqslant A<500$ | 不少于 3 |
| $500\leqslant A<1000$ | 不少于 5 |
| $1000\leqslant A<3000$ | 不少于 6 |
| $A\geqslant 3000$ | 每 1000m² 不少于 3 |

（3）民用建筑工程验收时，环境污染物浓度现场检测点应距内墙面不小于0.5m、距楼地面高度0.8~1.5m。检测点应均匀分布，避开通风道和通风口。

（4）民用建筑工程室内环境中甲醛、苯、氨、总挥发性有机化合物（TVOC）浓度检测时，对采用集中空调的民用建筑工程，应在空调正常运转的条件下进行；对采用自然通风的民用建筑工程，检测应在对外门窗关闭1h后进行。在对甲醛、氨、苯、TVOC取样检测时，装饰装修工程中完成的固定式家具，应保持正常使用状态。

（5）民用建筑工程室内环境中氡浓度检测时，对采用集中空调的民用建筑工程，应在空调正常运转的条件下进行；对采用自然通风的民用建筑工程，应在房间的对外门窗关闭24h以后进行。

（6）当室内环境污染物浓度的全部检测结果符合国家规范的规定时，应判定该工程室内环境质量合格。室内环境质量验收不合格的民用建筑工程，严禁投入使用。

## 12.4  建筑施工场界环境噪声排放国家标准（GB 12523）

建筑施工是指工程建设实施阶段的生产活动，是各类建筑物的建造过程，包括基础工程施工、主体结构施工、屋面工程施工、装饰工程施工（已竣工交付使用的住宅楼进行室内装修活动除外）等。建筑施工场界（boundary of construction site）是指由有关主管部门批准的建筑施工场地边界或建筑施工过程中实际使用的施工场地边界。建筑施工过程中场界环境噪声不得超过表12.9规定的排放限值。如图12.8所示。

表 12.9  建筑施工场界环境噪声排放限值

| 昼　间 | 夜　间 |
| --- | --- |
| 70/dB(A) | 55/dB(A) |

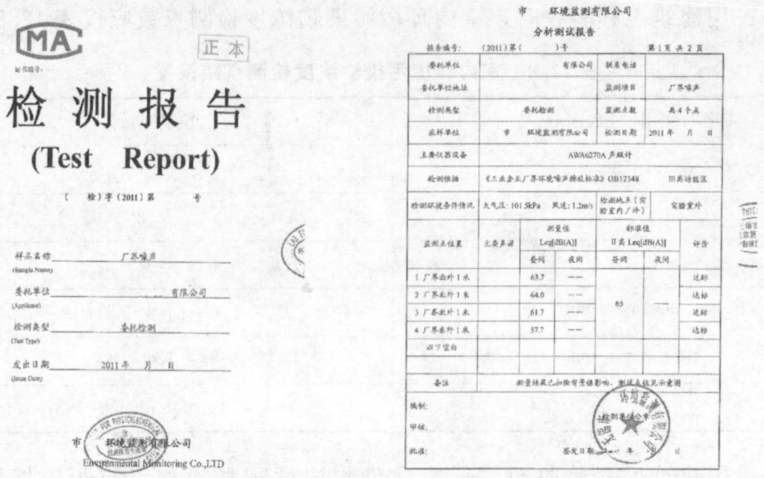

MA

正本

证书编号：

检测报告

(Test Report)

〔 检〕字（2011）第 号

样品名称 (Sample Name) 厂界噪声

委托单位 (Applicant) 有限公司

检测类型 (Test Type) 委托检测

发出日期 (Issue Date) 2011年 月 日

市 环境监测有限公司

Environmental Monitoring Co.,LTD

市 环境监测有限公司

分析测试报告

报告编号： （2011）第（ ）号 第1页 共2页

| | | | | | | |
|---|---|---|---|---|---|---|
| 委托单位 | 有限公司 | | 联系电话 | | | |
| 委托单位地址 | | | 监测项目 | 厂界噪声 | | |
| 检测类型 | 委托检测 | | 监测点数 | 共4个点 | | |
| 采样单位 | 市 环境监测有限公司 | | 检测日期 | 2011年 月 日 | | |
| 主要仪器设备 | AWA6270A声级计 | | | | | |
| 检测依据 | 《工业企业厂界环境噪声排放标准》GB12348 Ⅲ类功能区 | | | | | |
| 检测环境条件情况 | 大气压：101.5kPa 风速：1.2m/s | | 检测地点（实验室内/外） | 实验室外 | | |
| 监测点位置 | 主要声源 | 测量值 Leq[dB(A)] | | 标准值 Ⅱ类 Leq[dB(A)] | | 评价 |
| | | 昼间 | 夜间 | 昼间 | 夜间 | |
| 1 厂界西外1米 | | 63.7 | —— | 65 | —— | 达标 |
| 2 厂界东外1米 | | 64.0 | —— | | | 达标 |
| 3 厂界北外1米 | | 61.7 | —— | | | 达标 |
| 4 厂界南外1米 | | 57.7 | —— | | | 达标 |
| 以下空白 | | | | | | |
| | | | | | | |
| 备注 | 测量结果已扣除背景值影响，测试点位见示意图 | | | | | |

编制：

审核：

批准： 签发日期： 年 月 日

图 12.8 环境噪声检测报告（部分）

## 12.5 室内装饰装修材料有害物质释放限量国家标准

### 12.5.1 室内装饰装修材料和人造板及其制品中甲醛释放限量

室内装饰装修材料、人造板及其制品中甲醛释放限量（GB 18580），详见表 12.10。

表 12.10 室内装饰装修材料、人造板及其制品中甲醛释放限量

| 产品名称 | 试验方法① | 限量值 | 使用范围 | 限量标志② |
|---|---|---|---|---|
| 中密度纤维板、高密度纤维板、刨花板、定向刨花板等 | 穿孔萃取法 | ≤9mg/100g | 可直接用于室内 | E1 |
| | | ≤30mg/100g | 必须饰面处理后可允许用于室内 | E2 |
| 胶合板、装饰单板贴面胶合板、细木工板等 | 干燥器法 | ≤1.5mg/L | 可直接用于室内 | E1 |
| | | ≤5.0mg/L | 必须饰面处理后可允许用于室内 | E2 |
| 饰面人造板（包括浸渍层压木质地板、实木复合地板、竹地板、浸渍胶膜纸饰面人造板等） | 气候箱法 | ≤0.12mg/m³ | | |
| | 干燥器法 | ≤1.5mg/L | 可直接用于室内 | E1 |

① 仲裁时采用气候箱法。

② E1 为可直接用于室内的人造板，E2 为必须饰面处理后允许用于室内的人造板。

### 12.5.2 室内装饰装修材料木家具中有害物质限量

木家具产品应符合表 12.11 规定的有害物质限量要求（GB 18584）。

表 12.11 木家具中有害物质限量

| 项目 | 限量值 | 项目 | 限量值 |
|---|---|---|---|
| 甲醛释放量/(mg/L) | ≤1.5 | 可溶性镉/(mg/kg) | ≤75 |
| 可溶性汞/(mg/kg) | ≤60 | | |
| 可溶性铅/(mg/kg) | ≤90 | 可溶性铬/(mg/kg) | ≤60 |

### 12.5.3 室内装饰装修材料溶剂型木器涂料中有害物质限量

室内装饰装修用硝基漆类、聚氨酯漆类和醇酸漆类木器涂料中对人体有害物质容许限值符合表12.12要求（GB 18581）。

表 12.12 溶剂型木器涂料中有害物质限量

| 项 目 | | 限 量 值 | | | | |
|---|---|---|---|---|---|---|
| | | 聚氨酯类涂料 | | 硝基类涂料 | 醇酸类涂料 | 腻子 |
| | | 面漆 | 底漆 | | | |
| 挥发性有机化合物(VOC)含量[①]/(g/L) ≤ | | 光泽(60°)≥80,580<br>光泽(60°)<80,670 | 670 | 720 | 500 | 550 |
| 苯含量[①]/% ≤ | | 0.3 | | | | |
| 甲苯、二甲苯、乙苯含量总和[①]/% ≤ | | 30 | | 30 | 5 | 30 |
| 游离二异氰酸酯(TDI、HDI)含量总和[②]/% ≤ | | 0.4 | | — | — | 0.4<br>(限聚氨酯类腻子) |
| 甲醇含量[①]/% ≤ | | — | | 0.3 | — | 0.3<br>(限硝基类腻子) |
| 卤代烃含量[①,③]/% ≤ | | 0.1 | | | | |
| 可溶性重金属含量(限色漆、腻子和醇酸清漆)/(mg/kg) ≤ | 铅 Pb | 90 | | | | |
| | 镉 Cd | 75 | | | | |
| | 铬 Cr | 60 | | | | |
| | 汞 Hg | 60 | | | | |

①按产品明示的施工配比混合后测定。如稀释剂的使用量为某一范围时，应按照产品施工配比规定的最大稀释比例混合后进行测定。

②如聚氨酯类涂料和腻子规定了稀释比例或由双组分或多组分组成时，应先测定固化剂（含游离二异氰酸酯预聚物）中的含量，再按产品明示的施工配比计算混合后涂料中的含量。如稀释剂的使用量为某一范围时，应按照产品施工配比规定的最小稀释比例进行计算。

③包括二氯甲烷、1,1-二氯乙烷、1,2-二氯乙烷、三氯甲烷、1,1,1-三氯甲烷、1,1,2-三氯乙烷、四氯化碳。

### 12.5.4 室内装饰装修材料内墙涂料中有害物质限量

室内装饰装修用墙面涂料中对人体有害物质容许限值符合表12.13要求（GB 18582）。

表 12.13 室内装饰装修材料内墙涂料中有害物质限量

| 项 目 | | 限 量 值 | |
|---|---|---|---|
| | | 水性墙面涂料[①] | 水性墙面腻子[②] |
| 挥发性有机化合物含量(VOC) ≤ | | 120g/L | 15g/kg |
| 苯、甲苯、乙苯、二甲苯总和/(mg/kg) ≤ | | 300 | |
| 游离甲醛/(mg/kg) ≤ | | 100 | |
| 可溶性重金属/(mg/kg) ≤ | 铅 Pb | 90 | |
| | 镉 Cd | 75 | |
| | 铬 Cr | 60 | |
| | 汞 Hg | 60 | |

①涂料产品所有项目均不考虑稀释配比。

②膏状腻子所有项目均不考虑稀释配比；粉状腻子除可溶性重金属项目直接测试粉体外，其余3项按产品规定的配比将粉体与水或胶黏剂等其他液体混合后测试。如配比为某一范围时，应按照水用量最小、胶黏剂等其他液体用量最大的配比混合后测试。

#### 12.5.5 室内装饰装修材料壁纸中有害物质限量

室内装饰装修材料壁纸中的重金属（或其他）元素、氯乙烯单体及甲醛三种有害物质的限量符合表 12.14 要求（GB 18585）。

**表 12.14 室内装饰装修材料壁纸中有害物质限量（GB 18585）**

| 有害物质名称 | | 限量值/(mg/kg) | 有害物质名称 | | 限量值/(mg/kg) |
|---|---|---|---|---|---|
| 重金属(或其他)元素 | 钡 ≤ | 1000 | 重金属(或其他)元素 | 汞 ≤ | 20 |
| | 镉 ≤ | 25 | | 硒 ≤ | 165 |
| | 铬 ≤ | 60 | | 锑 ≤ | 20 |
| | 铅 ≤ | 90 | 氯乙烯单体 | ≤ | 1.0 |
| | 砷 ≤ | 9 | 甲醛 | ≤ | 120 |

#### 12.5.6 室内装饰装修材料胶黏剂中有害物质限量

室内装饰装修材料胶黏剂中（溶剂型、水基型、水体型）有害物质限量分别详见表 12.15～表 12.17（GB 18583）。

**表 12.15 溶剂型胶黏剂中有害物质限量值**

| 项 目 | 指 标 | | | |
|---|---|---|---|---|
| | 氯丁橡胶胶黏剂 | SBS 胶黏剂 | 聚氨酯类胶黏剂 | 其他胶黏剂 |
| 游离甲醛/(g/kg) | ≤0.50 | | — | — |
| 苯/(g/kg) | ≤5.0 | | | |
| 甲苯＋二甲苯/(g/kg) | ≤200 | ≤150 | ≤150 | ≤150 |
| 甲苯二异氰酸酯/(g/kg) | — | | ≤10 | |
| 二氯甲烷/(g/kg) | | ≤50 | | |
| 1,2-二氯乙烷/(g/kg) | 总量≤5.0 | 总量≤5.0 | — | ≤50 |
| 1,1,2-三氯乙烷/(g/kg) | | | | |
| 三氯乙烯/(g/kg) | | | | |
| 总挥发性有机物/(g/L) | ≤700 | ≤650 | ≤700 | ≤700 |

注：如产品规定了稀释比例或产品有双组分或多组分组成时，应分别测定稀释剂和各组分中的含量，再按产品规定的配比计算混合后的总量。如稀释剂的使用量为某一范围时，应按照推荐的最大稀释量进行计算。

**表 12.16 水基型胶黏剂中有害物质限量值**

| 项 目 | 指 标 | | | | |
|---|---|---|---|---|---|
| | 缩甲醛类胶黏剂 | 聚乙酸乙烯酯胶黏剂 | 橡胶类胶黏剂 | 聚氨酯类胶黏剂 | 其他胶黏剂 |
| 游离甲醛/(g/kg) | ≤1.0 | ≤1.0 | ≤1.0 | — | ≤1.0 |
| 苯/(g/kg) | ≤0.20 | | | | |
| 甲苯＋二甲苯/(g/kg) | ≤10 | | | | |
| 总挥发性有机物/(g/L) | ≤350 | ≤110 | ≤250 | ≤100 | ≤350 |

**表 12.17 木体型胶黏剂中有害物质限量值**

| 项 目 | 指 标 |
|---|---|
| 总挥发性有机物/(g/L) | ≤100 |

**12.5.7 室内装饰装修材料聚氯乙烯卷材地板中有害物质限量**

① 氯乙烯单体限量（GB 18586） 卷材地板聚氯乙烯层中氯乙烯单体含量应不大于 5mg/kg。

② 可溶性重金属限量（GB 18586） 卷材地板中不得使用铅盐助剂；作为杂质，卷材地板中可溶性铅含量应不大于 20mg/m$^2$。卷材地板中可溶性镉含量应不大于 20mg/m$^2$。

③ 挥发物的限量（GB 18586） 卷材地板中挥发物的限量见表 12.18。

表 12.18 挥发物的限量/(g/m$^2$)

| 发泡类卷材地板中挥发物的限量 | | 非发泡类卷材地板中挥发物的限量 | |
|---|---|---|---|
| 玻璃纤维基材 | 其他基材 | 玻璃纤维基材 | 其他基材 |
| ≤75 | ≤35 | ≤40 | ≤10 |

**12.5.8 室内装饰装修材料建筑材料放射性核素限量**

（1）建筑主体材料（GB 6566） 建筑主体材料中天然放射性核素镭-226、钍-232、钾-40 的放射性比活度应同时满足 $I_{Ra} \leqslant 1.0$ 和 $I_r \leqslant 1.0$。

对空心率大于 25% 的建筑主体材料，其天然放射性核素镭-266、钍-232、钾-40 的放射性比活度应同时满足 $I_{Ra} \leqslant 1.0$ 和 $I_r \leqslant 1.3$。

（2）装饰装修材料（GB 6566） 国家标准根据装饰装修材料放射性水平大小划分为以下 3 类。

a. A 类装饰装修材料。装饰装修材料中天然放射性核素镭-226、钍-232、钾-40 的放射性比活度同时满足 $I_{Ra} \leqslant 1.0$ 和 $I_r \leqslant 1.3$ 要求的为 A 类装饰装修材料。A 类装饰装修材料产销与使用范围不受限制。

b. B 类装饰装修材料。不满足 A 类装饰装修材料要求但同时满足 $I_{Ra} \leqslant 1.3$ 和 $I_r \leqslant 1.9$ 要求的为 B 类装饰装修材料。B 类装饰装修材料不可用于 I 类民用建筑的内饰面，但可用于 II 类民用建筑、工业建筑内饰面及其他一切建筑物的外饰面。

c. C 类装饰装修材料。不满足 A、B 类装饰装修材料要求但满足 $I_r \leqslant 2.8$ 要求的为 C 类装饰装修材料。C 类装饰装修材料只可用于建筑物的外饰面及室外其他用途。

**12.5.9 室内装饰装修材料混凝土外加剂中释放氨的限量**

混凝土外加剂中释放氨的量≤0.10%（质量分数）（GB 18588）。

**12.5.10 室内装饰装修材料地毯、地毯垫及地毯胶黏剂有害物质释放量**

地毯、地毯衬垫及地毯胶黏剂有害物质释放限量应分别符合表 12.19～表 12.21 的规定。A 级为环保型产品、B 级为有害物质释放限量合格产品。

表 12.19 地毯有害物质限量/[mg/(m$^2$·h)]（GB 18587）

| 序号 | 有害物质测试项目 | 限 量 | |
|---|---|---|---|
| | | A 级 | B 级 |
| 1 | 总挥发性有机化合物(TVOC) | ≤0.500 | ≤0.600 |
| 2 | 甲醛(formaldehyde) | ≤0.050 | ≤0.050 |
| 3 | 苯乙烯(styrene) | ≤0.400 | ≤0.500 |
| 4 | 4-苯基环己烯(4-phenylcyclohexene) | ≤0.050 | ≤0.050 |

**表 12.20　地毯衬垫有害物质释放限量/[mg/(m² · h)]**

| 序号 | 有害物质测试项目 | 限量 | |
| --- | --- | --- | --- |
| | | A 级 | B 级 |
| 1 | 总挥发性有机化合物(TVOC) | ≤1.000 | ≤1.200 |
| 2 | 甲醛 | ≤0.050 | ≤0.050 |
| 3 | 丁基羟基甲苯(BHT-butylated hydroxytoluene) | ≤0.030 | ≤0.030 |
| 4 | 4-苯基环己烯(4-phenylcyclohexene) | ≤0.050 | ≤0.050 |

**表 12.21　地毯胶黏剂有害物质释放限量/[mg/(m² · h)]**

| 序号 | 有害物质测试项目 | 限量 | |
| --- | --- | --- | --- |
| | | A 级 | B 级 |
| 1 | 总挥发性有机化合物(TVOC) | ≤10.000 | ≤12.000 |
| 2 | 甲醛 | ≤0.050 | ≤0.050 |
| 3 | 2-乙基己醇(2-ethyl-1-hexanol) | ≤3.000 | ≤3.500 |

# 12.6　室内空气质量国家标准

室内空气应无毒、无害、无异常嗅味,室内空气质量标准见表 12.22 (GB/T 18883)。

**表 12.22　室内空气质量标准**

| 序号 | 类别 | 参数 | 单位 | 标准值 | 备注 | 序号 | 类别 | 参数 | 单位 | 标准值 | 备注 |
| --- | --- | --- | --- | --- | --- | --- | --- | --- | --- | --- | --- |
| 1 | 物理性 | 温度 | ℃ | 22~28 | 夏季空调 | 10 | 化学性 | 臭氧 $O_3$ | mg/m³ | 0.16 | 1h 均值 |
| | | | | 16~24 | 冬季采暖 | 11 | | 甲醛 HCHO | mg/m³ | 0.10 | 1h 均值 |
| 2 | | 相对湿度 | % | 40~80 | 夏季空调 | 12 | | 苯 $C_6H_6$ | mg/m³ | 0.11 | 1h 均值 |
| | | | | 30~60 | 冬季采暖 | 13 | | 甲苯 $C_7H_8$ | mg/m³ | 0.20 | 1h 均值 |
| 3 | | 空气流速 | m/s | 0.3 | 夏季空调 | 14 | | 二甲苯 $C_8H_{10}$ | mg/m³ | 0.20 | 1h 均值 |
| | | | | 0.2 | 冬季采暖 | 15 | | 苯并[a]芘 B(a)P | ng/m³ | 1.0 | 日平均值 |
| 4 | | 新风量 | m³/(h·人) | 30ᵃ | | 16 | | 可吸入颗粒 PM10 | mg/m³ | 0.15 | 日平均值 |
| 5 | 化学性 | 二氧化硫 $SO_2$ | mg/m³ | 0.50 | 1h 均值 | 17 | | 总挥发性有机物 TVOC | mg/m³ | 0.60 | 8h 均值 |
| 6 | | 二氧化氮 $NO_2$ | mg/m³ | 0.24 | 1h 均值 | 18 | 生物性 | 菌落总数 | cfu/m³ | 2500 | 依据仪器定 |
| 7 | | 一氧化碳 CO | mg/m³ | 10 | 1h 均值 | 19 | 放射性 | 氡²²²Rn | Bq/m³ | 400 | 年平均值(行动水平) |
| 8 | | 二氧化碳 $CO_2$ | % | 0.10 | 日平均值 | | | | | | |
| 9 | | 氨 $NH_3$ | mg/m³ | 0.20 | 1h 均值 | | | | | | |

注:1. 新风量要求小于标准值,除温度、相对湿度外的其他参数要求不大于标准值。

2. 行动水平即达到此水平建议采取干预行动以降低室内氡浓度。

# 附录A 家装工程量清单工程参考案例

本家装工程报价案例是以如图 A.1 所示三居室的室内精装修作为依据，说明在住宅室内装修中，如何进行工程施工报价（其中的单价具有一定的时效性）。该报价单中的工程做法、施工工艺、单价、材料选用及其要求等各项内容，仅供作为室内装修学习参考。

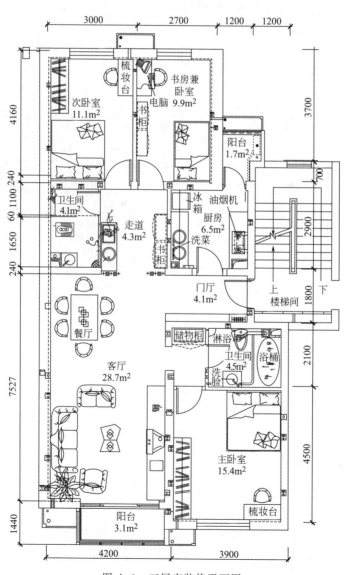

图 A.1 三居室装修平面图

北京市××室内装饰有限公司

## 家装工程报价单

客户姓名：×××先生/女士　　　　　　联系电话：×××××××

设 计 师：×××　　　　　　　　　　联系电话：×××××××

工程地址：北京市×××区×××家园××区×××楼××单元×××室

工艺做法：清油

### 一、门厅工程

| 序号 | 项目 | 单位 | 数量 | 综合单价/<br>(元/m²、m或项) | 合计/元 | 工艺做法及材料说明 |
|---|---|---|---|---|---|---|
| 1 | 清工辅料<br>(墙面) | 平方米 | 13 | 16 | 208 | 1. 对原墙面非防水腻子及墙衬须进行铲除(不含喷涂及壁纸铲除)，原墙面为防水腻子无须铲除，但应对该墙面进行打磨处理或刷墙固一遍挂底处理<br>2. 批刮美巢易呱平三遍，辊刷面漆二遍<br>3. 此价格为辊刷工艺(不含墙漆) |
| 2 | 清工辅料<br>(顶面) | 平方米 | 4 | 16 | 64 | 1. 对原墙面非防水腻子及墙衬须进行铲除(不含喷涂及壁纸铲除)，原墙面为防水腻子无须铲除，但应对该墙面进行打磨处理或刷墙固一遍挂底处理<br>2. 批刮美巢易呱平三遍，辊刷面漆二遍<br>3. 此价格为辊刷工艺(不含墙漆) |
| 3 | 半包入户<br>门套 | 米 | 4.95 | 85 | 420.75 | 1. 鹏鸿一级大芯板衬底，外贴胡桃木板饰面<br>2. 同等材质实木木线收口，木线宽5.8cm，厚度0.8cm<br>3. 高级展辰牌系列环保聚酯漆6～8遍 |
| 4 | 做鞋柜<br>及背板 | 项 | 1 | 1200 | 1200 | 1. 鹏鸿一级大芯板衬底，外贴0.3cm澳松板饰面<br>2. 松木实木木线收口，如需增设金属框架，价格另计<br>3. 高级展辰牌系列环保聚酯漆6～8遍，不含五金件<br>4. 用工厂制作柜门另加100元/m²，柜体内刷油漆两遍 |
| 5 | 门厅吊顶 | 平方米 | 4 | 100 | 400 | 详见施工图 |
| 6 | 门厅包哑口 | 米 | 5.5 | 110 | 605 | 详见施工图 |
| 7 | 铺设地砖 | 平方米 | 4 | 25 | 100 | 1. 清工辅料，砖由客户提供<br>2. 规格在600×600mm或800×800mm以内;如小于200mm×200mm(含)每平方米加15元<br>3. 国标强度32.5♯钻牌水泥，中砂1:2水泥砂浆铺贴<br>4. 白水泥勾缝。拼花另加20元/m²<br>5. 地面铺设厚度≤40mm。超过此厚度，按地面找平计算<br>6. 如加铜条每平方米加15元(铜条由客户提供)<br>7. 如需穿边处理每平方米加10元 |
| 8 | 贴踢脚线 | 米 | 5 | 12 | 60 | 清工辅料 |
|  | 小计 |  |  |  | 3057.75 |  |

续表

**二、客厅及餐厅工程**

| 序号 | 项目 | 单位 | 数量 | 综合单价/<br>(元/m²、m 或项) | 合计/元 | 工艺做法及材料说明 |
|---|---|---|---|---|---|---|
| 1 | 清工辅料<br>(墙面) | 平方米 | 40 | 16 | 640 | 1. 对原墙面非防水腻子及墙衬须进行铲除(不含喷涂及壁纸铲除),原墙面为防水腻子无须铲除,但应对该墙面进行打磨处理或刷墙固一遍挂底处理<br>2. 批刮美巢易呱平三遍,辊刷面漆二遍<br>3. 此价格为辊刷工艺(不含墙漆) |
| 2 | 清工辅料<br>(顶面) | 平方米 | 28.5 | 16 | 456 | 1. 对原墙面非防水腻子及墙衬须进行铲除(不含喷涂及壁纸铲除)原墙面为防水腻子无须铲除,但应对该墙面进行打磨处理或刷墙固一遍挂底处理<br>2. 批刮美巢易呱平三遍,辊刷面漆二遍<br>3. 此价格为辊刷工艺(不含墙壁漆) |
| 3 | 阳台包哑口 | 米 | 7 | 110 | 770 | 1. 鹏鸿一级大芯板衬底,外贴胡桃木板饰面<br>2. 同等材质实木木线收口,木线宽 5.8cm,厚度 0.8cm<br>3. 高级展辰牌系列环保聚酯漆 6～8 遍 |
| 4 | 餐厅吊顶 | 项 | 1 | 400 | 400 | 详见施工图 |
| | 小计 | | | | 2266 | |

**三、过道工程**

| 序号 | 项目 | 单位 | 数量 | 综合单价/<br>(元/m²、m 或项) | 合计/元 | 工艺做法及材料说明 |
|---|---|---|---|---|---|---|
| 1 | 清工辅料<br>(墙面) | 平方米 | 14 | 16 | 224 | 1. 对原墙面非防水腻子及墙衬须进行铲除(不含喷涂及壁纸铲除),原墙面为防水腻子无须铲除,但应对该墙面进行打磨处理或刷墙固一遍挂底处理<br>2. 批刮美巢易呱平三遍,辊刷面漆二遍<br>3. 此价格为辊刷工艺(不含墙漆) |
| 2 | 清工辅料<br>(顶面) | 平方米 | 6 | 16 | 96 | 1. 对原墙面非防水腻子及墙衬须进行铲除(不含喷涂及壁纸铲除),原墙面为防水腻子无须铲除,但应对该墙面进行打磨处理或刷墙固一遍挂底处理<br>2. 批刮美巢易呱平三遍,辊刷面漆二遍<br>3. 此价格为辊刷工艺(不含墙漆) |
| 3 | 拆墙 | 平方米 | 7 | 38 | 266 | 人工,辅料 |
| 4 | 过道吊顶 | 平方米 | 6 | 100 | 600 | 详见施工图 |
| | 小计 | | | | 1186 | |

**四、客厅阳台工程**

| 序号 | 项目 | 单位 | 数量 | 综合单价/<br>(元/m²、m 或项) | 合计/元 | 工艺做法及材料说明 |
|---|---|---|---|---|---|---|
| 1 | 清工辅料(顶面) | 平方米 | 3.1 | 16 | 49.6 | 1. 对原墙面非防水腻子及墙衬须进行铲除(不含喷涂及壁纸铲除),原墙面为防水腻子无须铲除,但应对该墙面进行打磨处理或刷墙固一遍挂底处理<br>2. 批刮美巢易呱平三遍,辊刷面漆二遍<br>3. 此价格为辊刷工艺(不含墙漆) |
| 2 | 铺设文化砖 | 平方米 | 9.4 | 38 | 357.2 | 1. 清工辅料,砖由客户提供<br>2. 规格在 600mm×600mm 或 800mm×800mm 以内;如小于 200mm×200mm(含)每平方米加 15 元<br>3. 国标强度 32.5# 钻牌水泥,中砂 1∶2 水泥砂浆铺贴<br>4. 白水泥勾缝。拼花另加 20 元/m²<br>5. 地面铺设厚度≤40mm。超过此厚度,按地面找平计算<br>6. 如加铜条每平方米加 15 元(铜条由客户提供)<br>7. 如需穿边处理每平方米加 10 元 |

续表

| 序号 | 项目 | 单位 | 数量 | 综合单价/<br>(元/m²、m 或项) | 合计/元 | 工艺做法及材料说明 |
|---|---|---|---|---|---|---|
| 3 | 铺鹅卵石 | 项 | 1 | 200 | 200 | |
| | 小计 | | | | 606.8 | |

**五、主卧室工程**

| 序号 | 项目 | 单位 | 数量 | 综合单价/<br>(元/m²、m 或项) | 合计/元 | 工艺做法及材料说明 |
|---|---|---|---|---|---|---|
| 1 | 清工辅料<br>（墙面） | 平方米 | 44.3 | 16 | 708.8 | 1. 对原墙面非防水腻子及墙衬须进行铲除（不含喷涂及壁纸铲除），原墙面为防水腻子无须铲除，但应对该墙面进行打磨处理或刷墙固一遍挂底处理<br>2. 批刮美巢易呱平三遍，辊刷面漆二遍<br>3. 此价格为辊刷工艺（不含墙漆） |
| 2 | 清工辅料<br>（顶面） | 平方米 | 17.6 | 16 | 281.6 | 1. 对原墙面非防水腻子及墙衬须进行铲除（不含喷涂及壁纸铲除），原墙面为防水腻子无须铲除，但应对该墙面进行打磨处理或刷墙固一遍挂底处理<br>2. 批刮美巢易呱平三遍，辊刷面漆二遍<br>3. 此价格为辊刷工艺（不含墙漆） |
| 3 | 包窗套 | 米 | 4.5 | 85 | 382.5 | 1. 鹏鸿一级大芯板衬底，外贴胡桃木板饰面<br>2. 同等材质实木木线收口，木线宽 5.8cm，厚度 0.8cm<br>3. 高级展辰牌系列环保聚酯漆 6～8 遍 |
| 4 | 做储物柜 | 平方米 | 2.67 | 500 | 1335 | 1. 鹏鸿一级大芯板衬底，外胡 0.3cm 澳松板板饰面，柜内清漆 2 遍。厚度≤600mm<br>2. 柜体内刷二遍清油<br>3. 松木实木木线收口，高级展辰牌系列环保聚酯漆 6～8 遍，不含五金件<br>4. 如用工厂制作柜门另加 150 元/m² |
| | 小计 | | | | 2707.9 | |

**六、次卧(大)工程**

| 序号 | 项目 | 单位 | 数量 | 综合单价/<br>(元/m²、m 或项) | 合计/元 | 工艺做法及材料说明 |
|---|---|---|---|---|---|---|
| 1 | 清工辅料<br>（墙面） | 平方米 | 30 | 16 | 480 | 1. 对原墙面非防水腻子及墙衬须进行铲除（不含喷涂及壁纸铲除），原墙面为防水腻子无须铲除，但应对该墙面进行打磨处理或刷墙固一遍挂底处理<br>2. 批刮美巢易呱平三遍，辊刷面漆二遍<br>3. 此价格为辊刷工艺（不含墙漆） |
| 2 | 清工辅料<br>（顶面） | 平方米 | 11.1 | 16 | 177.6 | 1. 对原墙面非防水腻子及墙衬须进行铲除（不含喷涂及壁纸铲除），原墙面为防水腻子无须铲除，但应对该墙面进行打磨处理或刷墙固一遍挂底处理<br>2. 批刮美巢易呱平三遍，辊刷面漆二遍<br>3. 此价格为辊刷工艺（不含墙漆） |
| 3 | 包窗套 | 米 | 4.2 | 75 | 315 | 1. 鹏鸿一级大芯板衬底，澳松板饰面<br>2. 同等材质实木木线收口，木线宽 5.8cm，厚度 0.8cm<br>3. 高级展辰牌系列环保聚酯漆 6～8 遍 |
| | 小计 | | | | 972.6 | |

**七、次卧(小)工程**

| 序号 | 项目 | 单位 | 数量 | 综合单价/<br>(元/m²、m 或项) | 合计/元 | 工艺做法及材料说明 |
|---|---|---|---|---|---|---|
| 1 | 清工辅料<br>（墙面） | 平方米 | 29.2 | 16 | 467.2 | 1. 对原墙面非防水腻子及墙衬须进行铲除（不含喷涂及壁纸铲除），原墙面为防水腻子无须铲除，但应对该墙面进行打磨处理或刷墙固一遍挂底处理<br>2. 批刮美巢易呱平三遍，辊刷面漆二遍<br>3. 此价格为辊刷工艺（不含墙漆） |

续表

| 序号 | 项目 | 单位 | 数量 | 综合单价/(元/m²、m 或项) | 合计/元 | 工艺做法及材料说明 |
|---|---|---|---|---|---|---|
| 2 | 清工辅料(顶面) | 平方米 | 10 | 16 | 160 | 1. 对原墙面非防水腻子及墙衬须进行铲除(不含喷涂及壁纸铲除),原墙面为防水腻子无须铲除,但应对该墙面进行打磨处理或刷墙固一遍挂底处理<br>2. 批刮美巢易呱平三遍,辊刷面漆二遍<br>3. 此价格为辊刷工艺(不含墙壁漆) |
| 3 | 包窗套 | 米 | 3.9 | 85 | 331.5 | 1. 鹏鸿一级大芯板衬底,外贴胡桃木板饰面<br>2. 同等材质实木木线收口,木线宽 5.8cm,厚度 0.8cm<br>3. 高级展辰牌系列环保聚酯漆 6～8 遍 |
| | 小计 | | | | 958.7 | |

### 八、厨房及阳台工程

| 序号 | 项目 | 单位 | 数量 | 综合单价/(元/m²、m 或项) | 合计/元 | 工艺做法及材料说明 |
|---|---|---|---|---|---|---|
| 1 | 铺设墙砖 | 平方米 | 28.5 | 26 | 741 | 1. 清工辅料,砖由客户提供<br>2. 规格在 600mm×600mm 或 800mm×800mm 以内;如小于 200mm×200mm(含)每平方米加 15 元<br>3. 国标强度 32.5# 钻牌水泥,中砂 1:2 水泥砂浆铺贴<br>4. 白水泥勾缝。拼花另加 20 元/m²<br>5. 地面铺设厚度≤40mm。超过此厚度,按地面找平计算<br>6. 如加铜条每平方米加 15 元(铜条由客户提供)<br>7. 如需穿边处理每平方米加 10 元 |
| 2 | 铺设地砖 | 平方米 | 8.86 | 25 | 221.5 | 1. 清工辅料,砖由客户提供<br>2. 规格在 600mm×600mm 或 800mm×800mm 以内;如小于 200mm×200mm(含)每平方米加 15 元<br>3. 国标强度 32.5# 钻牌水泥,中砂 1:2 水泥砂浆铺贴<br>4. 白水泥勾缝。拼花另加 20 元/m²<br>5. 地面铺设厚度≤40mm。超过此厚度,按地面找平计算<br>6. 如加铜条每平方米加 15 元(铜条由客户提供)<br>7. 如需穿边处理每平方米加 10 元 |
| 3 | 石膏板封墙 | 平方米 | 0.8 | 120 | 96 | 轻钢龙骨骨架。石膏板封面。不含基底处理及墙漆 |
| 4 | 包立管 | 项 | 1 | 200 | 200 | 红砖或轻体砖砌筑抹灰,不含贴瓷砖,留截门观察口 |
| | 小计 | | | | 1258.5 | |

### 九、主卫工程

| 序号 | 项目 | 单位 | 数量 | 综合单价/(元/m²、m 或项) | 合计/元 | 工艺做法及材料说明 |
|---|---|---|---|---|---|---|
| 1 | 铺设墙砖 | 平方米 | 17.5 | 26 | 455 | 1. 清工辅料,砖由客户提供<br>2. 规格在 600mm×600mm 或 800mm×800mm 以内;如小于 200mm×200mm(含)每平方米加 15 元<br>3. 国标强度 32.5# 钻牌水泥,中砂 1:2 水泥砂浆铺贴<br>4. 白水泥勾缝。拼花另加 20 元/m²<br>5. 地面铺设厚度≤40mm。超过此厚度,按地面找平计算<br>6. 如加铜条每平方米加 15 元(铜条由客户提供)<br>7. 如需穿边处理每平方米加 10 元 |

| 序号 | 项目 | 单位 | 数量 | 综合单价/<br>(元/m²、m或项) | 合计/元 | 工艺做法及材料说明 |
|---|---|---|---|---|---|---|
| 2 | 铺设地砖 | 平方米 | 4.5 | 25 | 112.5 | 1. 清工辅料,砖由客户提供<br>2. 规格在 600mm×600mm 或 800mm×800mm 以内;如小于 200mm×200mm(含)每平方米加 15 元<br>3. 国标强度 32.5# 钻牌水泥,中砂 1:2 水泥砂浆铺贴<br>4. 白水泥勾缝。拼花另加 20 元/m²<br>5. 地面铺设厚度≤40mm。超过此厚度,按地面找平计算<br>6. 如加铜条每平方米加 15 元(铜条由客户提供)<br>7. 如需穿边处理每平方米加 10 元 |
| 3 | 包立管 | 项 | 1 | 200 | 200 | 红砖或轻体砖砌筑抹灰,不含贴瓷砖,留截门观察口 |
| | 小计 | | | | 767.5 | |

### 十、次卫工程

| 序号 | 项目 | 单位 | 数量 | 综合单价/<br>(元/m²、m或项) | 合计/元 | 工艺做法及材料说明 |
|---|---|---|---|---|---|---|
| 1 | 铺设地砖 | 平方米 | 4.2 | 25 | 105 | 1. 清工辅料,砖由客户提供<br>2. 规格在 600mm×600mm 或 800mm×800mm 以内;如小于 200mm×200mm(含)每平方米加 15 元<br>3. 国标强度 32.5# 钻牌水泥,中砂 1:2 水泥砂浆铺贴<br>4. 白水泥勾缝。拼花另加 20 元/m²<br>5. 地面铺设厚度≤40mm。超过此厚度,按地面找平计算<br>6. 如加铜条每平方米加 15 元(铜条由客户提供)<br>7. 如需穿边处理每平方米加 10 元 |
| 2 | 铺设墙砖 | 平方米 | 19 | 26 | 494 | 1. 清工辅料,墙面清理、凿毛处理、素灰拉毛水泥砂浆粘贴<br>2. 规格在边 300mm 或 450mm 以内,大于或小于此规格价格另计<br>3. 国标强度 32.5# 钻牌水泥,美巢墙固水泥拉毛处理、中砂 1:2 水泥砂浆铺贴<br>4. 白水泥勾缝。如用勾缝剂勾缝每平方米另加 2 元。异型砖及拼花砖价格另计 |
| 3 | 包立管 | 根 | 1 | 200 | 200 | 红砖或轻体砖砌筑抹灰,不含贴瓷砖,留观察口 |
| 4 | 地面垫高 | 平方米 | 3.7 | 20 | 74 | |
| | 小计 | | | | 873 | |

### 十一、其他工程

| 序号 | 项目 | 单位 | 数量 | 综合单价/<br>(元/m²、m或项) | 合计/元 | 工艺做法及材料说明 |
|---|---|---|---|---|---|---|
| 1 | 做门及套 | 樘 | 6 | 1280 | 7680 | 1. 工厂制作,内为松木。外贴胡桃木板饰面,不含五金件,门高 2m,宽 1m,大于此规格价格另计。包含安装<br>2. 木线宽 5.8cm,厚度 1.0cm,清混结合。门样式可选 |
| 2 | 水路改造<br>(明) | 米 | — | 40 | — | 1. 包含管材、接头及固定件,不含软管及龙头<br>2. 现场交底,改造后按实际发生量测量,并填写增项单,同期期款一同交纳<br>3. 青云 PPR 管由保险公司承保 50 年 |
| 3 | 水路改造<br>(暗) | 米 | — | 55 | — | 1. 包含管材、接头及固定件,不含软管及龙头<br>2. 现场交底,改造后按实际发生量测量,并填写增项单,同期期款一同交纳<br>3. 青云 PPR 管由保险公司承保 50 年 |

续表

| 序号 | 项目 | 单位 | 数量 | 综合单价/(元/m²、m 或项) | 合计/元 | 工艺做法及材料说明 |
|---|---|---|---|---|---|---|
| 4 | 电路改造（明管） | 米 | — | 20 | — | 1. 天华牌 2.5 平方国标铜线、文昌牌 PVC 护线管、阻燃暗盒,不含面板<br>2. PVC 管内电线数量不超过 3 根<br>3. 空调线 4 平方,10 米内不加收费用<br>4. 现场交底,改造后按实际发生量测量,并填写增项单,同中期款一同交纳 |
| 5 | 电路改造（暗管） | 米 | — | 45 | — | 1. 天华牌 2.5 平方国标铜线、文昌牌 PVC 护线管、阻燃暗盒,不含面板<br>2. PVC 管内电线数量不超过 3 根<br>3. 空调线 4 平方,10 米内不加收费用<br>4. 现场交底,改造后按实际发生量测量,并填写增项单,同中期款一同交纳 |
| 6 | 墙体贴布 | 平方米 | — | 8 | — | 的确良布乳胶铺贴 |
| 7 | 洁具安装 | 套 | — | 200 | — | 按实际安装情况计算 |
| 8 | 灯具安装 | 个 | — | 50 | — | 按实际安装情况计算 |
| 9 | 五金安装 | 套 | — | 200 | — | 按实际安装情况计算 |
| 10 | 其他施工 | — | | | | 按实际安装情况计算 |
| | 小计 | | | | 7680 | |
| | 合计 | | | | 22335 | |
| | 折扣价 | | | | | 按甲、乙双方具体情况协商确定 |

注：1. 本工程施工报价为施工所需的直接费用,不包括其他任何费用。如装修管理费及垃圾清运费等其他相关费用,全部由甲方（客户）承担并交纳,乙方（装饰公司）不承担与甲方房屋所属物业有关的一切管理费用。如因×××公司施工人员违反规定造成罚款,由乙方施工人员全额承担。

2. 在施工期间甲方应为乙方提供水、电等施工条件,如停水、停电、下雨、变更图纸、限制施工时间、节假日、甲方材料不到位等原因工期顺延。施工期间使用的水、电、费用由甲方承担。电梯使用费、出入证工本费的押金由乙方承担。

3. 根据××市建委及××装协机关规定,本公司不负责煤气、暖气移位;承重墙拆改等工程项目。施工报价中所含的乳胶漆项目,在整套居室施工涂刷中墙面颜色不得超过两种,超过两种颜色按增加颜色情况及所用涂料品牌加收 150～800 元的材料损失费（最低额为同品牌乳胶漆一桶的费用）。

4. 为维护广大客户利益,请您不要接受乙方员工的任何口头承诺,所有合同内相关事项均应甲、乙双方签字确认后的书面记录内容为准。开工后凡客户与施工队达成施工协议,未经公司认证,该合同××公司不予保修。

5. 凡违反有关部门规定的任何拆改项目须征得××物业管理公司同意并另需签订补充协议,如不签订乙方公司不承担任何直接、连带责任。

6. 实际发生项目数量与报价单不符的,以实际发生为准,多退少补。如装修过程中发生增减项目,其费用需在交中期款时与水、电路改造费用同时结算、支付。

7. 水电施工按实际发生计算,水路改造 55/米（×××PPR 管）,电路施工（剔槽、布线、下管,包料）35～60 元/米,零配件甲方提供,如发生漏水只负责维修不负责赔偿。

8. 墙面面积计算：按展开面积,计算门窗洞口等面积按 50% 扣除。

9. 报价中洁具、灯具、木地板、墙砖、地砖、石材、特殊玻璃、五金件（锁具、拉手、门吸、合页等,但包含上述五金件的安装）等均由甲方代购主材的,须另签主材代购协议。代购装饰主材材料的售后服务及保修等由相关生产厂家、供货商负责并承担连带责任。

10. 乳胶漆报价不含特殊墙面处理工艺及费用（如沙灰墙、保温墙等开裂墙面的特殊处理工艺）。

11. 签订合同后,甲方要求终止合同,按合同工程造价的 10% 支付违约金。

12. 此报价单最终解释权属××装饰工程公司所有。

# 附录B 公装工程量清单工程参考案例

本公装工程报价单工程案例是以广州市A投资公司52层办公室装修工程作为依据，说明在办公室室内装修中，如何进行工程施工报价，其中的单价具有一定的时效性。该报价单中的工程做法、施工工艺、单价、材料选用及其要求等各项内容，仅供室内装修学习参考（见表B.1）。

**表 B.1 办公楼装修工程简易报价案例（仅供参考）**

| 工程名称：广州市××投资公司52层办公室装修工程 | | | 装修建筑面积 | | 约650m² | |
|---|---|---|---|---|---|---|
| 序号 | 项目及装修主要内容 | 材料主要说明 | 单位 | 数量 | 综合单价/（元/单位） | 合计/元（RMB） |
| **一、公司大门工程** | | | | | | |
| 1 | 15mm钢化大门(15mm钢化玻璃门) | 15mm钢化玻璃门，无框玻璃结构 | m² | 6 | 210 | 1260 |
| 2 | 玻璃门五金色件(皇冠地弹簧) | 不锈钢镜钢 | 套 | 3 | 450 | 1350 |
| 3 | 大门拉手(2.0m不锈钢拉手) | | 套 | 2 | 250 | 500 |
| 4 | 大理石玻璃门套(浅啡网倒海棠脚) | 浅啡网大理石 | m | 9 | 350 | 3150 |
| 5 | 门槛石 | 浅啡网大理石 | m | 3 | 150 | 450 |
| 6 | 玻璃贴磨砂纸(公司LOGO) | | m | 3.5 | 120 | 420 |
| 小计 | | | | 小计： | | 7130 |
| **二、公司前台工程** | | | | | | |
| 1 | 前台(长2.5m，浅啡网大理石饰面) | 背面饰面板喷白漆 | m² | 2.5 | 1350 | 3375 |
| 2 | 形象背景壁板(古堡灰大理石饰面) | 干挂，密缝 | m² | 19 | 560 | 10640 |
| 3 | 公司LOGO(水晶字烤漆) | 20mm水晶板，烤漆 | 项 | 2 | 1300 | 2600 |
| 4 | 前厅天花椭圆造型 | 75加厚轻钢龙骨，12mm石膏板造型 | m² | 29 | 115 | 3335 |
| 5 | 前厅天花水晶灯造型 | 吊顶水晶灯 | 套 | 1 | 2100 | 2100 |
| 6 | 暗藏灯管 | | m | 21 | 50 | 1050 |
| 7 | 前厅两侧玻璃间墙 | | m² | 15 | 180 | 2700 |
| 8 | 前厅两侧玻璃间墙大理石边框 | 浅啡网大理石 | m | 28 | 320 | 8960 |
| 9 | 门槛石 | 浅啡网大理石 | m | 4 | 120 | 480 |
| 小计 | | | | | | 35240 |
| **三、大会议室工程** | | | | | | |
| 1 | 门及门套(平板门，麦哥利饰面板) | 饰面板红木塑色，喷漆 | 套 | 2 | 900 | 1800 |
| 2 | 玻璃间隔(15mm钢化条纹磨砂玻璃) | 边框为麦哥利饰面板，塑红木色，喷漆 | m² | 6 | 200 | 1200 |
| 3 | 背景柜(麦哥利饰面板，塑红木色，喷漆) | 中间为10mm浅绿色烤漆钢化玻璃 | m² | 19 | 700 | 13300 |

续表

| 序号 | 项目及装修主要内容 | 材料主要说明 | 单位 | 数量 | 综合单价/（元/单位） | 合计/元（RMB） |
|---|---|---|---|---|---|---|
| 4 | 会议室天花造型 | 75 加厚轻钢龙骨，12mm 石膏板造型 | m² | 45 | 120 | 5400 |
| 5 | 会议室软膜天花灯 | 30cm 宽软膜，内藏 T5 灯管 | m | 18 | 110 | 1980 |
| 6 | 墙身贴墙纸 | 浅黄色韩国墙纸 | m² | 41 | 37 | 1517 |
| 7 | 窗帘盒 | 18mm 防火夹板，面贴饰面板，喷白色 | m | 7 | 35 | 245 |
| 8 | 地脚线 | 麦哥利饰面板，塑红木色，喷漆 | m | 10 | 25 | 250 |
| 9 | 600×600 方块地毯（PVC 底） | 花色 | m² | 50 | 55 | 2750 |
| 小计 | | | | | | 28442 |
| **四、董事长办公室、总经理办公室工程** | | | | | | |
| 1 | 门及门套（平板门，麦哥利饰面板） | 饰面板红木塑色，喷漆 | 套 | 2 | 930 | 1860 |
| 2 | 玻璃间隔（18mm 钢化纹纹磨砂玻璃） | 边框为麦哥利饰面板，塑红木色，喷漆 | m² | 55 | 250 | 13750 |
| 3 | 1200×600 阿姆斯壮牌矿棉板天花 | 天花龙骨为 0.9 凹槽铝龙骨，喷白色 | m² | 75 | 70 | 5250 |
| 4 | 墙身书柜（麦哥利饰面板，塑红木色，喷漆） | 中间为 10mm 浅绿色烤漆钢化玻璃 | m² | 15 | 660 | 9900 |
| 5 | 吊灯（间接光源照明） | | 套 | 3 | 680 | 2040 |
| 6 | 高级纹理地毯 | 高档纹理黄色羊毛地毯 | m² | 75 | 120 | 9000 |
| 7 | 墙身贴墙纸 | 浅黄色韩国墙纸 | m² | 50 | 40 | 2000 |
| 8 | 石膏板间墙 | 75 加厚轻钢龙骨，12mm 石膏板造型 | m² | 12 | 90 | 1080 |
| 9 | 窗帘盒 | 15mm 防火夹板，面贴饰面板，喷白色 | m | 15 | 35 | 525 |
| 10 | 地脚线 | 麦哥利饰面板，塑红木色，喷漆 | m | 27 | 18 | 486 |
| 小计 | | | | | | 45891 |
| **五、副总经理办公室、财务室、洽谈室工程** | | | | | | |
| 1 | 门及门套（平板门，麦哥利饰面板） | 饰面板红木塑色，喷漆 | 套 | 6 | 930 | 5580 |
| 2 | 玻璃间隔（15mm 钢化条纹磨砂玻璃） | 边框为麦哥利饰面板，塑红木色，喷漆 | m² | 75 | 210 | 15750 |
| 3 | 石膏板间墙 | 75 加厚轻钢龙骨，12mm 可耐福石膏板造型 | m² | 25 | 90 | 2250 |
| 4 | 1200×600 阿姆斯壮牌矿棉板天花 | 天花龙骨为 0.9 凹槽铝龙骨，喷白色 | m² | 65 | 70 | 4550 |
| 5 | 600×600 方块地毯（PVC 底） | 黄色 | m² | 65 | 65 | 4225 |
| 6 | 墙身贴墙纸 | 浅黄色韩国墙纸 | m² | 80 | 30 | 2400 |
| 7 | 窗帘盒 | 15mm 防火夹板，面贴饰面板，喷白色 | m | 15 | 35 | 525 |
| 8 | 地脚线 | 麦哥利饰面板，塑红木色，喷漆 | m | 28 | 25 | 700 |
| 小计 | | | | | | 35980 |
| **六、职员办公区域工程** | | | | | | |
| 1 | 600×600 阿姆斯壮牌矿棉板天花 | 天花龙骨为 0.9 凹槽铝龙骨，喷白色 | m² | 180 | 60 | 10800 |
| 2 | 方块地毯（PVC 底） | 黄色 | m² | 180 | 55 | 9900 |
| 3 | 墙身贴墙纸 | 浅黄色韩国墙纸 | m² | 145 | 30 | 4350 |
| 4 | 窗帘盒 | 15mm 防火夹板，面贴饰面板，喷白色 | m | 18 | 35 | 630 |
| 5 | 地脚线 | 麦哥利饰面板，塑红木色，喷漆 | m | 45 | 15 | 675 |
| 小计 | | | | | | 26355 |

续表

| 序号 | 项目及装修主要内容 | 材料主要说明 | 单位 | 数量 | 综合单价/(元/单位) | 合计/元(RMB) |
|---|---|---|---|---|---|---|
| **七、公司机房工程** | | | | | | |
| 1 | 不锈钢防盗门及门套 | | 套 | 1 | 1100 | 1100 |
| 2 | 600×600 阿姆斯壮牌矿棉板天花 | 天花龙骨为 0.9 凹槽铝龙骨,喷白色 | m² | 30 | 60 | 1800 |
| 3 | 600×600 方块地毯(PVC 底) | 黄色 | m² | 30 | 55 | 1650 |
| 4 | 地脚线 | 麦哥利饰面板,塑红木色,喷漆 | m | 45 | 20 | 900 |
| 小计 | | | | | | 4550 |
| **八、洗手间工程** | | | | | | |
| 1 | 原拆除部分 | 原瓷片跟地砖 | m² | 150 | 35 | 5250 |
| 2 | 洗手间贴瓷片 | 合资品牌浅黄色 300×450 瓷片 | m² | 80 | 85 | 6800 |
| 3 | 洗手间地面地砖 | 合资品牌浅黄色 300×300 防滑砖 | m² | 20 | 85 | 1700 |
| 4 | 洗手盘及大理石台面 | 西班牙米黄台面,东鹏洗手盘 | 套 | 3 | 1350 | 4050 |
| 5 | 洗手间内间隔 | 防水三聚氰胺板 | 套 | 5 | 420 | 2100 |
| 6 | 洗手间给排水安装 | | 项 | 2 | 750 | 1500 |
| 7 | 洗手间铝扣天花 | 0.8 铝扣天花 | m² | 20 | 25 | 500 |
| 8 | 安装蹲厕 | 钻石牌 | 项 | 5 | 320 | 1600 |
| 9 | 安装水箱 | | 项 | 5 | 150 | 750 |
| 10 | 安装排气扇 | | 项 | 3 | 150 | 450 |
| 11 | 安装镜子(8mm 银镜) | 镜子后 12mm 夹板造型,上下暗藏 T5 灯管 | 项 | 2 | 450 | 900 |
| 12 | 角阀,地漏 | 铜电渡 | 项 | 10 | 25 | 250 |
| 13 | 软管 | 铜电渡 | 项 | 6 | 25 | 150 |
| 14 | 洗手间入口门框 | 浅啡网大理石 | m | 6 | 300 | 1800 |
| 15 | 门及门套(平板门,麦哥利饰面板) | 饰面板红木塑色,喷漆 | 套 | 2 | 900 | 1800 |
| 小计 | | | | | | 29600 |
| **九、强电、弱电工程** | | | | | | |
| 1 | 全场区域布电及开关 | 用大厦标准规定的联塑 PVC 管布电 | 项 | 1 | 1150 | 1200 |
| 2 | 区域布线/开关分区,灯线为 2.5,插座为 4.0 | BV 电线,统一开关及插座品牌 | m² | 400 | 60 | 24000 |
| 3 | 网络线敷设 | 规格:SYWV75-5,安普超五类网线 | 位 | 50 | 120 | 6000 |
| 4 | 电话线敷设 | 规格:HYV4×0.5mm²,4 芯电话线 | 位 | 60 | 70 | 4200 |
| 5 | 会议室音频线敷设,喇叭安装(TOTKO 牌) | 规格:RVVP2×1.5mm² 敷设方式:管内穿线 | m | 510 | 5 | 2550 |
| 6 | 天花排气扇安装 | 正野(静音) | 套 | 15 | 150 | 2250 |
| 7 | 前厅艺术豆胆射灯安装 | 安装方式:内藏式  品牌:M+M 牌,二头灯 | 套 | 5 | 150 | 750 |
| 8 | 办公室,会议室柜子 T4 管安装 | 安装方式:内藏式  品牌:M+M 牌 | 套 | 35 | 40 | 1400 |
| 9 | 600×1200 灯盘(三雄灯盘) | 安装方式:内藏式  品牌:三雄牌,电子镇流器 | 套 | 20 | 180 | 3600 |

续表

| 序号 | 项目及装修主要内容 | 材料主要说明 | 单位 | 数量 | 综合单价/(元/单位) | 合计/元(RMB) |
|---|---|---|---|---|---|---|
| 10 | 600×600 灯盘 | 安装方式:内藏式　品牌:三雄牌,电子镇流器 | 套 | 15 | 150 | 2250 |
| 11 | 洗手间单管荧光灯安装(T5 系列) | 安装方式:内藏式　品牌:M+M牌 | 套 | 5 | 35 | 175 |
| 12 | 洗手间单头豆胆射灯 | 安装方式:内藏式　品牌:M+M牌 | 套 | 5 | 80 | 400 |
| 13 | 配电箱安装 | 东莞基业,空开:广东梅兰 | 套 | 1 | 1500 | 1500 |
| 14 | 总电表(3 相智能电表) | 广州电表厂 | 套 | 1 | 400 | 400 |
| 15 | 前厅,洗手间筒灯(天花吊装) | 安装方式:外露式　品牌:M+M | 套 | 10 | 35 | 350 |
| 16 | 双头应急灯 | 合资品牌 | 套 | 5 | 150 | 750 |
| 17 | 单面出口指示灯 | 合资品牌 | 套 | 1 | 150 | 150 |
| 18 | 监控布线(视频线) | 不含设备 | 位 | 5 | 280 | 1400 |
| 19 | 会议室视频布线 | 规格:SYWV75-5 | 位 | 1 | 200 | 200 |
| 小计 | | | | | | 53525 |
| **十、辅助工程** | | | | | | |
| 1 | 墙身扇灰 | 双飞粉,三次底灰 | m² | 400 | 15 | 6000 |
| 2 | 墙身油乳胶漆(立邦漆) | | m² | 150 | 5 | 750 |
| 3 | 材料搬运费 | | 项 | 1 | 1000 | 1000 |
| 4 | 垃圾清运及卫生费 | | 项 | 1 | 1000 | 1000 |
| 5 | 包下水管 | 木架,12mm 可耐福石膏板 | m | 25 | 25 | 625 |
| 6 | 铁栏杆喷漆 | 喷黑漆 | 项 | 1 | 550 | 550 |
| 7 | 外窗户券帘 | 浅黄色 UV 卷帘 | m² | 100 | 40 | 4000 |
| 8 | 玻璃间墙百叶帘 | 2.5 百叶,白色 | m² | 100 | 60 | 6000 |
| 9 | 木饰面油漆 | 喷漆,塑红木色 | m² | 85 | 30 | 2550 |
| 小计 | | | | | | 22475 |
| **十一、其他配套工程** | | | | | | |
| 1 | 砖墙 | 16 墙,轻质砖,石井水泥 | m² | 55 | 90 | 4950 |
| 2 | 顶现制楼板 | 12 直钢,商品砼 | m² | 25 | 300 | 7500 |
| 3 | 墙身批荡(双面) | 细沙,石井水泥 | m² | 55 | 25 | 1375 |
| 4 | 不锈钢门及门套 | | 项 | 1 | 1200 | 1200 |
| 5 | 铝扣天花板 | | m² | 25 | 75 | 1875 |
| 6 | 水电安装 | | 项 | 1 | 1400 | 1400 |
| 7 | 橱柜 | | m | 2 | 750 | 1500 |
| 8 | 铝合金窗 | | m² | 2 | 250 | 500 |
| 9 | 排气扇 | | 项 | 1 | 180 | 180 |
| 10 | 墙身瓷片 | | m² | 50 | 60 | 3000 |
| 11 | 地面地砖 | | m² | 25 | 60 | 1500 |
| 小计 | | | | | | 24980 |
| 合计 | | | | | | 314168.00 元 |

# 附录C 全国室内空气质量检测机构名录

## 一、室内空气质量检测机构资格要求

（注：以当地政府质量技术监督局公布的要求为准，本资料仅供参考）

从事室内空气检测业务的机构，原则上应首先完成工商注册（图 C.1），成为独立法人，通过省级质量技术监督局的计量认证考核合格并颁发计量认证证书书后（图 C.2），方可正式对社会开展检测业务。

图 C.1 营业执照

图 C.2 计量认证证书

对从事室内空气检测机构申请计量认证（扩项）的具体要求如下。

从事室内空气检测的实验室，除了应满足原国家质量技术监督局发布的有关计量认证考核的评审准则的相关要求外，还应当具备以下条件。

新进入这一领域开展检测服务的实验室，应具有独立法人资格，实验室检测仪器设备和技术人员应满足所申请检测项目的需要。具体包括：

（1）实验室

① 具有与所从事的检测项目相符合的实验室。实验室分为物理因素测试实验室，化学实验室（无机分析实验室、有机分析实验室），微生物实验室，放射性实验室。

② 实验室的设施和环境条件必须保证检测工作正常运行，并确保检测结果的

有效性和准确性。

（2）仪器设备　申请从事室内空气质量检测实验室的仪器设备应满足所申请的检测项目要求。分为：

① 采样设备。包括：气体污染物采样泵、气泡吸收管、多孔玻板吸收管、颗粒物采样器、滤膜、流量计、撞击式空气微生物采样器。

② 现场测试仪器。包括：温度计、湿度计、风速计、便携式一氧化碳分析仪、便携式二氧化碳分析仪。

③ 实验室分析仪器和设备。包括：分析天平、分光光度计、气相色谱仪、液相色谱仪、热解吸/气相色谱/质谱联用仪、高压蒸汽灭菌器、干热灭菌器、恒温培养箱、冰箱、氡分析仪。

（3）人员

① 申请检测机构应有与检测项目相适应的管理、技术和质量控制人员。

② 有关管理和检测人员应熟悉相关法规文件、标准、方法以及本单位质量手册的有关规定。

③ 检测人员的专业应与申请的检测项目相符合，检测人员应具有中级以上专业技术职称或大专以上学历并具有两年以上专业经验。检测人员应经过国家认监委或国家环保部、卫生部、建设部以及省级以上质量技术监督部门等部门组织或授权组织的专业技术培训后方可上岗。

④ 技术负责人应精通本专业业务，具备副高级以上技术职称，并有 5 年以上专业经验。

⑤ 具有中级以上技术职称的人数应不少于检测机构总人数的 50%。

（4）采样　采样前所有采样仪器需进行流量校正；选择的采样点要有代表性，要合理。如居室应选择卧室或停留时间长的房间。现场实验记录要完整。

检测方法采用《室内空气质量标准》中规定的方法。实验室要制定相应的操作规程和数据处理方法。执行《民用建筑工程室内环境污染控制规范》标准的，按该标准有关规定执行。

## 二、全国部分室内空气质量检测机构名录（表 C.1～C.3）

（注：资料来源为中国国家认证认可监督管理委员会，以各地政府的质量技术监督局公布的实际机构单位为准，本名录资料仅供参考。）

表 C.1　第一批室内空气质量检测机构名录

| 序号 | 实验室名称 | 计量认证或实验室认可证书号 | 地　址 | 邮编 |
|---|---|---|---|---|
| 1 | 中国环境监测总站 | (2003)量认(国)字(U1634)号 | 北京市朝阳区北四环东路育慧路1号 | 100029 |
| 2 | 中国疾病预防控制中心环境与健康相关产品安全所空气质量安全检测室 | (99)量认(国)字(U0919)号 | 北京市朝阳区潘家园南里七号 | 100021 |
| 3 | 中国疾病预防控制中心辐射防护与核安全医学所 | (2002)量认(国)字(S2093)号 | 北京市西城区德胜门外新康街2号 | 100088 |

| 序号 | 实验室名称 | 计量认证或实验室认可证书号 | 地 址 | 邮编 |
|---|---|---|---|---|
| 4 | 职业卫生与中毒控制所 | (98)量认(国)字(S1801)号 | 北京市南纬路 29 号职业卫生与中毒控制所 | 100050 |
| 5 | 建筑材料工业环境监测中心 | (2002)量认(国)字(R0762)号 | 北京市朝阳区管庄东里 | 100024 |
| 6 | 国家建筑材料测试中心 | (2002)量认(国)字(R0586)号 | 北京市朝阳区管庄东里 1 号建材院南楼 | 100024 |
| 7 | 北京市环境保护监测中心 | (99)量认(国)字(U1116)号 | 北京市车公庄西路 14 号 | 100044 |
| 8 | 天津市环境监测中心 | (2000)量认(国)字(U1117)号 | 天津市南开区复康路 19 号 | 300191 |
| 9 | 天津市辐射环境管理所 | (2003)量认(国)字(U2208)号 | 天津市南开区复康路 19 号 | 300191 |
| 10 | 天津市质量监督检验站第 24 站天津市建筑工程质量检测中心 | (2001)量认(津)字(U0108)号 | 天津市南开区南丰路兴泰里 30 号 | 300193 |
| 11 | 河北省环境监测中心站 | (2000)量认(国)字(U0952)号 | 河北省石家庄市裕华西路 448 号 | 050051 |
| 12 | 河北省辐射环境管理站 | (2001)量认(国)字(U2067)号 | 河北省石家庄市裕华西路 448 号 | 050051 |
| 13 | 山西省环境监测中心站 | (2000)量认(国)字(U1253)号 | 山西省太原市新华街 119 号 | 030027 |
| 14 | 山西省建筑科学研究院 | (99)量认(晋)字(U0106)号 | 山西省太原市山佑巷 19 号 | 030001 |
| 15 | 山西省华建室内环境检测有限公司 | (2003)量认(晋)字(U0080)号 | 山西省太原市北园街 61 号 | 030006 |
| 16 | 辽宁省环境监测中心站 | (2000)量认(国)字(U1215)号 | 辽宁省沈阳市皇姑区泰山路 90 号 | 110031 |
| 17 | 沈阳市产品质量监督检验所 | (2002)量认(辽)字(Z0177)号 | 沈阳市铁西区滑翔路 26 号 | 110021 |
| 18 | 上海市环境监测中心 | (99)量认(国)字(U1114)号 | 上海市南丹路 1 号 | 200030 |
| 19 | 上海市辐射环境监督站 | (2003)量认(国)字(U1779)号 | 上海市沪太路 500 号 | 200065 |
| 20 | 上海市疾病预防控制中心(上海市预防医学研究院) | (2003)量认(沪)字(S0156)号 | 上海市中山西路 1380 号 | 200336 |
| 21 | 上海市建筑材料及构件质量监督检验站 | (2001)量认(沪)字(R0101)号 | 上海市宛平南路 75 号 | 200032 |
| 22 | 上海市环境保护产品质量监督检验总站 | (1999)量认(沪)字(U0235)号 | 上海市宜山路 716 号 | 200233 |
| 23 | 上海市室内装饰质量监督检验站 | (1999)量认(沪)字(U0339)号 | 上海市南昌路 197 号 | 200020 |
| 24 | 上海市徐汇区环境监测站 | (1999)量认(沪)字(U0241)号 | 上海市零陵路 404 号 | 200032 |
| 25 | 上海市闸北区环境监测站 | (1999)量认(沪)字(U0246)号 | 上海市共和新路 1927 号 | 200072 |
| 26 | 上海市建设工程质量检测中心 | (2002)量认(沪)字(R0299)号 | 上海市宛平南路 75 号 | 200032 |
| 27 | 上海济源室内环境及材料检测有限公司 | (2003)量认(沪)字(U0504)号 | 上海市宁国路 472 号 | 200090 |
| 28 | 上海市建设工程质量检测中心徐汇区分中心 | (2003)量认(沪)字(U0307)号 | 上海市宜山路田林十四村 41 号 | 200233 |
| 29 | 上海青浦建设工程质量检测中心 | (2003)量认(沪)字(U0530)号 | 上海市青松路 404 号 | 201700 |

| 序号 | 实验室名称 | 计量认证或实验室认可证书号 | 地　址 | 邮编 |
|---|---|---|---|---|
| 30 | 上海闵衡建筑检测研究所 | (2003)量认(沪)字(U0529)号 | 上海市莘庄庙泾路 68 号 | 201100 |
| 31 | 上海申丰地质新技术应用研究所有限公司 | (2000)量认(沪)字(U0375)号 | 上海市华漕镇保乐路 618 号 | 201107 |
| 32 | 上海市建设工程质量检测中心嘉定区分中心 | (2002)量认(沪)字(U0311)号 | 上海市嘉定镇金沙路 98 号 | 201800 |
| 33 | 上海市建设工程质量检测中心杨浦区分中心 | (2002)量认(沪)字(U0306)号 | 上海市民星路 250 号 | 200438 |
| 34 | 上海市建设工程质量检测中心浦东分中心 | (2000)量认(沪)字(U0280)号 | 上海市日新路 128 号 | 201209 |
| 35 | 上海竞美检测有限公司 | (2003)量认(沪)字(U0533)号 | 上海市大同路 1250 号 | 200137 |
| 36 | 上海市建设工程质量检测中心南汇分中心 | (2003)量认(沪)字(R0327)号 | 上海市沪南公路 9993 号 | 201300 |
| 37 | 上海中浦勘查技术研究所 | (2003)量认(沪)字(R0373)号 | 上海市新闸路 218 号 1402 室 | 200003 |
| 38 | 上海浦东北蔡建设工程质量检测有限公司 | (2003)量认(沪)字(V0410)号 | 上海市北蔡莲园路 185 号 | 201204 |
| 39 | 上海石化寰保实业有限公司 | (2003)量认(沪)字(U0535)号 | 上海市金山区石化卫八路 91 号 | 200540 |
| 40 | 上海天复建设技术有限公司 | (2003)量认(沪)字(U0506)号 | 上海市宁海东路 200 号 907 室 | 200021 |
| 41 | 上海同济建设工程质量检测站 | (2000)量认(沪)字(U0381)号 | 上海市中山北二路 1111 号 1 号楼 | 200092 |
| 42 | 上海绿色环境气象检测中心 | (2003)量认(沪)字(U0541)号 | 上海市蒲西路 166 号 | 200030 |
| 43 | 上海迪生工程检测有限公司 | (2003)量认(沪)字(U0543)号 | 上海市密云路 377 号 | 200092 |
| 44 | 江苏省环境监测中心 | (2002)量认(国)字(U0859)号 | 江苏省南京市凤凰西街 241 号 | 210036 |
| 45 | 江苏省辐射环境监测管理站 | (2003)量认(国)字(U1750)号 | 南京市凤凰西街 241 号 | 210036 |
| 46 | 浙江方圆检测股份有限公司 | (02)量认(浙)字(Z161)号 | 浙江省杭州市天目山路 222 号 4 号楼 | 310013 |
| 47 | 浙江中浩工程检测有限公司 | (03)量认(浙)字(U462)号 | 浙江省杭州市环城北路 167 号 9 号楼 3 楼 | 310006 |
| 48 | 杭州中研室内环境检测有限公司 | (03)量认(浙)字(U463)号 | 浙江省杭州市文华路 172 号湖畔大厦 B 座 502 室 | 310012 |
| 49 | 浙江省舟山海洋生态环境监测站 | (2001)量认(国)字(U1472)号 | 浙江省舟山市定海区文化路 17 号 | 316004 |
| 50 | 浙江省环境监测中心站 | (2000)量认(国)字(U0953)号 | 浙江省杭州市学院路 117 号 | 310012 |
| 51 | 安徽省环境监测中心站 | (2001)量认(国)字(U1115)号 | 安徽省合肥市长江西路 12 号 | 230061 |
| 52 | 福建省环境监测中心站 | (2000)量认(国)字(U1155)号 | 福州市鼓楼区屏东环保路 8 号 | 350003 |
| 53 | 江西省环境监测中心站 | (2001)量认(国)字(U2068)号 | 江西省南昌市江大南路 186 号 | 330029 |
| 54 | 山东省环境监测中心站 | (2001)量认(国)字(U1296)号 | 山东省济南市历山路 50 号 | 250013 |
| 55 | 山东省产品质量监督检验所 | (1998)量认(鲁)字(Z01063)号 | 山东省济南市山大北路 81 号 | 250100 |
| 56 | 济南有害物质检测中心 | (2003)量认(鲁)字(Z0111)号 | 山东省济南市天桥区济安街 45 号 | 250001 |

| 序号 | 实验室名称 | 计量认证或实验室认可证书号 | 地　址 | 邮编 |
|---|---|---|---|---|
| 57 | 济南市产品质量监督检验所 | (2003)量认(鲁)字(Z0122)号 | 山东省济南市南新庄东街80号 | 250022 |
| 58 | 青岛出入境检验检疫局工业产品安全检测中心 | CNAL No. L0625 | 山东省青岛市瞿塘峡路70号 | 266002 |
| 59 | 青岛市产品质量监督检验所 | (1998)量认(鲁)字(Z01061)号 | 青岛市镇江南路8号 | 266071 |
| 60 | 河南省建筑科学研究院/国家建筑工程室内空气检测中心 | (2002)量认(国字)(U2182)号 | 郑州市金水区丰乐路4号 | 450053 |
| 61 | 河南省环境监测中心站 | (2001)量认(国)字(U1531)号 | 河南省郑州市顺河路1号 | 450004 |
| 62 | 湖北省环境监测中心站 | (2003)量认(国)字(U2231)号 | 湖北省武汉市武昌八一路338号 | 430072 |
| 63 | 湖南省环境监测中心站 | (2001)量认(国)字(U2071)号 | 湖南省长沙市井圭路14号 | 410004 |
| 64 | 湖南省产商品质量监督检验所 | (03)量认(湘)字(Z0321)号 | 湖南省长沙市雨花亭新建西路41号 | 410007 |
| 65 | 广东省环境保护监测中心站 | (2000)量认(国)字(U1979)号 | 广东省广州市东风中路335号 | 510045 |
| 66 | 广东省环境辐射研究监测中心 | (2003)量认(国)字(U1778)号 | 广东省广州市广州大道860号 | 510300 |
| 67 | 广州市产品质量监督检验所 | (2003)量认粤字(Z0111)号 | 广州市八旗二马路38号 | 510110 |
| 68 | 深圳出入境检验检疫局工业品检测技术中心化矿实验室 | CNAL No. L0675 | 深圳市福田区福强路1011号检验检疫大厦 | 518045 |
| 69 | 国家环境保护总局华南环境科学研究所 | (2003)量认(国)字(U2209)号 | 广州市员村西街七号大院 | 510655 |
| 70 | 广西壮族自治区环境监测中心站 | (2001)量认(国)字(U1473)号 | 广西南宁市教育路5号 | 530022 |
| 71 | 重庆市环境监测中心 | (2001)量认(国)字(U2027)号 | 重庆市江北区观音桥嘉陵一村37号 | 400020 |
| 72 | 重庆市产品质量监督检验所 | (2001)量认(渝)字(Z0601)号 | 重庆市江北区观音桥二村2号 | 400020 |
| 73 | 重庆市建设工程质量检验测试中心 | (99)量认(渝)字(S0149)号 | 重庆市江北区建东二村50号 | 400020 |
| 74 | 重庆市疾病预防控制中心 | (98)量认(渝)字(V0229)号 | 重庆市渝中区长江二路八号 | 400042 |
| 75 | 四川省产品质量监督检验所 | (2003)量认(川)字(Z0038)号 | 成都市东门街2号 | 610031 |
| 76 | 成都市产品质量监督检验所 | (2003)量认(川)字(Z0105)号 | 成都市衣冠庙永丰路16号 | 610041 |
| 77 | 四川省建筑工程质量检测中心 | (95)量认(川)字(S0745)号 | 成都市一环路北三55号 | 610081 |
| 78 | 四川省建材产品质量监督检验中心 | (2003)量认(川)字(R0045)号 | 成都市马鞍西路15号 | 610081 |
| 79 | 成都市建筑工程质量检验测试站 | (2003)量认(川)字(U0081)号 | 成都市八里小区双建南巷17号 | 610051 |
| 80 | 成都市环境监测中心站 | (2001)量认(川)字(U30203)号 | 成都市芳邻路8号 | 610072 |
| 81 | 中铁西南科学研究院岩土工程检测中心 | (2002)量认(川)字(N0023)号 | 成都市西月城街118号 | 610031 |
| 82 | 中铁二局集团疾病预防控制中心 | (2001)量认(川)字(S1094)号 | 成都市通锦路13号 | 610031 |

续表

| 序号 | 实验室名称 | 计量认证或实验室认可证书号 | 地　址 | 邮编 |
|---|---|---|---|---|
| 83 | 四川地物地基基础检测研究所 | (2001)量认(川)字(U1708)号 | 成都市武侯祠大街 21 号 | 610081 |
| 84 | 成都市康居建设工程质量检测有限公司 | (2003)量认(川)字(U0082)号 | 成都市四道街 11 号 | 610061 |
| 85 | 成都三联空气质量检测有限公司 | (2003)量认(川)字(U0078)号 | 成都市一环路南二段 3 号 | 610041 |
| 86 | 乐山市产品质量监督检验所 | (2000)量认(川)字(Z2155)号 | 四川省乐山市市中区新村街 50 号 | 614000 |
| 87 | 贵州省环境监测中心站 | (2000)量认(国)字(U1295)号 | 贵州省贵阳市遵义路 40 号 | 550002 |
| 88 | 贵州中建建筑科研设计院/贵州省建筑科学研究检测中心 | (2003)量认(国)字(U2259)号 | 贵阳市甘荫塘 | 550006 |
| 89 | 云南省环境监测中心站 | (2000)量认(国)字(U1280)号 | 昆明市环城西路 539 号 | 650034 |
| 90 | 云南省辐射环境监督站 | (2003)量认(国)字(U2232)号 | 昆明市环城西路 539 号 | 650034 |
| 91 | 西藏自治区环境监测中心站 | (2003)量认(国)字(U1816)号 | 拉萨市金珠中路 61 号 | 850031 |
| 92 | 陕西省环境监测中心站 | (2000)量认(国)字(U1278)号 | 陕西省西安市长安北路 49 号 | 710061 |
| 93 | 甘肃省环境监测中心站 | (2000)量认(国)字(U1126)号 | 甘肃省兰州市皋兰路 249 号(东方红广场统办二号楼) | 730030 |
| 94 | 青海省环境监测中心站 | (2000)量认(国)字(U1214)号 | 青海省西宁市共和路 56 号 | 810001 |
| 95 | 宁夏回族自治区环境监测中心站 | (2002)量认(国)字(U1312)号 | 宁夏银川市西夏区怀远西路 520 号 | 750021 |
| 96 | 新疆维吾尔自治区产品质量监督检验所 | (2001)量认(新)字(Z0106)号 | 新疆乌鲁木齐市新华南路 32 号 | 830002 |
| 97 | 新疆维吾尔自治区环境监测中心站 | (2001)量认(国)字(U1474)号 | 新疆乌鲁木齐北京南路 38 号 | 830011 |

### 表 C.2　第二批室内空气质量检测机构名录

| 序号 | 实验室名称 | 计量认证或实验室认可证书号 | 地　址 | 邮编 |
|---|---|---|---|---|
| 1 | 北京市疾病预防控制中心 | (2003)量认(京)字(S0220)号 | 北京市朝阳区和平里中街 16 号 | 100013 |
| 2 | 北京工业大学室内环境检测中心 | (2003)量认(京)字(U0419)号 | 北京市朝阳区平乐园 100 号 | 100022 |
| 3 | 北京市计量科学研究所室内环境检测中心 | (2002)量认(京)字(U0398)号(TVOC 除外) | 北京市朝阳区安苑东里一区 14 号 | 100029 |
| 4 | 北京建都宏业建设工程质量检测所 | (2002)量认(京)字(U0282)号 | 北京市丰台区西三环南路甲 17 号 | 100073 |
| 5 | 北京市建设工程质量检测中心第一检测所 | (2001)量认(京)字(U0152)号 | 北京市海淀区复兴路 34 号 | 100039 |
| 6 | 北京市建设工程质量检测中心第二检测所 | (2001)量认(京)字(U0153)号 | 复兴门外南礼士路 62 号 | 100045 |
| 7 | 北京市建设工程质量检测中心第三检测所 | (2001)量认(京)字(U0154)号 | 北京市阜外百万庄大街 3 号 | 100037 |
| 8 | 北京市建设工程质量检测中心第五检测所 | (2001)量认(京)字(U0156)号 | 北京市朝阳区东架松房地产科研所 | 100021 |
| 9 | 北京市丰台区建设工程质量检测所 | (2001)量认(京)字(U0212)号 | 北京市丰台区看丹西道口 74 号 | 100071 |
| 10 | 北京市东城区建设工程中心试验室 | (1999)量认(京)字(U0325)号 | 北京市东城区东直门北小街北口甲 1 号 | 100007 |

续表

| 序号 | 实验室名称 | 计量认证或实验室认可证书号 | 地　址 | 邮编 |
|---|---|---|---|---|
| 11 | 北京市顺义区建设工程中心试验室 | (2001)量认(京)字(U0209)号 | 北京市顺义区五里仓小区西侧88号 | 101300 |
| 12 | 北京市平谷区建委建材中心试验室 | (2000)量认(京)字(U0175)号 | 北京市平谷城关镇金乡路7号 | 101200 |
| 13 | 北京筑之杰建筑工程检测有限责任公司 | (2001)量认(京)字(U0343)号 | 北京市海淀区志新西路3-4号(石油大院东门) | 100083 |
| 14 | 北京市元方圆建筑工程检测所 | (2001)量认(京)字(U0346)号 | 北京市丰台区六里桥7号院5号楼 | 100073 |
| 15 | 北京中永成建筑工程检验有限责任公司 | (2001)量认(京)字(U0345)号 | 北京市朝阳区芍药居住二生活基地 | 100029 |
| 16 | 北京中建华衡工程检测试验有限公司 | (2001)量认(京)字(U0342)号 | 北京市朝阳区十八里店乡周家庄120号 | 100023 |
| 17 | 北京中思成工程测试有限公司 | (2001)量认(京)字(U0353)号 | 北京市朝阳区定福庄北里1号 | 100024 |
| 18 | 北京华诚信建筑检测有限责任公司 | (2001)量认(京)字(U0245)号 | 北京市永定门外海户屯165# | 100077 |
| 19 | 北京科实恒建材检测有限公司 | (2001)量认(京)字(U0359)号 | 北京市和平里西区19号楼西门 | 100013 |
| 20 | 北京城建集团总公司中心试验室 | (2001)量认(京)字(U0354)号 | 北京市海淀区学院南路62号 | 100081 |
| 21 | 中国新兴建设开发总公司试验检测所 | (2001)量认(京)字(U0238)号 | 北京市海淀区太平路36号 | 100039 |
| 22 | 北京建工学院中建新力材料检测所 | (2001)量认(京)字(U0350)号 | 北京市西城区展览路1号 | 100044 |
| 23 | 北京市建材质量监督检验站 | (2003)量认(京)字(R0110)号 | 北京市石景山区金顶街西福村1号 | 100041 |
| 24 | 北京市劳动保护科学研究所室内环境检测中心 | (2002)量认(京)字(U0385)号 | 北京市宣武区陶然亭路55号 | 100054 |
| 25 | 国家建筑工程质量监督检验中心 | (1999)量认(国)字(U0333)号 | 北京市朝阳区北三环东路30号 | 100013 |

**表 C.3　第三批室内空气质量检测机构名录**

| 序号 | 实验室名称 | 证书号 | 地　址 | 邮编 |
|---|---|---|---|---|
| 1 | 北京厦荣工程测试所 | (2001)量认(京)字(U0162)号 | 北京市昌平区城区镇富康路20号 | 102200 |
| 2 | 北京建工集团五建中心试验室 | (2001)量认(京)字(U0256)号 | 北京市朝阳区白家庄核桃园北里3号楼 | 100020 |
| 3 | 北京市兴建质工程检测所 | (2002)量认(京)字(U0420)号 | 北京市大兴区黄村金华寺东路1号 | 102600 |
| 4 | 房山区建设工程质量检测所 | (2001)量认(京)字(U0221)号 | 北京市房山区良乡 | |
| 5 | 北京福方华工程质量检测有限公司 | (2003)量认(京)字(U0418)号 | 北京市丰台区花乡新房子70号 | 100071 |
| 6 | 北京联合大学应用文理学院室内环境检测与评价中心 | (2003)量认(京)字(U0426)号 | 北京市海淀区北土城西路197 | 100083 |
| 7 | 北京城建五建设工程有限公司中心试验室 | (2001)量认(京)字(U0237)号 | 北京市海淀区成府路甲8号 | 100083 |
| 8 | 北京市海淀区建设工程中心试验室 | (2001)量认(京)字(U0347)号 | 北京市海淀区东王庄小区16号楼 | 100083 |
| 9 | 北京市政建设集团有限责任公司试验中心 | (2002)量认(京)字(U0412)号 | 北京市海淀区杏石路口 | 100045 |
| 10 | 北京市怀柔区建设工程中心试验室 | (2001)量认(京)字(U0210)号 | 北京市开放路(101公路)环岛东侧 | |

| 序号 | 实验室名称 | 证书号 | 地　址 | 邮编 |
|---|---|---|---|---|
| 11 | 北京市门头沟区建设工程中心试验室 | (2001)量认(京)字(U0356)号 | 北京市门头沟区新桥南大街27号 | 102300 |
| 12 | 北京众鑫云建设工程质量检测所 | (1999)量认(京)字(U0224)号 | 北京市密云县河南寨镇工业开发区 | 101500 |
| 13 | 北京市第六建筑工程公司中心试验室 | (2001)量认(京)字(U0348)号 | 北京市石景山区老山 | 100039 |
| 14 | 北京市通州区建设工程质量检测所 | (2001)量认(京)字(U0360)号 | 北京市通州区河东果园路1号 | 101100 |
| 15 | 北京建工集团有限责任公司试验室 | (2002)量认(京)字(U0375)号 | 北京市西城区三里河北街甲1号 | |
| 16 | 冶金建设工程质量检测中心 | (2003)量认(国)字(E0516)号 | 北京市西城区西土城路33号 | |
| 17 | 北京安家康环境质量检测中心 | (2002)量认(京)字(U0399)号 | 北京市西城区月坛街32号 | |
| 18 | 北京天衡诚信室内环境成分监测评价中心 | (2003)量认(京)字(U0416)号 | 北京市西直门内前半壁店街66号 | 100035 |
| 19 | 北京爱尔求室内装饰环境监测中心 | (2001)量认(京)字(U0390)号 | 北京市宣武区广安门内广义街4号 | |
| 20 | 北京开友经济技术开发有限公司环境质量检测所 | (2002)量认(京)字(U0410)号 | 北京市宣武区教子胡同65号 | 100053 |
| 21 | 天津渤海化工集团公司劳动卫生研究所 | (2002)量认(津)字(B0104)号 | 天津市和平区沙市道2号 | 300051 |
| 22 | 天津津贝尔建筑工程试验检测技术有限公司 | 2004量认(津)字(U0112)号 | 天津市河东区大桥南道3号 | 300170 |
| 23 | 天津市卫生防病中心 | (2002)量认(津)字(Z0123)号 | 天津市河东区华龙道76号 | 300011 |
| 24 | 天津市质量监督检验站第21站 | 2004量认(津)字(R0101)号 | 天津市南开区红旗南路508号 | |
| 25 | 山西省疾病预防控制中心 | (99)量认(晋)字(Q0220)号 | 山西省太原市小南关街28号 | 030012 |
| 26 | 内蒙古自治区疾病预防控制(检验检测)中心 | (2002)量认(蒙)字(S0189)号 | 内蒙古呼和浩特市锡林南路136号 | 010020 |
| 27 | 辽宁省疾病预防控制中心 | (2002)量认(辽)字(U0115)号 | 辽宁省沈阳市和平区集贤街42-1号 | 110005 |
| 28 | 吉林省卫生监测检验中心 | (99)量认(吉复)字(S0124)号 | 吉林省长春市工农大路1313号 | 130021 |
| 29 | 吉林省产品质量监督检验院 | (2002)国认监验字(029)号<br>(02)量认(吉)字(Z0015)号 | 吉林省长春市卫星路7370号 | 130022 |
| 30 | 黑龙江省公共卫生监测检验中心(黑龙江省疾病控制中心) | (2003)量认(黑)字(S1161)号 | 黑龙江省哈尔滨市香坊区香安街187号 | 150036 |
| 31 | 上海市建设工程质量检测中心普陀区分中心 | (2003)量认(沪)字(U0325)号 | 上海市曹杨路2212路 | 200333 |
| 32 | 上海房屋质量检测站室内环境检测部 | (2003)量认(沪)字(R0510)号 | 上海市复兴西路193号 | 200031 |
| 33 | 上海同纳建设工程质量检测有限公司 | (2003)量认(沪)字(R0500)号 | 上海市古浪路415弄8号楼底楼 | 200331 |
| 34 | 上海市建设工程质量检测中心外高桥保税区分中心 | (2003)量认(沪)字(U0332)号 | 上海市航津路1000号 | 200137 |
| 35 | 上海市建设工程质量检测中心闸北区分中心 | (2003)量认(沪)字(U0324)号 | 上海市沪太支路615弄16号 | 200436 |
| 36 | 上海市建设工程质量检测中心长宁区分中心 | (2003)量认(沪)字(U0320)号 | 上海市淮海西路487号 | 200030 |

| 序号 | 实验室名称 | 证书号 | 地 址 | 邮编 |
|---|---|---|---|---|
| 37 | 上海中济建设工程质量检测有限公司 | (2003)量认(沪)字(R0544)号 | 上海市浦东民生路10号 | 200135 |
| 38 | 化工部基础工程研究检测中心上海分中心 | (2000)量认(沪)字(U0398)号 | 上海市浦东浙桥路289号建银大厦A708室 | 201206 |
| 39 | 上海建崴建设工程管理有限公司室内环境检测实验室 | (2003)量认(沪)字(U0557)号 | 上海市普陀区真南路1948弄50号 | 200331 |
| 40 | 上海市仪表电子工业环境监测站 | (1999)量认(沪)字(U0239)号 | 上海市田林路105号 | 200233 |
| 41 | 上海市建设工程质量检测中心卢湾分中心 | (2003)量认(沪)字(U0323)号 | 上海市斜土路550号 | 200023 |
| 42 | 上海市建设工程质量检测中心黄浦区分中心 | (2003)量认(沪)字(U0321)号 | 上海市中山南路1731弄31号 | 200011 |
| 43 | 上海市疾病预防控制中心(上海市预防医学研究院) | (2003)量认(沪)字(S0156)号 | 上海市中山西路1380号 | 200336 |
| 44 | 江苏省疾病预防控制中心 | (03)量认(苏)字(Z0101)号 | 江苏省南京市江苏路172号 | 210009 |
| 45 | 无锡市产品质量监督检验所 | (2003)量认苏字(Z0202)号 | 江苏省无锡东亭迎宾北路6号 | 214101 |
| 46 | 杭州市质量技术监督检测院 | (02)量认(浙)字(Z022)号 | 浙江省杭州市德胜路98号 | 310004 |
| 47 | 浙江省疾病预防控制中心 | (2001)量认(浙)字(S331)号 | 浙江省杭州市老浙大直路17号 | 310009 |
| 48 | 杭州新世纪室内环境检测有限公司 | (03)量认(浙)字(U529)号 | 浙江省杭州市下城区岳家湾91号幸福人家2-2-902 | 310003 |
| 49 | 嘉兴市蓝天室内环境科技有限公司 | (03)量认(浙)字(U646)号 | 浙江省嘉兴市越秀北路1365号 | 314000 |
| 50 | 宁波市产品质量监督检验所 | (02)量认(浙)字(Z045)号 | 浙江省宁波市江东区王隘路2号 | 315040 |
| 51 | 温州市建设工程质量监督站检测中心 | (03)量认(浙)字(U258)号 | 浙江省温州市机场大道汤家桥建工质监大楼 | 325013 |
| 52 | 温州市环境监测中心站 | (03)量认(浙)字(U650)号 | 浙江省温州市黎明西路10弄12号 | 325003 |
| 53 | 福建省疾病预防控制中心 | (2002)量认(闽)字(S0130)号 | 福建省福州市津泰路76号 | 350001 |
| 54 | 江西省疾病预防控制中心 | (2001)量认(赣)字(S0176)号 | 江西省南昌市南京东路435号 | 330029 |
| 55 | 河南省卫生防疫站中心实验室 | (99)量认(豫)字(S09127)号 | 河南省郑州市纬五路47号 | 450003 |
| 56 | 湖北省卫生监测检验防护所 | (2003)量认(鄂)字(S0424)号 | 湖北省武汉市洪山区卓刀泉北路6号 | 430079 |
| 57 | 湖南省疾病预防控制中心(湖南省公共卫生检测检验中心) | (03)量认(湘)字(Q0320)号 | 湖南省长沙市芙蓉中路50号 | 410005 |
| 58 | 广西壮族自治区疾病预防控制中心 | (2003)量认(桂)字(Z0139)号 | 广西南宁市桃源路80号 | 530021 |
| 59 | 海南省疾病预防控制中心 | (2000)量认(琼)字(Z001)号 | 海南省海口市海府路44号 | 570203 |
| 60 | 重庆市疾病预防控制中心 | (2003)量认(渝)字(V0229)号 | 重庆市渝中区长江二路8号 | 400042 |
| 61 | 四川省疾病预防控制中心环境卫生监测所 | (2001)量认(川)字(S1116)号 | 四川省成都市槐树街61号 | 610031 |
| 62 | 贵州省疾病预防控制中心实验室 | (2003)量认(黔)字(S0123)号 | 贵州省贵阳市八鸽岩路73号 | 550004 |

续表

| 序号 | 实验室名称 | 证 书 号 | 地 址 | 邮编 |
|---|---|---|---|---|
| 63 | 云南省疾病预防控制中心 | (2004)量认(滇)字(S0541)号 | 云南省昆明市东寺街158 号 | 650022 |
| 64 | 陕西省疾病预防控制中心 | (2002)量认(陕)字(Q0117)号 | 陕西省西安市和平门外建东街 3 号 | 710054 |
| 65 | 宁夏回族自治区疾病预防控制中心预防医学检测检验所 | (99)量认(宁)字(Z0131)号 | 宁夏银川市胜利街 470 号 | 750004 |
| 66 | 新疆维吾尔自治区疾病预防控制中心 | 2000 量认(新)字 Z0120 号 | 新疆乌鲁木齐市北京南路48 号 | 830011 |

# 参 考 文 献

[1] 《建筑施工手册》编写组.建筑施工手册.第4版.北京:中国建筑工业出版社,2003.

[2] 中国国家认证认可监督管理委员会主办.中国国家认证认可监督管理委员会网站.2008.

[3] 《建筑设计资料集》编委会.建筑设计资料集.第2版.北京:中国建筑工业出版社,1994.

[4] 张绮曼,郑曙旸主编.室内设计资料集.北京:中国建筑工业出版社,1994.

[5] 王福川主编.简明装饰材料手册.北京:中国建筑工业出版社,1998.

[6] 宜家集团主办.宜家家居网站.2008.

[7] 优比(中国)有限公司主办.优比办公家具网站.2008.

[8] 陈希.室内绿化设计.北京:科学出版社,2008.

[9] 任文东.获奖及中标室内设计与施工图集.北京:中国建筑工业出版社,2003.

[10] 陈松.有益健康的100种室内植物.哈尔滨出版社,2008.

[11] 薛健等.室内外设计资料集.北京:中国建筑工业出版社,2002.

[12] 李湘媛.室内装饰色彩分析与应用.北京:中国水利水电出版社,2008.

[13] 汤重熹.室内设计.第2版.北京:高等教育出版社,2008.

[14] 杨波.室内装修设计入门.北京:安徽科学技术出版社,2008.

[15] 张燕文.可持续发展与绿色室内环境.北京:机械工业出版社,2008.

[16] 刘哲人.室内装饰材料.南京:江苏美术出版社,2006.

[17] 文健.室内色彩家具与陈设设计.北京:清华大学出版社,2007.

[18] 李文华.室内照明设计.北京:中国水利水电出版社,2007.

[19] 胡长龙.植物与室内空气净化.北京:机械工业出版社,2007.

[20] 周长亮.室内装修材料与构造.北京:华中理工大学出版社,2007.

[21] 机械工业出版社主编.建筑室内装饰构造.北京:机械工业出版社,2007.

[22] 李旭,室内陈设设计.北京:合肥工业大学出版社,2007.

[23] [美]格思里.室内设计师便携手册.北京:中国建筑工业出版社,2002.

[24] 吴蒙友等.建筑室内灯光环境设计.北京:中国建筑工业出版社,2007.

[25] 庄夏珍.室内植物装饰设计.重庆大学出版社,2006.

[26] 王东辉.室内环境设计.北京:中国轻工业出版社,2007.

[27] 王德才.室内装饰装修材料有害物质检测.北京:人民卫生出版社,2006.

[28] 张秋梅.室内装饰材料与装修施工.长沙:湖南大学出版社,2006.

[29] 中国计划出版社主编.室内装饰装修工程.北京:中国计划出版社,2006.

[30] 王铁.室内建筑空间创造.沈阳:辽宁科学技术出版社,2005.

[31] 陈栋.室内装饰施工与管理.南京:东南大学出版社,2005.

[32] 卢思聪.室内盆栽花卉.第2版.北京:金盾出版社,2005.

[33] 黎志涛.室内设计方法入门.北京:中国建筑工业出版社,2004.

[34] 卢思聪.室内观赏植物装饰、养护、欣赏.北京:中国林业出版社,2001.

[35] 叶铮.常用室内设计家具图集.北京:中国建筑工业出版社,2008.

[36] GB 50327—2001住宅装饰装修工程施工规范(附条文说明).

[37] JGJ 367—2015住宅室内装饰装修设计规范(附条文说明).

[38] GB 50222—2015建筑内部装修设计防火规范.